中国海洋金融实务

薛岳梅　丁黎黎　赵昕　王垒　编著

中国海洋大学出版社
·青岛·

图书在版编目（CIP）数据

中国海洋金融实务 / 薛岳梅等编著. —— 青岛：中国海洋大学出版社，2025.6. —— ISBN 978-7-5670-3953-7

Ⅰ．P74；F832.0

中国国家版本馆CIP数据核字第2024XN4666号

中国海洋金融实务

ZHONGGUO HAIYANG JINRONG SHIWU

出版发行	中国海洋大学出版社		
社　　址	青岛市香港东路23号	**邮政编码**	266071
网　　址	http://pub.ouc.edu.cn		
出 版 人	刘文菁		
责任编辑	张　华	**电　　话**	0532-85902342
印　　制	青岛国彩印刷股份有限公司		
版　　次	2025 年 6 月第 1 版		
印　　次	2025 年 6 月第 1 次印刷		
成品尺寸	170 mm × 240 mm		
印　　张	16.75		
字　　数	302 千		
印　　数	1～1000		
定　　价	65.00 元		
订购电话	0532-82032573（传真）		

发现印装质量问题，请致电 0532-58700166，由印刷厂负责调换。

　　我国海洋经济具有高度政策依赖性。纵观我国海洋经济取得的显著成就，政策在其中扮演了重要引领和支撑角色。作为海洋经济调控的主要政策手段，财政政策和金融政策各自发挥了不同的作用。财政政策的导向和分配功能较为显著，金融政策则具有扩张和杠杆效应的跨期服务优势，而两种政策在最终目标、实现过程、传导机制等方面又存在内在一致性。近年来，我国财政政策和金融政策双双发力，通过灵活应用和相应工具创新，在促进海洋经济增长、调整海洋产业结构、防范涉海经营风险等方面实现了事半功倍的效果。但是，国内外形势日益严峻复杂，亟待通过财政和金融两大体系，提升金融服务海洋经济的效率水平，完善重点发展领域的支持方向和方式。因此，需要梳理涉海财政政策和金融政策，明确政策着力点和路径选择，理清二者在海洋经济发展中各自的功能配置。

　　本书根据政府网站、监管部门、公开报道等多渠道信息，全面回顾了涉海财政和金融政策，将财政政策分为涉海财政收入和支出政策，将金融政策梳理为信贷、保险、关税及外商投资、海岛海域使用金及使用权流转等类别；进一步整理了涉海财政支持、金融支持、关税及外商投资、海域海岛使用权出让流转四类创新工具。本书的目的是通过梳理我国海洋领域财政和金融方面的政策文件，分析政策脉络和逻辑，剖析政策的出台背景、目的意义、作用对象和实施方式等。特别是提炼两种政策工具类别，以期把握不同时期我国的海洋经济发展目标及重点。在中国式现代化发展背景下，这对于解读中国特色海洋经济政策、探索创新涉海财政和金融政策工具，从而制定新时代更优化的涉海支持政策具有重要意义。

在编写本书的过程中，我们得到了教育部人文社科重点研究基地、教育部人文社科重点研究伙伴基地、中国海洋大学与国家海洋信息中心共建的海洋经济发展研究中心等科研基地和业内同行专家以及中国海洋大学出版社的鼎力支持和指导。博士研究生张凯旋、李颖、马文、赵忠超、李守星承担了本书的资料搜集与分析工作，博士研究生程瑛、李静洋、贾在珣、张蕊、高平等承担了本书的文字校对工作。在此，谨向他们表示真诚的感谢！

长风破浪会有时，直挂云帆济沧海。海洋经济在国家政策引导和调控下一直稳步前行，作者也深刻感受到了祖国的日益繁荣昌盛和国家建设海洋强国的决心。相信未来在科学把握财政金融发挥效能的基本原则的基础上，财政金融多措并举、创新联动机制不断完善，为海洋经济高质量发展持续破难题、添动力。限于资料搜集和认知有限，书中的不足之处在所难免，恳请各位同行和朋友多提宝贵意见和建议，我们会努力在今后的工作中不断改进和完善。

作者

2024年6月

涉海财政金融政策篇

涉海财政金融工具创新篇

涉海财政金融政策篇

21世纪以来，我国海洋经济发展表现亮眼。2023年全国海洋生产总值99097亿元，比上年增长6.0%，占国内生产总值的7.9%，占沿海地区生产总值的比例连续多年稳步上升。海洋经济正逐渐成为推动我国经济增长的蓝色引擎。但是，海洋经济发展的总体质量与效益还不够高、核心竞争力还不够强，与世界先进水平与国内发展需要相比还有较大差距。"十四五"时期，面对国内外经济环境以及国际环境的剧烈变化，要推进海洋经济高质量发展，实现提质增效升级，加快构建促进海洋经济发展的政策支持体系具有重要意义。

党的二十大报告中明确指出要"发展海洋经济，加快建设海洋强国"。海洋经济高质量发展是经济高质量发展的重要内容，推进海洋经济高质量发展必须有高质量的政策支持体系作为有力支撑。海洋经济政策支持体系是国家推进海洋经济高质量发展建设、发展蓝色经济的重要手段之一。国家通过对海洋经济政策的预判，选择适合本国海洋经济发展的政策工具，颁布支持海洋经济发展的一系列政策，进而促进海洋经济快速发展，实现海洋产业结构的调整和长远的战略发展。2023年作为全面贯彻落实党的二十大精神的开局之年，在《中华人民共和国国民经济和社会发展第十四个五年规划和2035年远景目标纲要》所提出的"积极拓展海洋经济发展空间，加快建设海洋强国"目标指引下，沿海各省（市）涉海政策密集出台，助力海洋经济高质量发展。未来，应持续强化支持导向，聚焦海洋经济政策支持体系的关键领域以及薄弱环节，创新支持方式，加快抓重点、补短板、强弱项、育优势、激动力、防风险，着力提升海洋经济增长质量。

第一部分分别从财政政策、货币与金融政策、对外贸易以及海岛海域使用权政策等方面对海洋经济政策进行了归纳，以期在第二部分构建促进我国海洋经济发展的政策支持框架体系，进而为我国海洋经济支持政策的设计、制度创新提供理论参考，为实现我国海洋经济高质量发展，提升海洋经济支持政策的效果提供理论依据。

1 涉海财政收入政策

> **知识导入**：为了大力发展海洋经济、培育海洋优势产业，加快建设海洋强国，国务院、财政部、国家发展和改革委员会及地方有关部门在适应海洋经济发展状况的基础上，从整体战略角度出台了一系列基于财政收入的规范性文件。本章通过梳理2003—2023年各级政府部门和机构公布的具有代表性的关于财政收入的海洋经济相关规范性文件，对我国有关财政收入的国家及区域性海洋经济政策措施进行分类讨论，旨在更好地通过财政收入政策助力海洋经济发展。按照取得形式的不同，我国财政收入可以分为税收收入和非税收入。相应地，我国有关财政收入的国家及区域性海洋经济政策措施可以分为涉海税收政策和涉海非税收入政策。

1.1 涉海税收政策

涉海税收政策包含税种和税目设置、税率调整、税收减免和加成等多个维度，涉及企业所得税、增值税、资源税、环境保护税等多个税种。不同税种的纳税人、征税对象不同，通过调整税收政策，对不同区域、不同群体、不同对象执行不同的税收政策，能够实现税收政策对海洋经济相关单位和个人的调控和干预，促进海洋产业发展。

本节从涉海企业所得税优惠、海洋工程结构物增值税减免、海洋资源税税额调整和海洋工程环境保护税征收等方面，分别对其相关政策工具（表1-1）进行梳理和讨论。

1.1.1 涉海企业所得税

政策重点：为鼓励海洋产业发展，政府颁布了鼓励涉海企业发展的定向税收优惠，主要涉及深圳前海深港现代服务业合作区企业所得税优惠、渔业项目企业所得税优惠、节能节水项目企业所得税优惠等。

典型政策：根据国务院有关精神，2014年，《财政部 国家税务总局关于广东横琴新区福建平潭综合实验区 深圳前海深港现代服务业合作区企业所得税优惠政策及优惠目录的通知》发布，对设在横琴新区、平潭综合实验区和前海深港现代服务业合作区的鼓励类产业企业按15%的税率征收企业所得税，企业在优惠区域内、外分别设有机构的，仅就其设在优惠区域内的机构所得确定适用15%的企业所得税优惠税率。2011年，《国家税务总局关于实施农林牧渔业项目企业所得税优惠问题的公告》发布，对取得农业部颁发的"远洋渔业企业资格证书"并在有效期内的远洋渔业企业，从事远洋捕捞业务取得的所得免征企业所得税，企业购买农产品后直接进行销售的贸易活动产生的所得，不能享受农、林、牧、渔业项目的税收优惠政策。2021年，《国家税务总局关于企业所得税年度汇算清缴有关事项的公告》规定，企业从事农林牧渔业项目、符合条件的环境保护、节能节水项目等所得额应按法定税率25%减半征收，同时优惠税率。同年，财政部等发布《环境保护、节能节水项目企业所得税优惠目录（2021版）》，对用工作业、生活用水及海岛军民饮用水的海水淡化项目、海水直接利用项目及海水淡化核心技术装备产业化项目企业实施所得税优惠政策。

1.1.2 海洋工程结构物增值税

政策重点： 为完善海洋工程结构物增值税退税制度，政府出台了一系列相关文件，主要包括完善对相关产品实施的"免、抵、退"税管理办法、调整退税企业名单等内容。

典型政策： 2003年，《财政部 国家税务总局关于海洋工程结构物增值税实行退税的通知》发布，规定国内生产企业向国内海上石油天然气开采企业销售海洋工程结构物产品视同出口，按统一规定的出口货物退税率予以退税，在销售时实行"免、抵、退"税管理办法。随后，财政部和国家税务总局又陆续发布《关于海洋工程结构物增值税实行退税的补充通知》《关于增补海洋工程结构物增值税退税企业名单的通知》《关于变更海洋工程结构物增值税退税企业名单的通知》，增加了上海石油天然气有限公司、渤海石油实业公司、渤海石油采油公司等企业，取消了中海石油船舶有限公司、中海华东能源公司，进一步明确了施行退税政策的企业使用范围，新设立了海洋石油对外合作公司，完善了海洋工程结构物增值税退税制度。2016年，财务部和国家税务总局发布《关于明确金融 房地产开发 教育辅助服务等增值税政策的通知》，指出自2017年1月1日起，生产企业销售自产的海洋工程结构物，或者融资租赁企业和金融租赁公司及其设立的项目子公司，购买并以融资租赁方式出租的国内生产企业生产的海洋工程结构物，应按规定缴纳增值税。2022年，财政部和国家税务总局还发布了《关于扩大全额退还增值税留抵税额政策行业范围的公告》，将《财政部 税务总局关于进一步加大增值税期末留抵退税政策实施力度的公告》第二条规定的制造业等行业按月全额退还增值税增量留抵税额、一次性退还存量留抵税额的政策范围，扩大至"批发和零售业""农、林、牧、渔业"等，这些行业企业可申请一次性退还存量留抵税额。

1.1.3 海洋资源税

政策重点：为发挥资源税对海洋经济的调节作用，政府针对海盐资源、硅藻土、珍珠岩、海洋石油等资源的资源税征收管理进行了规划，目的是提高海洋资源使用效率、保护国家海洋资源权益。

典型政策：为了支持盐业的发展，1994年，根据《财政部 国家税务总局关于临时调减北方海盐资源税税额的通知》，自1994年1月1日起，北方海盐资源税暂减，按每吨20元计征。为发挥资源税的调节作用，2008年，《财政部 国家税务总局关于调整硅藻土、珍珠岩、磷矿石和玉石等资源税税额标准的通知》中调整了硅藻土、玉石等部分矿产品的资源税税额标准，硅藻土、玉石每吨20元，磷矿石每吨15元，膨润土、沸石、珍珠岩每吨10元。2011年，为维护国家利益、保护国家海洋石油资源，《国务院关于修改〈中华人民共和国对外合作开采海洋石油资源条例〉的决定》指出，参与合作开采海洋石油资源的中国企业、外国企业，都应当依法纳税，自决定施行之日起，中外合作开采海洋石油资源的中国企业和外国企业依法缴纳资源税，不再缴纳矿区使用费。2014年，《财政部 国家税务总局关于调整原油、天然气资源税有关政策的通知》发布，对原油、天然气资源税适用税率和优惠进行了调整：对油田范围内运输稠油过程中用于加热的原油、天然气免征资源税；对稠油、高凝油和高含硫天然气资源税减征40%；对三次采油资源税减征30%；对低丰度油气田资源税暂减征20%；对深水油气田资源税减征30%，并发布中外合作油气田及海上自营油气田资源税征收管理政策。为进一步优化管理，2020年，财政部、税务总局发布《关于资源税有关问题执行口径的公告》，提出海上开采的原油和天然气资源税由海洋石油税务管理机构征收管理，同时废止《财政部 国家税务总局关于调整原油、天然气资源税有关政策的通知》。2022年10月，党的二十大提出要实施全面节约战略，推进各类资源节约集约利用，加快构建废弃物循环利用体系，尤其要完善支持绿色发展的财税、价格政策和标准体系。

1.1.4 海洋环境保护税

政策重点：为规范海洋工程环境保护税征收管理，政府出台了相关文件，对应税污染物、排放量核算、申报缴纳等方面的内容进行了规定。

典型政策：2017年，国家税务总局、国家海洋局发布《海洋工程环境保护税申报征收办法》，规定应税污染物包括大气污染物、水污染物和固体废物。在排放量核算方面，对向海洋环境排放大气污染物的，按照每一排放口或者没有排放口的应税污染物排放量折合的污染当量数从大到小排序后的前三项污染物计征，对向海洋水体排放生活垃圾的，按照排放量计征。海洋工程环境保护税的申报缴纳，实行按月计算，按季申报缴纳。2020年，国家税务总局发布《国际运输船舶增值税退税管理办法》，规定了船舶退税的备案、申报办理、后续管理等业务流程及操作，旨在规范国际运输船舶增值税退税管理。2021年，国家发展和改革委员会等联合印发《海南自由贸易港鼓励类产业目录（2020年本）》，将海洋环境治理、生态修复及生态示范工程建设认定为鼓励类产业，给予对应的税收和产业政策扶持。

表1-1　国家涉海税收政策

年份	政策名称	发文字号
1994	《财政部 国家税务总局关于临时调减北方海盐资源税税额的通知》	财税字〔1994〕96号
2003	《财政部 国家税务总局关于海洋工程结构物增值税实行退税的通知》	财税〔2003〕46号
2003	《财政部 国家税务总局关于海洋工程结构物增值税实行退税的补充通知》	财税〔2003〕249号
2008	《财政部 国家税务总局关于增补海洋工程结构物增值税退税企业名单的通知》	财税〔2008〕11号
2008	《财政部 国家税务总局关于变更海洋工程结构物增值税退税企业名单的通知》	财税〔2008〕143号
2008	《国家税务总局关于贯彻落实从事农、林、牧、渔业项目企业所得税优惠政策有关事项的通知》	国税函〔2008〕850号
2008	《财政部 国家税务总局关于调整硅藻土、珍珠岩、磷矿石和玉石等资源税税额标准的通知》	财税〔2008〕91号
2011	《国家税务总局关于实施农 林 牧 渔业项目企业所得税优惠问题的公告》	国家税务总局公告2011年第48号
2011	《国务院关于修改〈中华人民共和国对外合作开采海洋石油资源条例〉的决定》	中华人民共和国国务院令第607号
2014	《财政部 国家税务总局关于调整原油、天然气资源税有关政策的通知》	财税〔2014〕73号

续表

年份	政策名称	发文字号
2014	《财政部 国家税务总局关于广东横琴新区福建平潭综合实验区 深圳前海深港现代服务业合作区企业所得税优惠政策及优惠目录的通知》	财税〔2014〕26号
2016	《关于明确金融 房地产开发 教育辅助服务等增值税政策的通知》	财税〔2016〕140号
2017	《国家税务总局 国家海洋局关于发布〈海洋工程环境保护税申报征收办法〉的公告》	国家税务总局 国家海洋局公告2017年第50号
2020	《关于资源税有关问题执行口径的公告》	财政部 税务总局公告2020年第34号
2020	《国际运输船舶增值税退税管理办法》	国家税务总局
2020	《国家税务总局关于发布〈国际运输船舶增值税退税管理办法〉的公告》	国家税务总局公告2020年第18号
2021	《国家税务总局关于企业所得税年度汇算清缴有关事项的公告》	国家税务总局公告2021年第34号
2021	《关于公布环境保护、节能节水项目企业所得税优惠目录（2021版）》以及《资源综合利用企业所得税优惠目录（2021年版）》的公告	财政部 税务总局 发展改革委 生态环境部公告2021年第36号
2021	《关于印发〈海南自由贸易港鼓励类产业目录（2020年本）〉的通知》	发改地区规〔2021〕120号
2022	《关于扩大全额退还增值税留抵税额政策行业范围的公告》	财政部 税务总局公号2022年第21号

1.1.5　沿海地区典型案例

1.1.5.1　山东省

山东省的涉海税收政策（表1-2）主要以海洋战略性产业税收优惠和资金支持政策为主，近年来对海洋低碳环保方面有所倾斜。

多年来，山东省高度重视海洋强省建设，不断完善政策措施，加大政策投入力度。2019年，山东省财政厅等16个部门发布《关于支持海洋战略性产业发展的财税政策》，对企业从事远洋捕捞、海水养殖符合条件的海水淡化和海洋能发电项目的所得，免征、减征所得税；对捕捞养殖渔船免征车船税；对经认定属于高新技术企业的海洋产业企业，减按15%税率征收企业所得税；对海洋企业发生的研发费用，符合相关条件的享受研发费用按75%比例税前加计扣除政策；形成无形资产的，按规定依照无形资产成本的175%在税前摊销；对海洋产业相关企业，符合增值税期末留抵退税条件的，对其增量留抵税额予以退税。这一系列减税政策降低了企业经营成本，支持山东省海洋战略性产业高质量发展。2019年，山东省财政厅在答复《关于加快海洋强省建设推动高质量发展的提案》重点提案时指出，山东省财政进一步加大对海洋产业的资金投入力度，对海洋产业企业发生的研发费用，按照75%比例实施所得税税前加计扣除。2022年，《山东省财政厅关于贯彻落实〈财政支持做好碳达峰碳中和工作的意见〉的若干措施》出台，要求适时调整和完善环境保护税、资源税政策，进一步深化水资源税改革试点，更好地发挥税收调控作用，引导高耗能、高排放行业绿色低碳高质量发展。2023年，山东省科学技术厅印发《山东省科技支撑碳达峰工作方案》，要求加快制定技术创新推动海洋能等低碳发展的产业政策、财税政策和技术推广政策，推动重点领域项目、基地、人才、资金一体化配置，在全国低碳发展方面发挥示范带头作用。

表1-2 山东省的涉海税收政策

年份	政策名称	发文字号
2018	《山东省人民政府关于环境保护税收入划分有关问题的通知》	鲁政字〔2018〕13号
2019	《山东省财政厅 中共山东省委组织部 山东省发展和改革委员会等16部门印发关于支持海洋战略性产业发展的财税政策的通知》	鲁财资环〔2019〕17号
2019	《山东省财政厅对省政协十二届二次会议第12020786号提案的答复》	/
2022	《山东省财政厅关于贯彻落实〈财政支持做好碳达峰碳中和工作的意见〉的若干措施》	鲁财资环〔2022〕26号
2022	《山东省人民政府关于印发2022年"稳中求进"高质量发展政策清单（第四批）的通知》	鲁政发〔2022〕4号
2023	《关于印发〈山东省科技支撑碳达峰工作方案〉的通知》	鲁科字〔2023〕47号

1.1.5.2 天津市

天津市的涉海税收政策（表1-3）主要涵盖企业所得税优惠、车船税等领域。

2006年，《财政部 国家税务总局关于支持天津滨海新区开发开放有关企业所得税优惠政策的通知》要求，对在天津滨海新区设立并经天津市科技主管部门按照国家有关规定认定的内、外资高新技术企业，减按15%的税率征收企业所得税，同时提高固定资产折旧率、缩短无形资产摊销年限。2013年，《天津市地方税务局关于印发〈天津市地方税务局关于2014年征收车船税的通告〉的通知》提出，对依法应当在车船登记管理部门登记的车船征收车船税，机动船舶根据吨位分为四档，每吨分别收取3～6元的车船税。2019年，《市财政局市商务局天津海事局关于落实免征港口建设费地方留成部分有关工作的通知》指出，天津海事局于每月月初将上一月全市港口建设费征缴信息提供平台，作为港口建设费地方留成部分退付资金计算依据。同时，平台按有关规定，根据天津海事局提供的缴费人已缴纳港口建设费的20%计算应退付金额需求。2022年，《天津市碳达峰实施方案》发布，要求各级财政落实环境保护、节能节水、资源综合利用、新能源和清洁能源车船、合同能源管理等税收优惠。同年，天津市人民政府印发《天津市贯彻落实〈扎实稳住经济的一揽子政策措施〉实施方案》，指出要落实增值税留抵退税扩围政策。

表1-3 天津市的涉海税收政策

年份	政策名称	发文字号
2006	《财政部 国家税务总局关于支持天津滨海新区开发开放有关企业所得税优惠政策的通知》	财税〔2006〕130号
2013	《天津市地方税务局关于印发〈天津市地方税务局关于2014年征收车船税的通告〉的通知》	津地税地〔2013〕39号
2019	《市财政局市商务局天津海事局关于落实免征港口建设费地方留成部分有关工作的通知》	津财综〔2019〕6号
2022	《天津市人民政府关于印发天津市碳达峰实施方案的通知》	津政发〔2022〕18号
2022	《天津市人民政府关于印发天津市贯彻落实〈扎实稳住经济的一揽子政策措施〉实施方案的通知》	津政发〔2022〕12号

1.1.5.3 江苏省

江苏省的涉海税收政策（表1-4）主要涵盖企业所得税、土地使用税以及税收改革等领域。

2010年，江苏省人民政府出台《省政府关于促进沿海开发的若干政策意见》，对连云港港区及港口物流园区内企业缴纳的税收省级留成部分每年定额返还1500万元。2013年，江苏省人民政府发布《省政府关于进一步促进沿海地区科学发展的若干政策意见》，规定围垦滩涂形成的土地，从使用月份起可依法免征城镇土地使用税10年。对符合条件的企业从事远洋捕捞项目的所得，按规定暂免征收企业所得税；对企业从事海水养殖项目的所得，退还50%的企业所得税。2022年，《江苏省财政厅 江苏省自然资源厅 国家税务总局 江苏省税务局 中国人民银行南京分行关于将国有土地使用权出让收入等四项非税收入划转税务部门征收有关问题的通知》发布，规定将海域使用金、无居民海岛使用金两项政府非税收入划转至税务部门征收，其中除省管蒋家沙、竹根沙海域养殖用海项目缴纳的海域使用金100%缴省外，其余养殖用海项目缴纳的海域使用金100%留市、县；省级人民政府审批的项目用岛缴纳的无居民海岛使用金，按中央20%、市（县、市）80%的比例分成。

表1-4　江苏省的涉海税收政策

年份	政策名称	发文字号
2010	《省政府关于促进沿海开发的若干政策意见》	苏政发〔2010〕2号
2013	《省政府关于进一步促进沿海地区科学发展的若干政策意见》	苏政发〔2013〕134号
2022	《江苏省财政厅 江苏省自然资源厅 国家税务总局 江苏省税务局 中国人民银行南京分行关于将国有土地使用权出让收入等四项非税收入划转税务部门征收有关问题的通知》	苏财综〔2021〕64号

1.1.5.4 浙江省

浙江省的涉海税收政策（表1-5）主要涵盖车船税和海洋资源税等领域。

2007年，《浙江省人民政府关于贯彻执行〈中华人民共和国车船税暂行条例〉的通知》规定，根据国家政策条例结合浙江省实际情况，对城市、农村用于公共交通的车船，在2008年12月31日前免征收车船税，自2009年1月1日起恢复征税，船舶根据吨位分为四档，每吨分别收取3~6元的车船税，同时对扣缴义务人、纳税期限等作出了相关规定，继续贯彻落实国家政策，规范浙江省车船税的征收问题。2011年，《浙江省人民政府关于贯彻执行中华人民共和国车船税法的通知》规定，对城市和农村公共交通车船将继续暂免征收车船税。2016年，《浙江省财政厅和浙江省地方税务局关于明确有关资源税品目适用税率的通知》规定，以1.5%的税率对海盐从价计征。2020年，《浙江省人民代表大会常务委员会关于资源税具体适用税率等事项的决定》规定将该税率提高到2%。

表1-5 浙江省的涉海税收政策

年份	政策名称	发文字号
2007	《浙江省人民政府关于贯彻执行〈中华人民共和国车船税暂行条例〉的通知》	浙政发〔2007〕42号
2011	《浙江省人民政府关于贯彻执行中华人民共和国车船税法的通知》	浙政发〔2011〕96号
2016	《浙江省财政厅浙江省地方税务局关于明确有关资源税品目适用税率的通知》	浙财税政〔2016〕15号
2020	《浙江省人民代表大会常务委员会关于资源税具体适用税率等事项的决定》	浙江省第十三届人民代表大会委员会公告第28号

1.1.5.5 上海市

上海市的涉海税收政策（表1-6）主要涵盖浦东新区企业税收优惠、车船税、外贸企业退税等领域。

2007年，《国务院关于经济特区和上海浦东新区新设立高新技术企业实行过渡性税收优惠的通知》提出，对上海浦东新区内设立的国家需要重点扶持的高新技术企业实施过渡性税收优惠，税收减免为期5年。2019年，《上海市车船税实施规定》将机动船舶根据吨位分为四档，每吨分别收取3～6元的车船税，对经车船营运主管部门批准用于本市范围内公共交通线路营运的车船，以及农村居民拥有并主要在农村地区使用的摩托车、三轮汽车和低速载货汽车，暂免征收车船税。同年，上海市政府办公厅发布《关于降低车船税税率政策的解读材料》，提出将全面调整本市车船税的税率水平，将所有车辆的税额标准降低至法定税率最低水平，旨在降低企业物流成本，实质性减轻企业负担。2020年，《财政部交通运输部税务总局关于中国（上海）自由贸易试验区临港新片区国际运输船舶有关增值税政策的通知》提出，对境内建造船舶企业向运输企业销售符合条件的船舶（在"中国洋山港"登记并从事国际运输和港澳台运输业务），实行增值税退税政策。2022年，上海市人民政府办公厅印发《本市推动外贸保稳提质的实施意见》，要求探索完善跨境电商企业对企业出口税收政策，支持符合条件的跨境电商出口企业适用出口退税政策。

表1-6 上海市的涉海税收政策

年份	政策名称	发文字号
2007	《国务院关于经济特区和上海浦东新区新设立高新技术企业实行过渡性税收优惠的通知》	国发〔2007〕40号

年份	政策名称	发文字号
2010	《上海市地方税务局上海海事局关于本市船舶车船税委托代征有关问题的通知》	沪地税财行〔2010〕23号
2019	《上海市人民政府关于印发〈上海市车船税实施规定〉的通知》	沪府规〔2019〕4号
2019	《关于降低车船税税率政策的解读材料》	上海市政府办公厅发布
2020	《财政部 交通运输部 税务总局关于中国（上海）自由贸易试验区临港新片区国际运输船舶有关增值税政策的通知》	财税〔2020〕52号
2022	《上海市人民政府办公厅关于印发〈本市推动外贸保稳提质的实施意见〉的通知》	沪府办规〔2022〕11号

1.1.5.6 海南省

海南省的涉海税收政策（表1-7）主要以海南自由贸易港的企业所得税、个人所得税优惠、增值税政策为主。

2018年4月13日，习近平总书记在庆祝海南建省办经济特区30周年大会上郑重宣布，党中央决定支持海南全岛建设自由贸易试验区。党的二十大报告指出，要加快推进海南自由贸易港建设。2020年6月1日，中共中央、国务院印发《海南自由贸易港建设总体方案》，提出按照零关税、低税率、简税制、强法治、分阶段的原则，逐步建立与高水平自由贸易港相适应的税收制度。2020年6月23日，财政部、税务总局发布《关于海南自由贸易港企业所得税优惠政策的通知》，对注册在海南自由贸易港并实质性运营的鼓励类产业企业，减按15%的税率征收企业所得税；对在海南自由贸易港设立的旅游业、现代服务业、高新技术产业企业新增境外直接投资取得的所得，免征企业所得税，并允许固定资产和无形资产在计算应纳税所得额时扣除。同时，财政部、税务总局发布《关于海南自由贸易港高端紧缺人才个人所得税政策的通知》，对在海南自由贸易港工作的高端人才和紧缺人才，其个人所得税实际税负超过15%的部分，予以免征。2020年9月3日，《财政部 交通运输部 税务总局关于海南自由贸易港国际运输船舶有关增值税的通知》明确，对境内建造船舶企业向运输企业销售、在"中国洋浦港"登记并从事国际运输和港澳台运输业务的船舶，实行增值税退税政策，由购进船舶的运输企业向主管税务机关申请退税。这一系列针对海南自由贸易港的税收优惠政策，为海南自由贸易港吸引有实力的企业和高端人才，对支持海南自由贸易港的建设具有重要意义。2021年，第十三届全国人民代表大会常务委员会第二十九次会议通过《中华人民共和国海南自由贸易港法》，对在海南自由贸易港注册的符合条件的企业实行企业所得税优惠；对海南自由贸易港内符合条件的个人实行个人所得税优惠。另外，货物由内地进入海南自由贸易港，按照国务院有关规定退还已征收的增值税、消费税。随后，海南省人民政府办公厅印发《海南自由贸易港营商环境重要量化指标赶超国内一流实施方案（1.0版）》，要求优化升级报税后流程，进一步压缩获得退税时间，对符合条件的企业实现增值税增量留抵退税政策"应享尽享"。

表1-7　海南省的涉海税收政策

年份	政策名称	发文字号
2020	《海南自由贸易港建设总体方案》	中共中央等
2020	《关于海南自由贸易港企业所得税优惠政策的通知》	财税〔2020〕31号
2020	《关于海南自由贸易港高端紧缺人才个人所得税政策的通知》	财税〔2020〕32号
2020	《关于海南自由贸易港原辅料"零关税"政策的通知》	财关税〔2020〕42号
2020	《财政部 交通运输部 税务总局关于海南自由贸易港国际运输船舶有关增值税政策的通知》	财税〔2020〕41号
2021	《中华人民共和国海南自由贸易港法》	第十三届全国人民代表大会常务委员会第二十九次会议通过
2021	《海南省人民政府办公厅关于印发〈海南自由贸易港营商环境重要量化指标赶超国内一流实施方案（1.0版）〉的通知》	琼府办函〔2021〕505号

1.1.5.7　广东省

广东省的涉海税收政策（表1-8）主要包含粤港澳大湾区的个人所得税政策及增值税优惠政策。

2019年，《广东省财政厅省税务局关于贯彻落实粤港澳大湾区个人所得税优惠政策的通知》规定，对在大湾区工作的境外高端人才和紧缺人才，其在珠三角九市缴纳的个人所得税已缴税额超过其按应纳税所得额的15%计算的税额部分，由珠三角九市人民政府给予财政补贴，该补贴免征个人所得税。2020年，《财政部 海关总

署 税务总局关于在粤港澳大湾区实行有关增值税政策的通知》提出，对注册在广州市的保险企业向注册在南沙自贸片区的企业提供国际航运保险业务取得的收入免征增值税。2022年，《财政部 税务总局关于广州南沙企业所得税优惠政策的通知》提出，对设在南沙先行启动区符合条件的企业减按15%的税率征收企业所得税，支持广州南沙深化粤港澳全面合作。2023年，《中共广东省委 广东省人民政府关于高质量建设制造强省的意见》提出，要全面落实高新技术企业所得税减免、企业研发费用加计扣除等税收优惠政策，支持企业设立研发机构、加大研发投入，提升企业研发机构、发明专利质量。

表1-8　广东省的涉海税收政策

年份	政策名称	发文字号
2019	《广东省财政厅 省税务局关于贯彻落实粤港澳大湾区个人所得税优惠政策的通知》	粤财税〔2019〕2号
2020	《财政部 海关总署 税务总局关于在粤港澳大湾区实行有关增值税政策的通知》	财税〔2020〕48号
2022	《财政部 税务总局关于广州南沙企业所得税优惠政策的通知》	财税〔2022〕40号
2023	《中共广东省委 广东省人民政府关于高质量建设制造强省的意见》	/

1.2 涉海非税收入政策

非税收入是指除税收以外，由各级政府、国家机关、事业单位、代行政府职能的社会团体及其他组织依法利用政府权力、政府信誉、国家资源、国有资产或提供特定公共服务、准公共服务，取得用于满足社会公共需要或准公共需要的财政性资金。非税收入按照征收依据和收入形式，可以分为国有资源、资产有偿使用收入、行政事业性收费、罚没收入、彩票公益金和以政府名义接受的捐赠收入等，对增强政府调控能力、管制社会违规行为具有重要意义。

本节从海洋资源矿区使用费、违规罚款收入、行政事业性收入、涉海行政事业性收费改税等方面，对相关涉海非税收入政策工具（表1-9）进行梳理和讨论。

1.2.1 海洋石油矿区使用费

政策重点：为规范开采海洋石油资源征收的矿区使用费，国家出台了专门文件，对需要缴纳矿区使用费的海洋资源总量计征进行了规定，以实现海洋资源的集约化利用。

典型政策：2011年，国家能源局转发了财政部1989年发布的《开采海洋石油资源缴纳矿区使用费的规定》，规定矿区使用费按照每个油、气田日历年度原油或者天然气总产量计征，具体如下：① 年度原油总产量不超过100万吨的部分，免征矿区使用费；② 年度原油总产量超过100万吨至150万吨的部分，费率为4%；③ 年度原油总产量超过150万吨至200万吨的部分，费率为6%；④ 年度原油总产量超过200万吨至300万吨的部分，费率为8%；⑤ 年度原油总产量超过300万吨至400万吨的部分，费率为10%；⑥ 年度原油总产量超过400万吨的部分，费率为12.5%。此外，年度天然气总产量不超过20亿立方米的部分，免征矿区使用费；年度天然气总产量超过20亿立方米至35亿立方米的部分，费率为1%；年度天然气总产量超过35亿立方米至50亿立方米的部分，费率为2%；年度天然气总产量超过50亿立方米的部分，费率为3%。

1.2.2 涉海排污罚款

政策重点：针对海洋污染严峻问题，政府采取了征收海洋工程排污费、船舶污染违规罚款等措施，以增强海洋环境保护。

典型政策：2003年，国家海洋局印发《海洋工程排污费征收标准实施办法》，规范了海洋石油勘探开发排污征收标准。例如，生产污水、机舱污水中石油类含量和排水量以污染当量计征，按照每一污染当量0.7元的标准对生产污水、机舱污水排污费计征。2017年，《交通运输部关于修改〈中华人民共和国船舶及其有关作业活动污染海洋环境防治管理规定〉的决定》明确，船舶的结构不符合国家有关防治船舶污染海洋环境的船舶检验规范或者有关国际条约要求的，由海事管理机构处10万元以上30万元以下的罚款。2021年，交通运输部发布《中华人民共和国海上海事行政处罚规定》，对违反海上船舶污染海域环境管理秩序的行为进行行政处罚，如船舶造成珊瑚礁、红树林等海洋生态系统及海洋水产资源、海洋保护区破坏的，由海事管理机构责令限期改正和采取补救措施，对船舶所有人、经营人或者管理人处1万元以上10万元以下的罚款并没收违法所得。2022年，党的二十大报告提出，要全面实行排污许可制，健全现代环境治理体系。同年，全国人民代表大会颁布《中华人民共和国海警法》，规定海警应在职责范围内对海洋工程建设项目、海洋倾倒废弃物对海洋污染损害、自然保护地海岸线向海一侧保护利用等活动进行监督检查，查处违法行为，按照规定权限参与海洋环境污染事故的应急处置和调查处理，提高了针对海洋污染的监督和处罚力度。

1.2.3　行政事业性收费

政策重点：为进一步落实减税降费，政府针对涉水企业行政事业费、港口建设费分别采取了免缴、减缴等措施，进一步规范了港口建设费征收管理。

典型政策：2015年，《财政部 国家发展改革委关于取消有关水运涉企行政事业性收费项目的通知》发布，明确取消船舶港务费、特种船舶和水上水下工程护航费、船舶临时登记费等7项中央级设立的行政事业性收费，并对取消后的相关事项进行了规定，切实减轻航运企业负担。同年，财政部、交通运输部印发《关于完善港口建设费征收政策有关问题的通知》，对国内出口货物，装船港是南京长江大桥以上长江干线和其他内河的非对外开放口岸港口，且卸船港或转运港是沿海和南京长江大桥以下长江干线对外开放口岸港口的，由卸船港或转运港按现行征收标准减半征收港口建设费；对30英尺以下的非标准集装箱，按20英尺集装箱的征收标准征收港口建设费；对30英尺（含30英尺）以上的非标准集装箱，按40英尺集装箱的征收标准征收港口建设费。2021年，财政部发布《关于取消港口建设费和调整民航发展基金有关政策的公告》，宣布取消港口建设费。这些政策能够切实减轻外贸和水运企业负担，促进水运基础设施建设。

1.2.4　涉海行政事业性收费改税

政策重点：费改税又称税费改革，是指在对现有的政府收费进行清理整顿的基础上，用税收取代一些具有税收特征的收费，其实质是为规范政府收入机制而必须采取的一项重大改革举措。目前关于海洋领域的费改税政策，主要包括水资源费改税、海洋工程污水排污费改环保税等内容。

典型政策：为促进水资源节约、保护和合理利用，2016年，财政部、国家税务总局、水利部印发《水资源税改革试点暂行办法》，规定以河北省为试点，对水力发电和火力发电贯流式以外的取用水设置最低税额标准，地表水平均不低于每立方米0.4元，地下水平均不低于每立方米1.5元；水力发电和火力发电贯流式取用水的税额标准为每千瓦小时0.005元。同时，河北省开征水资源税后，将水资源费征收标准降为零。为做好排污费改税政策衔接工作，2018年，财政部、国家发展改革委、环境保护部和国家海洋局印发《关于停征排污费等行政事业性收费有关事项的通知》，规定自2018年1月1日起，在全国范围内统一停征排污费和海洋工程污水排污费，改征环境保护税。其中，海洋工程污水排污费包括：生产污水与机舱污水排污费、钻井泥浆与钻屑排污费、生活污水排污费和生活垃圾排污费。我国首个以环境保护为目标的绿色税种——环境保护税正式施行，取代了施行近40年的排污收费制度。2021年，中共中央办公厅、国务院办公厅印发《关于深化生态保护补偿制度改革的意见》，提出发挥资源税、环境保护税等生态环境保护相关税费以及土地、矿产、海洋等自然资源资产收益管理制度的调节作用；继续推进水资源税改革；落实节能环保、新能源、生态建设等相关领域的税收优惠政策。

表1-9 国家涉海非税收入政策

年份	政策名称	发文字号
1989	《开采海洋石油资源缴纳矿区使用费的规定》	财政部令〔1989〕1号
2003	《关于印发〈海洋工程排污费征收标准实施办法〉的通知》	国海环字〔2003〕214号
2015	《财政部 国家发展改革委关于取消有关水运涉企行政事业性收费项目的通知》	财税〔2015〕92号
2015	《关于完善港口建设费征收政策有关问题的通知》	财税〔2015〕131号
2016	《财政部 国家税务总局 水利部关于印发〈扩大水资源税改革试点实施办法〉的通知》	财税〔2016〕55号
2017	《交通运输部关于修改〈中华人民共和国船舶及其有关作业活动污染海洋环境防治管理规定〉的决定	交通运输部令2017年15号
2018	《关于停征排污费等行政事业性收费有关事项的通知》	财税〔2018〕4号
2021	《中华人民共和国海上海事行政处罚规定》	交通运输部令2021年27号
2021	《关于取消港口建设费和调整民航发展基金有关政策的公告》	财政部公告2021年第8号
2021	《关于深化生态保护补偿制度改革的意见》	/
2021	《中华人民共和国海警法》	中华人民共和国主席令（第七十一号）

1.2.5 沿海地区典型案例

1.2.5.1 山东省

山东省的涉海非税收入政策（表1-10）主要涉及渔业资源、行政收费、罚款、免缴港口建设费和海洋保护奖励机制等。

2013年，《山东省物价局山东省财政厅关于海洋渔业资源增殖保护费征收标准的复函》规定，普通渔业资源增殖保护费征收标准为：普通渔业捕捞船每年每标准马力20元；专项渔业资源增殖保护费征收标准为：增殖对虾捕捞船每年每标准马力

22元，海蜇捕捞船每年每标准马力18元，鹰爪虾捕捞船每年每标准马力20元。为减轻渔民负担，规定执行期间继续暂停收取毛蚶、魁蚶等专项渔业资源增殖保护费。2014年，山东省海洋与渔业厅印发《山东省海洋与渔业行政处罚裁量权基准》，进一步规范海洋与渔业行政处罚自由裁量权。如使用禁用的渔具、捕捞方法进行捕捞，一年内第三次及以上违法，一次性违法捕捞水产品重量在1000千克以上、2000千克以下的或经济价值在10000元以上、20000元以下的，没收渔获物和违法所得，并按严重情节渔船主机功率相应档次的数额进行处罚，没收渔具，吊销捕捞许可证，可以没收渔船。2021年，山东省人民政府印发《落实"六稳""六保"促进高质量发展政策清单（第二批）》，确定了对全省港口辖区范围内的所有进出口货物不再征收港口建设费。2022年，山东省人民政府办公厅印发《支持黄河流域生态保护和高质量发展若干财政政策》，要求设立主要污染物排放调节资金，实施节能减排奖惩机制，聚焦大气、水、自然保护区、海洋等重点领域实施生态补偿，激励引导各市落实生态环保主体责任。

表1-10　山东省的涉海非税收入政策

年份	政策名称	发文字号
2013	《山东省物价局山东省财政厅关于海洋渔业资源增殖保护费征收标准的复函》	鲁价费函〔2013〕4号
2014	《山东省海洋与渔业厅关于印发〈山东省海洋与渔业行政处罚裁量权基准〉》	鲁海渔函〔2014〕241号
2018	《山东省发展和改革委员会关于南运河山东段船舶过闸费收费标准的通知》	鲁发改成本〔2018〕1416号
2019	《山东省发展和改革委员会关于降低船舶交易服务收费标准的通知》	鲁发改成本〔2019〕535号
2020	《小微企业和个体工商户税费减免政策指南》	山东省财政厅汇编
2021	《山东省人民政府关于印发落实"六稳""六保"促进高质量发展政策清单（第二批）》	鲁政发〔2021〕4号
2022	《山东省人民政府办公厅关于印发支持黄河流域生态保护和高质量发展若干财政政策的通知》	鲁政办字〔2022〕95号

1.2.5.2　天津市

天津市的涉海非税收入政策（表1-11）主要涵盖海域管理、港口建设费、清理口岸收费、海水淡化等领域。

2017年，《天津市海洋局关于印发〈关于规范行政处罚自由裁量权的若干规定〉的通知》发布，对有关海域管理和海洋环境保护的裁量权细化标准作出具体安排，如未经批准或者骗取批准，非法占用海域的，责令退还非法占用的海域，恢复海域原状，没收违法所得，并处非法占用海域期间内该海域面积应缴纳的海域使用金5倍以上15倍以下的罚款；对未经批准或者骗取批准，进行围海、填海活动的，并处非法占用海域期间内该海域面积应缴纳的海域使用金10倍以上20倍以下的罚款。2018年，《天津市清理口岸收费工作方案》出台，明确指出要降低进出口环节合规成本，2018年底前集装箱进出口环节合规成本比2017年降低100美元以上。2018—2020年，天津市政府相关部门相继发布《关于落实免征港口建设费地方留成部分有关工作的通知》《关于阶段性降低港口收费标准等事项的通知》，对天津市海洋生态保护、港口收费等行政收费的具体工作进行了细化，将实行政府定价的货物港务费、港口设施保安费两项港口经营服务性收费标准分别降低20%；取消非油轮货船强制应急响应服务及收费。2022年，《天津市海水淡化产业发展"十四五"规划》发布，提出要研究出台海水淡化企业电价优惠政策，到2025年底前，对实行两部制电价的海水淡化用电免收需量（容量）电费。

表1-11　天津市的涉海非税收入政策

年份	政策名称	发文字号
2017	《天津市海洋局关于印发〈关于规范行政处罚自由裁 量权的若干规定〉的通知》	津海规〔2017〕105号
2018	《天津市财政局天津市口岸办天津市发展改革委天津市交通运输委天津市商务委天津海关关于印发天津市清理口岸收费工作方案的通知》	津财综〔2018〕129号
2019	《市财政局市商务局天津海事局关于落实免征港口建设费地方留成部分有关工作的通知》	津财综〔2019〕6号
2020	《市交通运输委市发展改革委关于阶段性降低港口收费标准等事项的通知》	津发交〔2020〕37号
2022	《市交通运输委市发展改革委关于阶段性降低货物港务费收费标准的通知》	/
2022	《天津市人民政府关于印发天津市贯彻落实〈扎实稳住经济的一揽子政策措施〉实施方案的通知》	津政发〔2022〕12号

续表

年份	政策名称	发文字号
2022	《天津市人民政府办公厅关于印发天津市海水淡化产业发展"十四五"规划的通知》	津政办发〔2022〕37号
2023	《中共天津市委 天津市人民政府关于做好二〇二三年全面推进乡村振兴重点工作的实施意见》	中共天津市委等

1.2.5.3 江苏省

江苏省的涉海非税收入政策（表1-12）主要涵盖行政事业性收费、港口岸线管理、海域海岛使用金征收、海洋绿色金融等领域。

2015年，《江苏省财政厅省物价局关于公布取消停征和免征一批行政事业性收费的通知》发布，规定自2015年1月1日起，对小微企业免征交通运输部门收取的船舶港务费（对100总吨以下内河船和500总吨以下海船予以免收）、登记费（对100总吨以下内河船和500总吨以下海船予以免收），海洋渔业部门收取的渔业资源增殖保护费、渔业船舶登记（含变更登记）费等行政事业性收费。2017年，《江苏省港口岸线管理办法》出台，对违反港口岸线管理办法的行为给出了具体的处罚措施，如未经批准使用港口岸线，或者未经批准改变港口岸线使用范围、功能的，由港口管理部门责令限期改正，可以处1万元以上5万元以下罚款。2022年，《关于进一步推动港口岸线资源集约高效利用的指导意见》出台，要求进一步盘活存量港口岸线资源，切实提升集约化利用水平，更好地服务全省经济社会高质量发展。2018年，江苏省财政厅、江苏省海洋与渔业局出台了《江苏省海域和无居民岛屿使用金征收管理办法》，规定海域使用金的征收，除填海造地、非透水构筑物、跨海桥梁和海底隧道等项目用海实行一次性计征外，其他项目用海按照使用年限逐年计征。无居民海岛使用金按照使用年限实行一次性计征。其中，应缴额度超过1亿元的，由使用者申请并经省级海洋行政主管部门商省级财政部门同意，可以在3年内分次缴纳，但首次缴纳额度不得低于总额度的50%。2022年，根据《江苏省财政厅 江苏省自然资源厅 国家税务总局江苏省税务局 中国人民银行南京分行关于将国有土地使用权出让收入等四项非税收入划转税务部门征收有关问题的通知》，自2022年1月1日起，将由自然资源部门负责征收的国有土地使用权收入、矿产资源专项收入、海域使用金、无居民海岛使用金四项政府非税收入划转至税务部门征收。

表1-12　江苏省的涉海非税收入政策

年份	政策名称	发文字号
2015	《江苏省财政厅省物价局关于公布取消停征和免征一批行政事业性收费的通知》	苏财综〔2015〕1号
2017	《江苏省港口岸线管理办法》	省政府令第115号
2018	《江苏省财政厅江苏省海洋与渔业局关于印发〈江苏省海域和无居民海岛使用金征收管理办法〉的通知》	苏财规〔2018〕13号
2022	《江苏省财政厅 江苏省自然资源厅 国家税务总局江苏省税务局 中国人民银行南京分行关于将国有土地使用权出让收入等四项非税收入划转税务部门征收有关问题的通知》	苏财综〔2021〕64号
2022	《省港口管理委员会印发〈关于进一步推动港口岸线资源集约高效利用的指导意见〉的通知》	苏港管委〔2022〕2号

1.2.5.4　浙江省

浙江省的涉海非税收入政策（表1-13）主要涵盖行政事业收费等领域。

2007年，浙江省财政厅、浙江省物价局发布《关于重新公布海洋与渔业系统行政事业性收费项目和收费标准的通知》，对渔业资源补偿费作出规定，国营渔业公司按捕捞经济鱼0.02元/千克，幼鱼0.1元/千克；群众250马力以上常年线外船按每对每航次350～500元，以加强有关海洋与渔业的行政事业性收费管理，规范收费行为。2019年，《浙江省财政厅 浙江省自然资源厅关于调整海域无居民海岛使用金征收标准的通知》发布，调整了海域使用金、海岛使用金的有关征收标准，规定离大陆岸线最近距离2千米以上且最小水深大于5米（理论最低潮面）的离岸式填海，按照征收标准的80%征收；填海造地用海占用大陆自然岸线的，占用自然岸线的该宗填海按照征收标准的120%征收；建设人工鱼礁的透水构筑物用海，按照征收标准的80%征收，进一步完善了海域使用金的征收和减免管理工作。2020年，根据《浙江省人民政府办公厅印发关于加强海域使用金、无居民海岛使用金征收管理意见的通知》，对填海造地、非透水构筑物、跨海桥梁和海底隧道等项目用海，实行一次性计征海域使用金；对其他项目用海，按照使用年限逐年计征海域使用金。另外，无居民海岛使用金实行中央地方分成，按照中央20%、省级20%、市级10%、县级50%比例分成后缴入国库。2022年，《浙江省自然资源厅关于推进海域使用权立体分层设权的通知》发布，强调自然资源主管部门要严格依法依规管理海域使用权，不得借分层设权之名，擅自改变海域用途，违规减免海域使用金，或将违法用海合法化。

表1-13 浙江省的涉海非税收入政策

年份	政策名称	发文字号
2007	《关于重新公布海洋与渔业系统行政事业性收费项目和收费标准的通知》	浙财综字〔2007〕2号
2009	《关于印发浙江省海域使用金减免管理办法的通知》	浙财综字〔2009〕23号
2019	《浙江省财政厅 浙江省自然资源厅关于调整海域无居民海岛使用金征收标准的通知》	浙财综〔2019〕21号
2020	《浙江省人民政府办公厅印发关于加强海域使用金、无居民海岛使用金征收管理意见的通知》	浙政办发〔2020〕33号
2022	《浙江省自然资源厅关于推进海域使用权立体分层设权的通知》	浙自然资规〔2022〕3号

1.2.5.5 上海市

上海市的涉海非税收入政策（表1-14）主要涵盖废弃物海洋倾倒费、港口建设费和海洋绿色发展等领域。

2006年，《上海市财政局上海市物价局关于市海洋局收取废弃物海洋倾倒费及其有关事项的复函》明确，城市阴沟淤泥近岸倾倒按6元/立方米收费，远海倾倒按2元/立方米收费；渔业加工废料按0.4元/立方米收费，远海倾倒按0.22元/立方米收费。2019年，上海市财政局、上海市商务委员会发布《关于本市实施港口建设费减负政策措施有关工作的通知》，决定将港口建设费上海市地方留成部分退付缴费人，退付本市地方留成部分为相关财政票据列明征缴金额的20%。这一举措进一步深化了上海口岸跨境贸易营商环境改革，切实减轻了港口建设费缴费人负担。2022年，上海市人民政府办公厅印发《关于进一步降低制度性交易成本更大激发市场主体活力的若干措施》，提出降低20%港口货物港务费收费标准等政策，以推动物流运输高效畅通。

表1-14 上海市的涉海非税收入政策

年份	政策名称	发文字号
2006	《上海市财政局上海市物价局关于市海洋局收取废弃物海洋倾倒费及其有关事项的复函》	沪财办发〔2006〕62号

续表

年份	政策名称	发文字号
2010	《上海市财政局关于同意减免上海市星火开发区污水排海工程项目用海海域使用金的批复》	沪财预〔2010〕87号
2019	《关于本市实施港口建设费减负政策措施有关工作的通知》	沪财税〔2019〕13号
2022	《上海市人民政府办公厅印发〈关于进一步降低制度性交易成本更大激发市场主体活力的若干措施〉的通知》	沪府办发〔2022〕22号
2022	《上海市人民政府办公厅关于印发促进绿色低碳产业发展、培育"元宇宙"新赛道、促进智能终端产业高质量发展等行动方案的通知》	沪府办发〔2022〕12号

1.2.5.6 广东省

广东省的涉海非税收入政策（表1-15）主要涵盖行政处罚、海域使用权出让等领域。

2015年，《广东省海洋与渔业局关于修订〈广东省海洋与渔业行政处罚自由裁量权标准（渔业类）〉的通知》发布，规范了渔业违法案件的行政处罚自由裁量权，如"较重—发生较大船舶污染事故—主动消除污染的"处罚幅度改为"责令支付消除污染所需的费用，处1000元至3000元罚款"。2021年，《广东省人民政府办公厅关于调整海砂开采海域使用权市场化出让方案批准有关事项的通知》进一步规定，海砂开采海域使用权市场化出让工作继续由沿海地级以上市组织实施，海域使用权出让收入继续按中央30%、省级70%的比例上缴国库。同年，广东省人民政府颁布《广东省渔业捕捞许可管理办法》，对违反渔业捕捞许可的行为给出了具体的处罚措施，如对未依法取得船网工具指标批准书，或者未按船网工具指标批准书核定的内容委托制造、更新改造渔船的，由县级以上人民政府渔业行政主管部门或者渔政监督管理机构处5万元以上20万元以下罚款。

表1-15 广东省的涉海非税收入政策

年份	政策名称	发文字号
2015	《广东省海洋与渔业局关于修订〈广东省海洋与渔业行政处罚自由裁量权标准（渔业类）〉的通知》	粤海渔函〔2015〕704号

年份	政策名称	发文字号
2021	《广东省人民政府办公厅关于调整海砂开采海域使用权市场化出让方案批准有关事项的通知》	粤府办〔2021〕8号
2021	《广东省渔业捕捞许可管理办法》	粤府令第292号

1.2.5.7 海南省

海南省的涉海非税收入政策（表1-16）主要涵盖海域管理领域。

2008年以来，海南省贯彻落实《财政部 国家海洋局关于加强海域使用金征收管理的通知》，规范了海域使用金缴库管理，如地方人民政府管理海域以外或跨省管理缴纳的海域使用金，由国家海洋局负责征收，就地全额缴入中央国库；养殖用海缴纳的海域使用金，由市、县海洋行政主管部门负责征收，就地全额缴入同级地方国库；除上述两类以外的其他用海项目缴纳的海域使用金，由有关海洋行政主管部门负责征收，30%缴入中央国库，70%缴入用海项目所在地的省级地方国库。2021年，海南省自然资源和规划厅等部门发布《关于进一步做好全省水产养殖清退整改工作中渔民转产转业养殖用海审批和海域使用金征收工作的意见》，规定了养殖用海的海域使用金征收标准，如围海养殖按每年每亩200～350元计征。同时规定养殖用海海域使用金按年度逐年缴纳，使用海域不满6个月的，按年征标准50%一次性计征海域使用金；超过6个月不足一年的，按年征收标准一次性征收海域使用金。同年，《海南省自然资源和规划厅 海南省生态环境厅 海南省农业农村厅关于进一步做好渔业用海审批等有关工作的补充通知》规定，海洋牧场中用于建设人工鱼礁的用海方式为透水构筑物用海，按人工礁体占用部分计算用海面积，海域使用金按透水构筑物征收标准的80%计算。

表1-16　海南省的涉海非税收入政策

年份	政策名称	发布机构
2021	《海南省自然资源和规划厅 海南省司法厅 海南省财政厅 海南省农业农村厅 海南省生态环境厅印发〈关于进一步做好全省水产养殖清退整改工作中渔民转产转业养殖用海审批和海域使用金征收工作的意见〉的通知》	琼自然资函〔2020〕140号
2021	《海南省自然资源和规划厅 海南省生态环境厅 海南省农业农村厅关于进一步做好渔业用海审批等有关工作的补充通知》	琼自然资函〔2020〕2908号

———— · 本章小结 · ————

本章系统梳理了2003—2023年我国各级政府部门和机构公布的具有代表性的关于财政收入的海洋经济相关规范性文件，分类整合了涉海典型性政策和沿海地区典型案例，并对其中的涉海政策进行了归纳和探讨，明晰了涉海财政收入政策体系。

【知识进阶】

1.请列举涉海财政收入政策的相关政策工具。

2.请结合当前涉海财政收入现状，探讨我国涉海财政收入政策的特点。

2 涉海财政支出政策

> 知识导入：党的二十大报告提出"发展海洋经济，保护海洋生态环境，加快建设海洋强国"。海洋经济具有高科技、高风险、高投入等特点，涉及的海洋科学研究、深海勘探开发、海洋观测与调查、海洋环境保护、海洋防灾减灾等诸多领域都属于公共事业范畴，需要政府财政来保障和支撑。根据财政支出政策对海洋经济发挥作用领域的不同，涉海财政支出可分为财政投资性支出、社会保障支出、财政补贴支出三个方面。本章从国家和地方层面入手，梳理2009—2023年各级政府部门和机构公布的具有代表性的基于财政支出的海洋经济政策文件，以更好地完善财政支出政策对海洋经济发展的支持作用。

2.1 涉海财政投资性支出政策

为了实现我国海洋经济的可持续发展，国务院办公厅、财政部、自然资源部等相关部门先后有针对性地出台了一系列基于财政投资的海洋经济政策文件。党的二十大报告也明确指出要推动绿色发展，提升生态系统多样性、稳定性和持续性。目前，我国涉海财政投资性支出政策已基本形成涵盖海洋生态环境保护、渔业资源监测、涉海产业投资等多个领域的政策框架。本节分别对其相关政策工具（表2-1）进行分析。

2.1.1 海洋生态环境保护工程投资

政策重点：为保护海洋生态环境，政府部门发布了关于海域保护资金、海洋生态保护修复资金的管理文件，重点加大对海洋环境保护、入海污染物治理、海岛监视监管、海洋生态监测监管等方面的投资建设。

典型政策：2018年，财政部印发《海岛及海域保护资金管理办法》，规定地级市安排保护资金不超过3亿元、计划单列市和省会城市安排保护资金不超过4亿元，具体根据项目实施方案总投资金额确定。支持范围具体包括海洋环境保护、入海污染物治理、修复整治、海洋防灾减灾能力建设等。2020年，财政部印发《海洋生态保护修复资金管理办法》，重点投资海域、海岛监视监管能力建设，海洋生态监测监管能力建设，开展海洋防灾减灾，海洋观测调查等领域。2022年，财政部和自然资源部发布《关于组织申报2023年海洋生态保护修复工程项目的通知》，要求海洋生态保护修复资金重点支持各地全方位、全海域、全过程开展海洋生态保护修复工程。2023年，《自然资源部办公厅关于加强国土空间生态修复项目规范实施和监督管理的通知》强调，依法依规实施海洋生态保护修复项目，严格资金使用管理，提高项目资金使用效益。

2.1.2 渔业资源监测预算支出

政策重点：为加强和规范海洋渔业资源管理，相关政府部门先后发布关于海洋渔业资源监测专项资金、海洋渔业资源调查与捕捞项目资金的管理文件，对费用预算定额标准、项目资金开支范围进行了规定。

典型政策：2017年，农业部办公厅印发《海洋渔业资源专项监测调查预算定额标准（试行）》，规定了海洋渔业资源专项监测调查费用预算定额标准，租用中小型渔船（单船作业，主机功率在221 kW以下）监测调查，每个调查站位1.9万元；采用大中型调查船或渔船调查，以每天航行24小时执行4.5个调查站位计算。预算定额标准适用于农业部部门预算海洋渔业资源调查与探捕专项中安排的外业监测调查和内业分析评估经费。2017年12月，农业部印发《海洋渔业资源调查与探捕项目资金管理办法》，规定项目资金开支范围主要包括项目实施过程中发生的邮电费、印刷费、专用材料费、维修（护）费、租赁费、差旅费、劳务费及其他与项目直接相关的支出，主要用于南极海洋、远海渔业资源调查和探捕等方向。2021年，财政部、农业农村部发布《关于实施渔业发展支持政策推动渔业高质量发展的通知》，规定渔业发展补助资金主要支持国家海洋牧场建设、现代渔业装备设施建设、渔业基础公共设施建设、渔业绿色发展、渔业资源调查养护。2022年，生态环境部和农业农村部发布《关于加强海水养殖生态环境监管的意见》，要求充分利用各级财政和社会资金，支持其开展养殖池塘标准化改造、网箱（浮球、浮筏等）环保改造、工厂化养殖循环水配套和养殖固体废物收集处置等重点项目建设。

2.1.3 涉海产业投资性支出

政策重点：为促进海洋产业的可持续发展，2009—2023年，政府相继出台多个文件，对海水利用、海洋可再生能源、海洋能利用等产业的投资建设进行了规划和部署。

典型政策：为促进水资源的可持续利用，2005年，国家发展和改革委员会、国家海洋局和财政部联合发布《海水利用专项规划》，指出实现规划目标，需投资416亿～560亿元。其中，实现2010年"海水淡化能力达到80万～100万立方米/日，海水直接利用能力达到550亿立方米/年"的目标，需投资136亿~180亿元；实现2020年"海水淡化能力达到250万~300万立方米/日，海水直接利用能力达到1000亿立方米/年"的目标，需投资280亿~380亿元。2016年，国家海洋局发布《海洋可再生能源资金项目实施管理细则（暂行）》，专项资金项目包括海洋可再生能源专项资金支持的海洋能独立电力系统、大型并网电力系统、产业化示范项目，以及海洋能综合开发利用技术研究与试验、标准及支撑服务体系建设等项目。据《中国海洋能2019年度进展报告》显示，2010—2019年，海洋可再生能源专项资金累计支持经费约13亿元，共支持了114个项目。2019年，《财政部关于下达2019年港口建设费支持港口航道公共基础设施建设预算的通知》明确，河北省等15个省（区、市）2019年港口建设费共计413600万元，用于港口建设费支持港口航道公共基础设施建设资金项目支出预算。2021年，《财政部关于下达2021年农业绿色发展专项（山东省现代化海洋牧场建设综合试点项目）中央基建投资预算（拨款）的通知》发布，为建设一批具有典型示范和辐射带动作用的现代化海洋牧场综合试点项目进行资金拨付，以提高海洋牧场建设发展水平。2022年，国家发展改革委和国家能源局印发《"十四五"现代能源体系规划》，部署沿海地区核电项目建设、海上风电规模化开发和海洋能开发，并要求各有关部门要根据职责分工细化任务举措，加强资金等对重大能源项目的支持保障力度。

表2-1　国家涉海财政投资性支出政策

年份	政策名称	发文字号
2005	《关于印发海水利用专项规划的通知》	发改环资〔2005〕1561号
2016	《国家海洋局关于印发〈海洋可再生能源资金项目实施管理细则（暂行）〉的通知》	国海规范〔2016〕9号
2017	《科技部 国土资源部 海洋局关于印发〈"十三五"海洋领域科技创新专项规划〉的通知》	国科发社〔2017〕129号
2017	《农业部办公厅关于印发〈海洋渔业资源专项监测调查预算定额标准（试行）〉的通知》	农办财〔2017〕56号
2017	《农业部关于印发〈海洋渔业资源调查与探捕项目资金管理办法〉的通知》	农财发〔2017〕77号
2018	《关于印发〈海岛及海域保护资金管理办法〉的通知》	财建〔2018〕861号

续表

年份	政策名称	发文字号
2019	《财政部关于下达2019年港口建设费支持港口航道公共基础设施建设预算的通知》	财建〔2019〕329号
2019	《中国海洋能2019年度进展报告》（自然资源部国家海洋技术中心）	/
2020	《财政部关于印发〈海洋生态保护修复资金管理办法〉的通知》	财资环〔2020〕24号
2021	《财政部关于下达2021年农业绿色发展专项（山东省现代化海洋牧场建设综合试点项目）中央基建投资预算（拨款）的通知》	财建〔2021〕63号
2021	《关于实施渔业发展支持政策推动渔业高质量发展的通知》	财农〔2021〕41号
2022	《关于组织申报2023年海洋生态保护修复工程项目的通知》	财办资环〔2022〕39号
2022	《关于加强海水养殖生态环境监管的意见》	环海洋〔2022〕3号
2022	《国家发展改革委 国家能源局关于印发〈"十四五"现代能源体系规划〉的通知》	发改能源〔2022〕210号
2023	《自然资源部办公厅关于加强国土空间生态修复项目规范实施和监督管理的通知》	自然资办发〔2023〕10号

2.1.4　沿海地区典型案例

2.1.4.1　山东省

山东省的涉海财政投资性支出政策（表2-2）主要涵盖海洋科技、海上粮仓、海洋重大基础设施、海洋牧场建设等领域。

2019年，山东省财政厅发布的《2017年省级"海上粮仓"建设发展资金（水产种质资源保护区和渔业公园建设资金）项目绩效评价报告》显示，在全省8个市共安排水产种质资源保护区建设项目5个，每个项目补助资金200万元，休闲渔业公园建设项目4个，每个项目补助资金100万元。2019年，《山东省财政厅 中共山东省委组织部 山东省发展改革委等16部门印发关于支持海洋战略性产业发展的财税政策的通知》规定：一是支持重点实验室建设。省级财政对省级重点实验室择优给予每家最高100万元支持；对升级为国家重点实验室的，给予每家1000万元支持。二是支持海洋国家重点科研项目。对省内承担的海洋领域国家科技重大专项和重点研发计划项目（课题），省级财政予以补助和奖励，加快培育海洋技术领域领跑新优势。三是支持培育打造蓝色人才团队。按照"领军人才+产业项目+涉海企业"模式，面向海内外每年遴选10个左右海洋产业领军人才团队，省级财政给予每名领军人才最高300万元津贴补助和入选项目1000万元经费资助，支持海洋领域人才、科技、产业融合创新发展。2020年，《山东省人民政府关于支持八大发展战略的财政政策的通知》发布，对海洋重大基础设施建设，省级通过专项债券、基建投资给予倾斜支持，将长岛海洋生态文明综合试验区专项债券单列支持政策再延长三年。2022年，中共山东省委、山东省人民政府发布《海洋强省建设行动计划》，提出支持一批对标国际同行业先进水平的海洋战略性产业重大技术改造项目，经省工业和信息化厅审核通过后，省级财政按银行一年期贷款市场报价利率的35%给予最高2000万元支持。2023年，山东省人民政府印发《关于促进经济加快恢复发展的若干政策措施暨2023年"稳中向好、进中提质"政策清单（第二批）》，安排2.8亿元股权投资资金，以加快海洋牧场、种业提升、工厂化园区建设。

表2-2　山东省的涉海财政投资性支出政策

年份	政策名称	发文字号
2018	《关于印发〈山东省新旧动能转换基金管理办法〉〈山东省新旧动能转换基金省级政府出资管理办法〉和〈山东省新旧动能转换基金激励办法〉的通知》	鲁政办字〔2018〕4号
2019	《2017年省级"海上粮仓"建设发展资金（水产种质资源保护区和渔业公园建设资金）项目绩效评价报告》	/
2019	《山东省财政厅 中共山东省委组织部 山东省发展和改革委员会等16部门印发关于支持海洋战略性产业发展的财税政策的通知》	鲁财资环〔2019〕17号
2020	《山东省人民政府印发关于支持八大发展战略的财政政策的通知》	鲁政字〔2020〕221号
2022	《海洋强省建设行动计划》	/
2023	《山东省人民政府印发关于促进经济加快恢复发展的若干政策措施暨2023年"稳中向好、进中提质"政策清单（第二批）的通知》	鲁政发〔2023〕1号

2.1.4.2 天津市

天津市的涉海财政投资性支出政策（表2-3）主要涵盖海洋产业发展、港口建设、海洋保护、科教基地和邮轮产业等领域。

2015年，《天津市海洋局等八部门关于印发海洋经济发展支持政策的通知》宣布，从2015年开始，统筹海域使用金地方留成部分，用于支持海洋生物医药、海洋可再生能源、海洋现代服务业等市政府确定的产业化项目。2017年，《天津市财政局天津市交通运输委员会关于印发天津市港口建设费使用管理办法的通知》发布，提出港口建设费主要用于支持港口航运事业发展，支出范围包括港口公共基础设施的建设和维护支出、航运支持保障系统的建设和维护支出、绩效评价费用等。补助标准和额度由市财政局、市交通运输委根据本办法规定，结合年度港口建设费资金额度、申报项目规模等有关情况研究确定。2019年，《天津市财政局关于拨付市规划和自然资源局国家海洋博物馆展陈及主馆建设工程专项资金的通知》明确，拨付专项资金18315.33万元，其中，展陈费15144.66万元，主馆建设费3170.67万元。2021年，《天津市人民政府办公厅关于加快天津邮轮产业发展的意见》指出，要充分利用旅游发展、世界一流港口建设等专项资金支持邮轮产业发展；对组织邮轮游客按照"邮轮+天津游线路"取得较好效果的旅行社给予奖励。2022年，《天津市发展改革委天津市邮轮产业发展"十四五"规划（2021—2025年）》提出，为做强天津市邮轮产业优势，健全邮轮产业链条，推动天津邮轮产业实现提质升级和高质量发展，应充分利用旅游发展、世界一流港口建设等专项资金，合理安排市、区两级财政，统筹安排用于支持邮轮产业发展。2023年，天津市财政局发布《2023年市级专项资金分级目录表（战略领域和财政事权）》，拨付51572万元专项资金用于海洋保护管理。

表2-3　天津市的涉海财政投资性支出政策

年份	政策名称	发文字号
2015	《天津市海洋局等八部门关于印发海洋经济发展支持政策的通知》	津海经〔2015〕234号
2017	《天津市财政局天津市交通运输委员会关于印发天津市港口建设费使用管理办法的通知》	津财基〔2016〕84号
2019	《天津市财政局关于拨付市规划和自然资源局国家海洋博物馆展陈及主馆建设工程专项资金的通知》	津财基指〔2019〕19号

续表

年份	政策名称	发文字号
2021	《天津市人民政府办公厅关于加快天津邮轮产业发展的意见》	津政办发〔2021〕38号
2022	《市发展改革委关于印发天津市邮轮产业发展"十四五"规划（2021—2025年）的通知》	津发改服务〔2021〕408号
2023	《2023年市级专项资金分级目录表（战略领域和财政事权）》（天津市财政局发布）	/

2.1.4.3　江苏省

江苏省的涉海财政投资性支出政策（表2-4）主要涵盖发展示范区建设、渔业管理、海洋科技等领域。

2015年，江苏省财政厅印发《江苏省海洋经济创新发展区域示范项目和资金管理暂行办法》，规定专项资金可以综合运用投资补助、贷款贴息、以奖代补、股权投资等多种方式对区域示范项目予以支持，支持金额原则上不超过项目实施期内总投资额的20%。专项资金主要用于支持项目关键技术的转化及产业化或工程化技术研究开发与后续试验，购置研究开发及产业化所需的仪器设备及必要的原材料。2015年，江苏省财政厅印发《江苏省省级海洋综合管理专项资金管理办法》，规定海洋综合管理资金主要用于海洋法制建设、海洋经济运行监测与评估、海域和海岛管理补助及其他用于海洋综合管理工作的相关支出。2018年，江苏省海洋与渔业局和江苏省财政厅印发《江苏省省级渔业科技创新专项管理办法》，指出专项资金主要用于支付渔业品种开发费用、技术集成费用、推广应用费用等。在项目计划下达后，预拨70%资金给项目承担单位，项目中期评估通过后，可拨付剩余30%资金。2021年，江苏省财政厅、江苏省农业农村厅发布《江苏省2021—2025年中央渔业发展支持政策实施方案》，明确资金主要用于渔业资源养护、渔业基础公益设施、渔业产业转型升级、渔业安全监管等。2022年，江苏省财政厅、江苏省自然资源厅发布《关于下达2022年江苏省海洋科技创新项目资金的通知》，对海洋创新科技创新项目加强资金监管，确保资金使用规范。进一步地，2023年，《江苏省自然资源厅江苏省财政厅关于组织申报2023年度省海洋科技创新项目的通知》发布，规定对海洋科技创新项目进行资助，单个项目省财政补助资金原则上不超过100万元（重大项目除外）。同年，《省政府办公厅印发关于进一步提升全省船舶与海工装备产业竞争力若干政策措施的通知》发布，要求省级财政统筹现有的专项资金，加大对制造业创新中心建设、科研和产业化项目、智改数转项目的支持力度，对其非财政性经费支持的研发支出，按照一定比例给予奖补，持续推动江苏省船舶海工产业高质量发展。

表2-4　江苏省的涉海财政投资性支出政策

年份	政策名称	发文字号
2015	《江苏省财政厅关于印发江苏省海洋经济创新发展区域示范项目和资金管理暂行办法的通知》	苏财规〔2014〕40号
2015	《江苏省财政厅关于印发〈江苏省省级海洋综合管理专项资金管理办法〉的通知》	苏财规〔2015〕22号
2018	《关于印发〈江苏省省级渔业科技创新专项管理办法〉的通知》	苏海科〔2018〕4号
2021	《关于印发〈江苏省2021—2025年中央渔业发展支持政策实施方案〉的通知》	苏财农〔2021〕91号
2022	《关于下达2022年江苏省海洋科技创新项目资金的通知》	苏财资环〔2022〕26号
2023	《江苏省自然资源厅 江苏省财政厅关于组织申报2023年度省海洋科技创新项目的通知》	/
2023	《省政府办公厅印发关于进一步提升全省船舶与海工装备产业竞争力若干政策措施的通知》	苏政办发〔2022〕53号

2.1.4.4　浙江省

浙江省的涉海财政投资性支出政策（表2-5）主要涵盖海洋环保、渔港建设、渔业升级发展等领域，其中渔业发展一直是浙江省公共工程支出的重点产业。

2010年，浙江省财政厅、浙江省海洋与渔业局联合印发《浙江省海洋环保项目与资金管理办法》，对海洋环保基础设施建设、海洋环境监测监视评价、海洋环境调查、海洋环保管理机制建设和海洋环境治理项目等规定了具体资金补助标准。2012年，浙江省财政厅、浙江省海洋渔业局发布《关于印发浙江省国内海洋捕捞渔业转型升级示范工程项目与资金管理办法的通知》，对纳入渔船管理数据库管理、合法进行国内海洋捕捞生产作业的渔船给予补助。2022年，《浙江省财政厅 浙江省农业农村厅关于提前下达2023年中央渔业发展补助资金的通知》发布，预计共发放96104万元渔业发展补助资金，用于提升浙江省海洋渔业发展质量。同时，为提高资金使用效率，根据《浙江省海洋经济发展"十四五"规划》

《浙江省大湾区建设行动计划》等文件精神，2022年，浙江省财政厅、浙江省发展和改革委员会发布《浙江省海洋（湾区）经济发展资金管理办法》，进行资金分配与资金使用监督，以规范浙江省海洋（湾区）经济发展资金管理，提高资金使用效益。

表2-5　浙江省关于海洋经济的财政投资性支出政策

年份	政策名称	发文字号
2010	《关于印发浙江省海洋环保项目与资金管理办法的通知》	浙财农〔2010〕240号
2011	《关于印发浙江省远洋渔业项目与资金管理办法的通知》	浙财农〔2011〕28号
2012	《关于印发浙江省国内海洋捕捞渔业转型升级示范工程项目与资金管理办法的通知》	浙财农〔2012〕105号
2015	《浙江省财政厅 浙江省海洋与渔业管理局关于印发浙江省海洋与渔业综合管理和产业发展专项资金管理办法（试行）的通知》	浙财农〔2015〕47号
2020	《浙江省财政厅 浙江省生态环境厅关于印发浙江省生态环境保护专项资金管理办法的通知》	浙财建〔2020〕4号
2022	《浙江省财政厅 浙江省农业农村厅关于提前下达2023年中央渔业发展补助资金的通知》	浙财农〔2022〕80号
2022	《浙江省财政厅 浙江省发展和改革委员会关于印发浙江省海洋（湾区）经济发展资金管理办法的通知》	浙财建〔2022〕116号

2.1.4.5　海南省

海南省的涉海财政投资性支出（表2-6）主要用于水产业、贸易区基建、海洋生态修复等领域。

2018年，《海南省人民政府办公厅关于印发海南省热带特色高效农业发展专项资金管理暂行办法的通知》强调，用于水产业建设的支出主要包括水产品质量安全、深水网箱养殖扶持、水产养殖池塘标准化改造扶持、捕捞设施和装备建设等方面。2020年，《海南省财政厅关于下达2020年粤港澳、海南、长三角专项海南部分第一批中央基建投资预算（拨款）的通知》发布，拨付2020年中央基建投资预算（拨款）157680万元，专项用于海南全面深化改革开放和自由贸易港基础设施建设。其中，支付海南社会管理信息化平台岸线防护圈建设7120万元、海南社会管理信息化平台环岛电子围栏项目建设9320万元等。2022年，海南省农业农村厅、海南省财政厅印发《发放延期出海作业海洋捕捞渔船渔业资源养护补贴实施方案》，为积极应对疫情对渔业生产的影响，保障我省渔民增收，按每艘船60元/天的标准增发海洋渔业资源养护补贴。2023年，《海南省财政厅关于下达2023年农业产业发展资金（渔业发展方向）的通知》发布，规定了农业产业发展资金（渔业发展方向）的分配金额和区域绩效目标。同年，《海南省财政厅关于下达2023年重点区域生态保护和修复专项（第一批）中央基建投资预算的通知》发布，拟转移支付500万元专项资金用于海南岛南渡江中下游海岸带生态保护和修复项目，并要求实行基本建设资金专账核算。

表2-6 海南省的涉海财政投资性支出政策

年份	政策名称	发文字号
2018	《海南省人民政府办公厅关于印发海南省热带特色高效农业发展专项资金管理暂行办法的通知》	琼府办〔2018〕56号
2020	《海南省财政厅关于印发〈海南省重点产业发展专项资金管理办法〉的通知》	琼财预规〔2020〕4号
2020	《海南省财政厅关于下达2020年粤港澳、海南、长三角专项海南部分第一批中央基建投资预算（拨款）的通知》	琼财建〔2020〕217号
2022	《海南省农业农村厅 海南省财政厅关于印发发放延期出海作业海洋捕捞渔船渔业资源养护补贴实施方案的通知》	琼农字〔2022〕319号
2023	《海南省财政厅关于下达2023年农业产业发展资金（渔业发展方向）的通知》	琼财农〔2023〕418号
2023	《海南省财政厅关于下达2023年重点区域生态保护和修复专项（第一批）中央基建投资预算的通知》	琼财建〔2023〕358号

2.1.4.6 广东省

广东省的涉海财政投资性支出政策（表2-7）主要涵盖渔业产业发展、海域保护等领域。

2013年，广东省财政厅印发《广东省省级农林渔业专项资金管理规程》，规定专项资金主要用途包括推动农林渔业特色产业发展，提高产业化、规模化水平以及农林渔业科技创新能力。各市及财政省直管县（市、区）年度申报项目总数不得超过2个，单个市县项目申报金额原则上不超过50万元。2017年，广东省财政厅发布《关于安排2017年海洋和渔业发展专项资金用于白海豚救护保育基地建设和海洋与渔业资源环境保护相关工作经费（第二批）的通知》，共拨付白海豚救护保育基地建设和海洋与渔业资源环境保护相关工作经费（第二批）679万元，支持广东省白海豚救护保育基地建设和海洋与渔业资源环境保护相关工作。此外，2019—2021年，广东省财政每年安排5亿元专项资金，用于海岸带整治修复和近岸海域污染监测防治，沿海市、县积极推进美丽海湾建设、千里海堤生态化、自然岸线修复、滨海湿地恢复、魅力沙滩打造等重大生态修复工程，推动现代化海洋牧场建设，强化海洋生物资源养护。另外，2022年，广东省农业农村厅、广东省财政厅发布了《广东省海洋渔业资源养护补贴政策实施方案》，要求提供适当补贴，加大海洋渔业资源养护力度，引导渔民自觉遵守海洋伏季休渔等资源养护措施，促进海洋捕捞行业持续健康发展。2023年，《广东省自然资源厅关于征集2024年度省级促进经济高质量发展（海洋经济发展）海洋六大产业专项项目需求的通知》发布，规定海洋电子信息、海洋工程装备、海上风电、海洋生物、天然气水合物、海洋公共服务海洋六大产业中单个项目财政资金补助额度与往年相当，并给出了不同类别项目的资金指南。

表2-7 广东省的涉海财政投资性支出政策

年份	政策名称	发文字号
2013	《广东省财政厅关于印发广东省省级农林渔业专项资金管理规程的通知》	粤财农〔2013〕133号
2017	《关于安排2017年海洋和渔业发展专项资金用于白海豚救护保育基地建设和海洋与渔业资源环境保护相关工作经费（第二批）的通知》	粤财综〔2017〕29号
2022	《广东省农业农村厅 广东省财政厅关于印发〈广东省海洋渔业资源养护补贴政策实施方案〉的通知》	粤农农规〔2022〕4号
2023	《广东省自然资源厅关于征集2024年度省级促进经济高质量发展（海洋经济发展）海洋六大产业专项项目需求的通知》	/

2.1.4.7 福建省

福建省的涉海公共工程支出政策（表2-8）主要涵盖渔港、海洋经济发展、涉海信息化建设和港口航运等领域。

为支持全省渔港规划建设，2017年，福建省财政厅出台了《福建省渔港建设专项资金管理办法》，要求对中心及一级渔港的实际建设总投入（以竣工决算审计结论为准）补助65%（其中，省财政厅补助55%，福建省开发和发展委员会补助10%）；对二级渔港和避风锚地的建设总投入（以发改部门批复为准）补助50%（单个项目不超过650万元），欠发达地区或海岛性渔港补助60%（单个项目不超过780万元）。2020年，福建省财政厅、福建省海洋与渔业局联合出台《福建省海洋经济发展专项资金管理办法》，重点支持海洋生物医药、海洋新材料等海洋产业关键技术开发与应用，海洋通信、海洋遥感、海洋电子、海洋防灾减灾等高新技术开发与产业化。2020年，《福建省财政厅关于安排2020年海洋与渔业信息化建设项目资金的通知》发布，安排2020年海洋与渔业信息化建设项目资金2865.68万元，用于渔船动态监控管理系统建设、渔港视频监控项目等信息专用设备的购置，助力福建省渔业健康快速发展。2021年，福建省财政厅、福建省交通运输厅、福建省发展和改革委员会联合印发《福建省"丝路海运"港航发展专项资金管理暂行办法》，省级财政每年安排2亿元，用于支持"丝路海运"航线拓展、集装箱中转业务发展、海铁联运发展。2022年，福建省海洋与渔业局发布《福建省"十四五"渔业发展专项规划》，指出要优化投入保障，强化项目支撑，围绕国家级海洋牧场建设、现代渔业装备设施建设、远洋渔业高质量发展等重点领域和重点工作，争取中央财政支持，加大地方各级财政投入，通过项目补助、贷款贴息、地方政府专项债券、投资基金等形式，加大项目实施和支撑力度。为此，2023年，《福建省海洋与渔业局福建省财政厅关于印发海洋捕捞渔民减船转产项目2023—2024年实施方案的通知》发布，规定将专项资金切块下达到设区市、平潭综合实验区，确保逐船足额补助，如发生补助资金申报不足等情况导致的资金缺口，由各市、县（区）统筹本级资金予以补足。

表2-8　福建省的涉海财政投资性支出政策

年份	政策名称	发文字号
2017	《关于印发〈福建省渔港建设专项资金管理办法〉的通知》	/
2020	《福建省财政厅 福建省海洋与渔业局关于印发〈福建省海洋经济发展专项资金管理办法〉的通知》	闽财农〔2020〕5号
2020	《福建省财政厅关于安排2020年海洋与渔业信息化建设项目资金的通知》	闽财指〔2020〕535号

续表

年份	政策名称	发文字号
2021	《福建省财政厅 福建省交通运输厅 福建省发展和改革委员会关于印发〈福建省"丝路海运"港航发展专项资金管理暂行办法〉的通知》	闽财建〔2021〕2号
2022	《福建省海洋与渔业局关于印发福建省"十四五"渔业发展专项规划的通知》	闽海渔〔2022〕46号
2023	《福建省海洋与渔业局福建省财政厅关于印发海洋捕捞渔民减船转产项目2023—2024年实施方案的通知》	闽海渔规〔2023〕4号

综上所述，环渤海地区的涉海财政投资性支出政策更加侧重于海洋环境生态保护、海洋科学与教育和海域动态监测等方面；长三角地区的涉海财政投资性支出政策更加重视海洋环境保护和渔业的可持续发展，具体包括关于渔港建设、渔业转型升级、渔业科技等方面的管理；泛珠三角地区的涉海财政投资性支出政策则比较分散，例如，海南的自由贸易政策、广东和福建的渔业发展政策。总体来看，在我国的涉海财政投资性支出政策中，虽然不同区域出台的相关政策的政策重点存在差异，但不难发现，渔港建设、渔业发展以及海洋环境保护是以上所有沿海省份的建设重点。未来，因地制宜发展地区优势、特色产业，保护海洋生态环境，是涉海财政投资性支出的重点方向。

2.2 涉海社会保障支出政策

党的二十届二中全会要求全面贯彻落实党的二十大精神，有效防范化解重大风险，推动经济运行整体好转，实现质的有效提升和量的合理增长，持续改善民生，保持社会大局稳定。在海洋经济发展过程中，社会保障政策主要聚焦海上安全保障、涉海公益性行业科研、船舶保险支出等方面，对人们的生命财产安全进行保障。2007年以来，国务院、国家海洋局、民政部等相关部门先后出台了一系列政策文件，旨在更好地推进和规范政策的保障功能，从而促进海洋经济发展平稳运行。

本节将从海上安全保障支出、涉海公益性行业科研经费支出、船舶保险支出等方面，分别对我国涉海社会保障支出相关政策工具（表2-9）进行梳理和讨论。

2.2.1 海上安全保障支出

政策重点：海上安全保障支出主要涉及海上搜救专项资金，相关政策文件对海上搜救专项资金的预算安排、奖励标准进行了阐述说明。

典型政策：为鼓励社会搜救力量参与海（水）上搜救行动，2007年，《海（水）上搜救奖励专项资金管理暂行办法》出台，按照上年度实际搜救效果、奖励情况和本年资金预算安排情况等因素确定奖励标准，原则上，参与特大事故搜救的奖励标准最高不超过4万元/次，参与重大事故搜救的奖励标准最高不超过3万元/次。2017，中国海上搜救中心发布《关于做好2017年度海上搜救专项奖励资金发放工作的通知》，决定对"浙瑞渔20051""粤顺德工0008"以及珠海市金湾区海上救助协会等社会力量进行奖励，拟发放专项奖励资金共计724万元。2022年，《交通运输部等二十三个部门和单位关于进一步加强海上搜救应急能力建设的意见》指出，要有效落实中央与地方在海上搜救应急领域财政事权和支出责任，保障海上搜救应急能力建设，充分发挥有关专项基金作用。

2.2.2　涉海公益性行业科研经费支出

政策重点：近年来，涉海公益性行业支出主要用于投资相关科研技术创新，涵盖海洋科技成果产业化、极地科学技术研究和海洋国际科技合作领域等。

典型政策：2011年，国家海洋局印发《海洋公益性行业科研专项经费项目管理实施细则》，鼓励沿海省市海洋管理部门和企业匹配经费，重点支持海洋科技成果产业化、业务化和海洋管理应用技术开发与示范。为推进海洋领域科学研究和应用技术相互融合与协调发展，2017年，科技部、国土资源部、海洋局联合印发《"十三五"海洋领域科技创新专项规划》，指出针对深海探测技术研究、海洋环境安全保障、深水能源和矿产资源勘探与开发、海洋生物资源可持续开发利用、极地科学技术研究和海洋国际科技合作领域，要建立稳定增长的中央财政科技投入机制，保障经费投入力度。2022年，科技部、生态环境部、住房和城乡建设部、气象局、林草局编制了《"十四五"生态环境领域科技创新专项规划》，指出要加强基础研究投入，加大政府支出，注重提升生态环境科技原始创新能力，大力发展水生态环境先进监测装备及预警技术、水生态完整性保护修复技术等先进技术。

2.2.3　船舶保险支出

政策重点：船舶保险成为近年关于社会保障财政支出的一大热点，相关政策主要围绕东海分局、第一海洋研究所向阳红18船舶保险项目的前期招标公告，涉及"船舶一切险""船舶战争险""舷外设备险"等险种。

典型政策：2019年，国家海洋局发布《国家海洋局东海分局船舶保险项目公开招标公告》，拟对国家海洋局东海分局所辖船舶的年度"船舶一切险""船舶战争险",为10年以下(含10年)船龄特约附加的"船东对船员责任保险",另外投保船舶的"舷外设备险"进行采购,采购预算金额为200万元人民币。2020年,自然资源部发布《自然资源部第一海洋研究所向阳红18船舶保险项目(重新招标)公开招标公告》,拟对向阳红18船舶保险项目进行采购,预算为50万元/年。2022年,自然资源部南海局发布《船舶保险服务(船壳险)项目招标公告》,拟对船舶保险项目进行采购,预算金额为100万元人民币。随后,2023年,自然资源部发布《自然资源部第一海洋研究所船舶保险项目竞争性磋商公告》,拟对船舶保险项目进行采购,预算金额为170万元人民币。

表2-9 国家涉海社会保障支出政策

年份	政策名称	发文字号
2007	《财政部、交通部关于印发〈海(水)上搜救奖励专项资金管理暂行办法〉的通知》	财建〔2008〕465号
2011	《关于印发〈海洋公益性行业科研专项经费项目管理实施细则〉的通知》	国海科字〔2011〕113号
2014	《国家海洋局关于印发〈海洋预报业务管理规定〉的通知》	国海预字〔2014〕91号
2017	《关于做好2017年度海上搜救专项奖励资金发放工作的通知》	/
2017	《科技部 国土资源部 海洋局关于印发〈"十三五"海洋领域科技创新专项规划〉的通知》	国科发社〔2017〕129号
2019	《关于认真贯彻落实习近平总书记重要指示精神加强自然资源系统安全防范工作的紧急通知》(自然资源部办公厅)	/
2019	《农业农村部办公厅关于加强渔业安全生产工作的通知》	农办渔〔2019〕25号
2019	《自然资源部办公厅关于切实加强当前安全防范工作的通知》	自然资电发〔2019〕43号
2019	《国家海洋局东海分局船舶保险项目公开招标公告》	/
2019	《交通运输部关于修改〈中华人民共和国船舶污染海洋环境应急防备和应急处置管理规定〉的决定》	中华人民共和国交通运输部令2019年第40号

续表

年份	政策名称	发文字号
2019	《交通运输部关于修改〈中华人民共和国港口设施保安规则〉的决定》	交通运输部令2019年第33号
2019	《自然资源部办公厅关于印发〈海洋灾害应急预案〉的通知》	自然资办函〔2022〕1825号
2020	《自然资源部第一海洋研究所向阳红18船舶保险项目（重新招标）公开招标公告》	/
2022	《交通运输部等二十三个部门和单位关于进一步加强海上搜救应急能力建设的意见》	交搜救发〔2022〕94号
2022	《科技部 生态环境部 住房和城乡建设部 气象局 林草局关于印发〈"十四五"生态环境领域科技创新专项规划〉的通知》	国科发社〔2022〕238号
2022	《船舶保险服务（船壳险）项目招标公告》	/
2023	《自然资源部第一海洋研究所船舶保险项目竞争性磋商公告》	/

2.2.4 沿海地区典型案例

2.2.4.1 天津市

天津市的涉海社会保障支出政策（表2-10）主要涵盖防灾减灾、灾害防治能力提升、海上搜寻救助、航运险企资助等方面。

2017年，天津市人民政府办公厅印发《天津市综合防灾减灾规划（2016—2020年）》，指出要完善防灾减灾基础设施建设、生活保障安排、救灾物资储备、救灾装备配备等方面的财政投入以及恢复重建资金筹措机制，制定应急救援社会化有偿服务、物资装备征用补偿等政策。2019年，天津市人民政府办公厅印发《天津市提高自然灾害防治能力三年行动计划（2019—2021年）》，指出针对海洋灾害预警和海岸带保护修复工程等有关海洋方面的灾害处置，要加大防灾减灾项目建设、技术研发、科普宣传、教育培训等方面的经费投入，大力支持开展灾害风险防范、风险调查与评估、基层减灾能力建设、科普宣传教育等防灾减灾相关工作。2020年，天津市政府发布《天津市海上搜寻救助规定》，规定市人民政府安排相应的资金专项用于海上搜救工作，海上搜救经费用于市海上搜救中心日常办公开支、社会力量参与海上搜救行动的适当补贴、购置与维护海上搜救设施设备、奖励海上搜救先进单位和个人。2022年,《天津市人民政府办公厅关于印发天津市海洋灾害应急预案等5个专项应急预案的通知》指出,要建立健全规范有序的海洋灾害应急响应机制,明确各部门的职责与任务,加强部门联动,提高应对海洋灾害的能力,市财政局、滨海新区人民政府统筹安排海洋防灾减灾所需的经费,并纳入年度财政预算。另外,2023年,《天津市人民政府办公厅关于印发天津市促进港产城高质量融合发展政策措施的通知》规定,对天津市保险机构分别以上一年度船舶险和货运险保费收入为基准,给予船舶险增量保费6%和货运险增量保费3%的奖励,并通过专项奖励有效降低航运保险市场运营成本压力。

表2-10 天津市的涉海社会保障支出政策

年份	政策名称	发文字号
2017	《天津市人民政府办公厅关于印发天津市综合防灾减灾规划(2016—2020年)的通知》	津政办发〔2017〕76号
2019	《天津市人民政府办公厅关于印发天津市提高自然灾害防治能力三年行动计划(2019—2021年)的通知》	津政办发〔2019〕15号
2020	《天津市海上搜寻救助规定》	天津市人民政府令第18号
2022	《天津市人民政府办公厅关于印发天津市海洋灾害应急预案等5个专项应急预案的通知》	津政办发〔2022〕6号
2023	《天津市人民政府办公厅关于印发天津市促进港产城高质量融合发展政策措施的通知》	津政办规〔2023〕7号

2.2.4.2 山东省

山东省的涉海社会保障支出政策(表2-11)主要涵盖防灾救灾和海洋生态修复方面。

2017年,《山东省农业防灾救灾资金管理办法》出台,规定针对风暴、台风、风暴潮、海冰等自然灾害造成的灾害进行预测和救助,具体开支范围包括渔船应急管理费、渔港应急维护、渔业生产设施及进排水渠、助航设施修复、功能恢复和港池疏浚以及其他相关费用等。2020年,山东省财政厅、山东省自然资源厅山东省海洋局发布了《山东省贯彻落实〈海洋生态保护修复资金管理办法〉实施细则》,明确要求资金主要用于生态保护、修复治理、能力建设以及生态补偿等方面的费用支出,保护修复资金由省财政厅会同省自然资源厅、省海洋局管理。2020年,山东省财政厅、山东省生态环境厅、山东省自然资源厅山东省海洋局发布了《山东省海洋环境质量生态补偿办法》,明确了省级向沿海各市(不含青岛,下同)补偿方案,包括海域水质补偿资金、入海污染物赔偿资金和海岸带生态系统保护补偿资金。以海域水质补偿为例，沿海各市当年近岸海域水质优良比例大于或等于目标值时，省级给予补偿资金，补偿标准为每年500万元；沿海市海域水质优良比例同比改善的市，由省级给予补偿，补偿标准为50万元/百分点；对海域水质连续两年以上（含两年）优良比例达到100%的市，省级给予奖励性补偿，连续两年奖励200万元，连续年度每递增一年，奖励补偿标准提高100万元，最高奖励标准500万元。2021年，山东省海洋局印发《山东省赤潮灾害应急预案》，要求各沿海市、县（区）应按照事权和财政支出责任划分，推动赤潮灾害预警监测纳入各级财政的重点支持领域，加大资金投入力度，积极引导社会资金投入，切实履行赤潮灾害监测预警职责，保障公众身体健康和生命安全。2023年，《山东省人民政府办公厅关于印发山东省海上搜救应急预案的通知》对2009年颁布的《山东省海上搜救应急预案》进行了修订，规定山东省和沿海各市、县（市、区）政府应当按照国家关于交通运输领域事权与支出责任划分等相关政策规定，将应承担的海上搜救应急保障及相关资金纳入本级财政预算。

表2-11 山东省的涉海社会保障支出政策

年份	政策名称	发文字号
2009	《山东省人民政府办公厅关于印发山东省海上搜救应急预案的通知》	鲁政办字〔2009〕153号
2017	《关于印发山东省农业防灾救灾资金管理办法的通知》	鲁财农〔2017〕60号
2020	《山东省人民政府办公厅印发关于加强水上搜救工作的实施方案的通知》	鲁政办字〔2020〕73号
2020	《山东省财政厅 山东省自然资源厅 山东省海洋局关于印发〈山东省贯彻落实《海洋生态保护修复资金管理办法》实施细则〉的通知》	鲁财资环〔2020〕17号
2020	《山东省财政厅等部门关于印发山东省生态环境损害赔偿资金管理办法的通知》	鲁财资环〔2020〕19号
2021	《山东省海洋局关于印发〈山东省赤潮灾害应急预案〉的通知》	鲁海发〔2021〕11号
2022	《海洋强省建设行动计划》	/
2023	《山东省人民政府办公厅关于印发山东省海上搜救应急预案的通知》	鲁政办字〔2023〕60号

2.2.4.3 江苏省

江苏省的涉海社会保障支出政策（表2-12）主要涵盖海洋灾害应对、灾后救助、水运基础设施建设方面。

2020年，江苏省人民政府办公厅发布了《江苏省自然灾害救助应急预案》，针对暴雨洪涝、台风、风雹等气象灾害，风暴潮、海啸等海洋灾害，切实加大救灾资金投入，并根据经济社会发展水平动态调整，当救灾预算资金不足时，各级财政通过预备费保障受灾群众生活救助需要。2020年，《省政府办公厅关于印发江苏省气象灾害应急预案的通知》指出，针对台风、寒潮、大风、冰雹、龙卷风等气象灾害防范和应对工作，以及因气象因素引发的海洋灾害等灾害处置，应建立健全资金保障机制，将气象灾害救助资金和气象灾害救助工作经费纳入财政预算，对达到《江苏省自然灾害救助应急预案》规定应急响应等级的灾害，根据灾情及自然灾害救助相关规定给予相应支持。2021年和2022年，江苏省财政厅分别发布了《关于下达2021年海洋灾害风险普查省级工作经费的通知》和《关于下达2022年度江苏省海洋灾害风险普查经费的通知》，前者下达江苏省海涂研究中心海洋灾害风险普查省级工作经费285万元，用于海洋灾害要素数据收集汇总集成及校验、海洋灾害重点隐患调查成果集成及校验、海洋灾害危险性评估和脆弱性评估、省级尺度海洋灾害风险评估与区划、海洋灾害风险模拟及辅助决策系统等；后者下达江苏省海涂研究中心2022年海洋灾害风险普查经费187万元，用于对海洋灾害风险进行普查和评估，提高海洋安全程度。另外，2023年，江苏省人民政府发布了《省政府关于加快打造更具特色的"水运江苏"的意见》，明确指出省财政要统筹相关资金，加强水运建设资金保障，各市、县（市、区）人民政府要积极安排财政性资金用于水运发展，并根据建设需要逐步扩大资金规模。同时，完善政府和社会资本合作模式，引导和鼓励社会资本积极投资水运基础设施。

表2-12 江苏省的涉海社会保障支出政策

年份	政策名称	发文字号
2020	《省政府办公厅关于印发江苏省防御台风应急预案的通知》	苏政办函〔2020〕13号
2020	《省政府办公厅关于印发江苏省自然灾害救助应急预案的通知》	苏政办函〔2020〕9号
2020	《省政府办公厅关于印发江苏省气象灾害应急预案的通知》	苏政办函〔2020〕18号

续表

年份	政策名称	发文字号
2020	《省政府关于印发江苏省突发事件总体应急预案的通知》	苏政发〔2020〕6号
2021	《关于下达2021年海洋灾害风险普查省级工作经费的通知》	苏财资环〔2021〕26号
2022	《关于下达2022年度江苏省海洋灾害风险普查经费的通知》	苏财资环〔2022〕6号
2023	《省政府关于加快打造更具特色的"水运江苏"的意见》	苏政发〔2023〕24号

2.2.4.4　广东省

广东省的涉海社会保障支出政策（表2-13）主要涵盖海上搜救、海洋灾害救助方面。

2018年，广东省财政厅发布了《关于安排广东省海上搜救中心2018年海上搜救事业费的通知》，将2018年海上搜救事业费700万元安排给广东省海上搜救中心（资金由广东海事局转拨付），专项用于保障中心日常运转。为妥善解决受灾群众的生活救助和恢复重建等工作，2020年，《广东省财政厅关于下达2020年省级自然灾害生活救助资金的通知》发布，一次性下达2020年省级自然灾害生活救助资金1600万元。2022年，广东省海洋综合执法总队印发《2022年度广东省渔业海难救助补助项目实施方案》，对参与海难搜救行动的广东省渔船（含港澳流动渔船）或参与搜救广东省海难渔船（含港澳流动渔船）的提供一定补贴，从而最大限度地减少本省海难事故造成的人员伤亡和财产损失。2023年，《广东省财政厅关于下达中央财政2023年自然灾害防治体系建设补助资金预算（第二批）的通知》发布，支持广东省因自然因素造成的特大型地质灾害综合治理，重点区域地质灾害调查评价、监测预警等综合防治体系和防治能力建设。

表2-13　广东省的涉海社会保障支出政策

年份	政策名称	发文字号
2018	《关于安排广东省海上搜救中心2018年海上搜救事业费的通知》	/
2020	《广东省自然资源厅关于印发〈广东省自然资源厅海洋灾害应急预案〉的通知》	粤自然地勘〔2020〕411号

年份	政策名称	发文字号
2020	《广东省自然资源厅关于做好当前防御海洋灾害和地质灾害的紧急通知》	粤自然资地勘〔2020〕1260号
2020	《广东省财政厅关于下达2020年省级自然灾害生活救助资金的通知》	粤财工〔2020〕69号
2022	《关于印发〈2022年度广东省渔业海难救助补助项目实施方案〉的通知》	粤海综〔2022〕81号
2023	《广东省财政厅关于下达中央财政2023年自然灾害防治体系建设补助资金预算（第二批）的通知》	粤财资环〔2023〕60号

2.2.4.5 浙江省

浙江省的涉海社会保障支出政策（表2-14）主要涵盖灾害防灾减灾和海上搜救等方面。

2012年，浙江省财政厅、浙江省海洋与渔业局发布《关于印发浙江省海洋防灾减灾项目与资金管理办法的通知》，针对预测类、预警报类、信息服务类、应急管理类与风险评估与区划类有关单位进行补助，如针对全省海洋水文观测能力建设、海况视频监控系统建设以及涉海数据传输网络建设，单个海洋站建设最高补助不超过200万元，单个视频监控点建设最高补助不超过35万元，单个测波雷达站建设最高补助不超过180万元；日常运行及维护费省财政统一补助50%。2015年，浙江省海上搜救中心办公室与浙江省财政厅联合印发了《浙江省社会力量参与海（水）上搜救奖励管理办法》，规定社会力量成功搜寻并救起遇险落水人员的，每救起1人奖励5000元，在救助行动中搜寻并捞起遇险人员遗体的，每捞起1具奖励2000元；参与特大海上险情救助行动的搜救力量奖励总额为每起2万元至3万元。另外，2021年，浙江省自然资源厅印发《浙江省海洋灾害防御"十四五"规划》，强调各地要贯彻落实自然资源领域财政事权和支出责任划分改革精神，完善海洋防灾减灾资金投入机制，根据属地化管理的职责划分，将海洋防灾减灾业务经费纳入各级政府公共财政预算，持续提升全省海洋灾害防灾减灾能力。为此，2023年，《浙江省财政厅 浙江省自然资源厅关于下达2023年中央自然灾害防治体系建设补助资金的通知》发布，明确补助资金共计280万元，要求高度重视自然灾害防治体系建设工作，严格按照有关规定和相关财经制度，加强资金监管和预算执行。

表2-14 浙江省的涉海社会保障支出政策

年份	政策名称	发文字号
2011	《浙江省人民政府办公厅关于加强海洋灾害防御工作的意见》	浙政办发〔2011〕141号
2012	《关于印发浙江省海洋防灾减灾项目与资金管理办法的通知》	浙财农〔2012〕175号
2015	《浙江省海上搜救中心办公室关于印发〈浙江省社会力量参与海上搜救奖励实施细则〉的通知》	浙海搜救办〔2015〕3号
2020	《浙江省人民政府办公厅关于印发防范处置火灾事故、海洋灾害、城市轨道交通运营突发事件3个应急预案的通知》	浙政办发〔2020〕18号
2021	《浙江省自然资源厅关于印发〈浙江省海洋灾害防御"十四五"规划〉的通知》	浙自然资函〔2021〕38号
2023	《浙江省财政厅 浙江省自然资源厅关于下达2023年中央自然灾害防治体系建设补助资金的通知》	浙财资环〔2023〕33号

2.3 涉海财政补贴支出政策

《国务院关于"十四五"海洋经济发展规划的批复》明确指出，为实现中国特色海洋强国建设，应更好统筹发展和安全，优化海洋经济空间布局，加快构建现代海洋产业体系，着力提升海洋科技自主创新能力，协调推进海洋资源保护与开发。在这一过程中，财政补贴必不可少。目前，我国财政补贴政策主要是对海洋经济领域中特定产业以及特定地区海洋经济的补贴，同样涵盖价格补贴、贷款贴息等内容。2011年以来，财政部、农业部办公厅、自然资源部等相关部门针对海洋经济的快速发展，先后出台了关于海洋渔业船舶、海洋生态保护、海洋科技创新、海洋金融等方面的一系列补贴政策文件（表2-15），旨在更好地完善国家对海洋经济发展的补贴政策。

2.3.1 渔业船舶报废补助

政策重点：为推动海洋船舶的高效管理，我国相继出台了多个文件，对渔业船舶进行补助，主要用于船舶报废拆解、船型标准化、海洋捕捞渔船更新改造等项目。

典型政策：2015年，财政部发布《船舶报废拆解和船型标准化补助资金管理办法》，规定对海船提前报废更新，内河船拆解、改造和新建示范船，以及渔船报废拆解、更新改造和渔业装备设施建设进行补助，以促进船舶工业加快结构调整，进行转型升级。2017年,农业部办公厅发布《海洋捕捞渔船更新改造项目实施管理细则》,将钢质渔船补贴上限标准具体分为14档,玻璃钢渔船的补助上限标准具体分为11档,并且渔船更新改造补贴金额原则上不得超过各档渔船平均造价的30%,且不得超过补助标准上限。2019年,《财政部关于2019年渔业发展与船舶报废拆解更新补助资金清算结果的通知》发布,指出2019年下达用于内河船拆解、改造、新建中央补助资金清算资金30978万元,用于海船报废、更新中央补助资金清算8748.06万元。2021年,财政部、农业农村部发布《关于实施渔业发展支持政策推动渔业高质量发展的通知》,指出渔业发展补助资金主要支持纳入国家规划的重点项目以及促进渔业安全生产等设施设备更新改造等方面。

2.3.2 渔业捕捞与养殖业油价补贴

政策重点: 国内渔业捕捞和养殖业油价补贴政策作为成品油价格形成机制改革的重要配套政策和保障措施,我国政府出台诸多政策以专项转移支付形式支持渔民减船转产和生态环境修复,以及渔船更新改造等渔业装备建设。

典型政策: 2015年,财政部、农业部发布《关于调整国内渔业捕捞和养殖业油价补贴政策促进渔业持续健康发展的通知》,规定以2014年清算数为基数,将补贴资金的20%部分以专项转移支付形式统筹用于渔民减船转产和渔船更新改造等重点工作;80%通过一般性转移支付下达,由地方政府统筹专项用于渔业生产成本补贴、转产转业等方面。2020年,农业农村部办公厅发布《2020年渔业扶贫和援藏援疆行动方案》,强调加强对集装箱养鱼产业、稻渔综合种养产业、生态渔业等领域的资金投入,加快新一轮渔业油价补贴政策改革步伐,促进贫困地区渔业发展和生态环境修复,形成良好的渔业产业环境。2021年,财政部、农业农村部发布《关于实施渔业发展支持政策推动渔业高质量发展的通知》,坚持以人民为中心的发展理念,顺应国际渔业补贴趋势,取消成本直补,改变补贴方式,引导渔民养护渔业资源。

2.3.3 海洋生态保护补贴

政策重点: 为实现海洋生态保护,政府颁布诸多补助政策,在设立农业资源保护资金的基础上,进一步贯彻落实关于"开展蓝色海湾整治行动"的工作部署,重点支持渔业资源保护与利用,对沿海城市开展蓝色海湾整治给予奖补支持。

典型政策: 2014年,财政部、农业部发布《关于印发〈中央财政农业资源及生态保护补助资金管理办法〉的通知》,明确资金补助包括用于渔业资源保护与利用所需的水生生物增殖放流、海洋牧场建设、渔民减船转产等方面的补助。2016

年，财政部、国家海洋局发布《关于中央财政支持蓝色海湾整治行动的通知》，规定中央财政对实施蓝色海湾整治行动的重点城市给予补助，计划单列市补助资金总额为4亿元，一般市、区（地市级）为3亿元，资金分两年安排。2020年，财政部办公厅、自然资源部办公厅发布《关于组织申报中央财政支持海洋生态保护修复项目的通知》，重点支持各地全方位、全海域、全过程开展海洋生态保护和修复工程，推动提高海洋生态产品的综合价值和供给能力，并且此后连续两年公布中央财政支持海洋生态保护修复项目。2022年，财政部、自然资源部发布《关于组织申报2023年海洋生态保护修复工程项目的通知》，中央财政将重点支持对生态安全具有重要保障作用、生态受益范围较广的重点区域海洋生态保护修复等共同财政事权事项。2023年，《财政部关于下达2023年海洋生态保护修复资金预算的通知》发布，将下达的海洋生态保护修复资金列入直达资金管理，共计33亿元，财政部对直达资金实行动态监控。

2.3.4 涉海产业贷款贴息

政策重点：为建立和完善财政促进金融支持海洋产业长效机制，政府出台多项政策，采取金融机构涉农贷款奖励、涉海重点产业贷款贴息等措施，解决涉海企业融资难、融资贵问题。

典型政策：2016年，财政部印发《普惠金融发展专项资金管理办法》，对符合条件的县域金融机构当年涉农贷款（包括农村企业及各类组织渔业贷款）平均余额同比增长超过13%的部分，财政部门可按照不超过2%的比例给予奖励；对年末不良贷款率高于3%且同比上升的县域金融机构，不予奖励。2019年，国家发展和改革委员会发布《关于海洋经济产业、生物医药产业项目申报指南》，重点支持海洋电子信息、海洋生物、海洋高端装备等领域。其中，高技术产业化贷款贴息扶持计划明确，财政资金原则上对单个项目的贷款贴息年限最长不超过3年，认定的贷款利率为贷款合同中约定的贷款利率，贴息额度为贷款利息总额的70%，最高1500万元。

表2-15 国家涉海财政补贴支出政策

年份	政策名称	发文字号
2010	《财政部关于印发〈财政县域金融机构涉农贷款增量奖励资金管理暂行办法〉的通知》	财金〔2010〕116号
2013	《国务院关于促进海洋渔业持续健康发展的若干意见》	国发〔2013〕11号

年份	政策名称	发文字号
2014	《财政部 农业部关于印发〈中央财政农业资源及生态保护补助资金管理办法〉的通知》	财农〔2014〕32号
2015	《关于调整国内渔业捕捞和养殖业油价补贴政策促进渔业持续健康发展的通知》	财建〔2015〕499号
2015	《财政部关于印发〈船舶报废拆解和船型标准化补助资金管理办法〉的通知》	财建〔2015〕977号
2016	《关于中央财政支持蓝色海湾整治行动的通知》	财建〔2016〕262号
2016	《关于印发〈普惠金融发展专项资金管理办法〉的通知》	财金〔2016〕85号
2016	《农业部办公厅关于做好2016年海洋伏季休渔工作的通知》	农办渔〔2016〕15号
2017	《农业部办公厅关于做好2017年海洋伏季休渔工作的通知》	农办渔〔2017〕9号
2017	《农业部办公厅关于印发〈海洋捕捞渔船更新改造项目实施管理细则〉的通知》	农办渔〔2017〕68号
2017	《农业部关于印发〈国家级海洋牧场示范区建设规划（2017—2025年）〉的通知》	农渔发〔2017〕39号
2018	《农业部办公厅关于做好2018年海洋伏季休渔工作的通知》	农办渔〔2018〕22号
2019	《财政部关于2019年渔业发展与船舶报废拆解更新补助资金清算结果的通知》	财建〔2019〕732号
2019	《关于海洋经济产业、生物医药产业项目申报指南》	/
2020	《农业农村部办公厅关于印发〈2020年渔业渔政工作要点〉的通知》	农办渔〔2020〕5号
2020	《农业农村部办公厅关于印发〈2020年渔业扶贫和援藏援疆行动方案〉的通知》	农办渔〔2020〕6号
2021	《关于实施渔业发展支持政策推动渔业高质量发展的通知》	财农〔2021〕41号
2020	《关于组织申报中央财政支持海洋生态保护修复项目的通知》	财办资环〔2020〕3号

续表

年份	政策名称	发文字号
2021	《农业农村部办公厅 财政部办公厅关于做好2021年渔业发展补助政策实施工作的通知》	农办计财〔2021〕24号
2022	《关于组织申报2023年海洋生态保护修复工程项目的通知》	财办资环〔2022〕39号
2023	《财政部关于下达2023年海洋生态保护修复资金预算的通知》	财资环〔2023〕18号

2.3.5 沿海地区典型案例

2.3.5.1 天津市

天津市的涉海财政补贴支出政策（表2-16）主要包括渔业互助保险和渔业油价补贴方面。

为进一步提高海洋渔业风险保障能力，2015年，《市财政局天津市农委关于天津市海洋渔业互助保险财政补贴政策的通知》规定，财政分别补贴渔船保险和渔民人身平安保险（雇主险）保费的60%，并且这些补贴资金由市财政和滨海新区财政各承担50%。为进一步优化捕捞结构，促进现代渔业持续健康发展，2016年，天津市农委、天津市财政局印发了《天津市国内渔业捕捞和养殖业油价补贴政策调整总体实施方案（2015—2019年）》，规定中央财政将补助资金的20%（1762万元）以专项转移支付形式统筹用于渔民减船转产和渔船更新改造等工作，由天津市每年按照规定向农业部和财政部申报；其余80%补助资金共计7046万元（海洋5425万元，内陆1621万元），5年累计35230万元（海洋27125万元，内陆8105万元），为市级统筹资金，由天津市统筹安排。2021年，《天津市财政局关于提前下达2022年耕地地力保护补贴和渔业发展补助（直达资金）预算的通知》规定，发放补贴资金8045.8万元，其中，中央财政补助4460万元、市级财政补助2385.8万元、区级财政配套1200万元，以推动渔业产业持续高质量发展，提升远洋渔船履约能力。2022年，《天津市财政局关于提前下达中央财政2023年成品油价格调整对渔业补助预算的通知》发布，为推动渔业发展，将对因成品油价格调整受到影响的渔业进行补贴，补贴额度为4223万元。另外，2023年，《天津市财政局关于下达2023年海洋生态保护修复资金预算的通知》提出，中央下达补贴37000万元，用于支持财政部、自然资源部竞争性评审选拔的海洋生态保护修复项目，其中，2022年项目资金13000万元，2023年项目资金24000万元，以推动海洋生态修复的发展进程，提高海洋高质量发展。

表2-16　天津市的涉海财政补贴支出政策

年份	政策名称	发文字号
2015	《市财政局市农委关于天津市海洋渔业互助保险财政补贴政策的通知》	津财农〔2015〕104号
2016	《市农委市财政局关于印发天津市国内渔业捕捞和养殖业油价补贴政策调整总体实施方案（2015—2019年）的通知》	津农委计财〔2016〕88号
2017	《市农委 市财政局关于印发天津市2017年国内渔业捕捞和养殖业油价补贴政策调整实施方案的通知》	津农委计财〔2017〕130号
2021	《天津市财政局关于提前下达2022年耕地地力保护补贴和渔业发展补助（直达资金）预算的通知》	津财农指〔2021〕54号
2022	《天津市财政局关于提前下达中央财政2023年成品油价格调整对渔业补助预算的通知》	津财农指〔2022〕56号
2023	《天津市财政局关于下达2023年海洋生态保护修复资金预算的通知》	津财综指〔2023〕13号

2.3.5.2　山东省

山东省的涉海财政补贴支出政策（表2-17）主要涵盖油价补贴、渔业船舶更新、海洋科技发展、海洋人才集聚、海洋新兴产业发展等方面。

为促进山东省渔业持续健康发展，2018年，《山东省海洋与渔业厅关于做好国内渔业油价补贴政策调整一般转移支付项目实施有关工作的通知》规定，对列入2018年中央减船计划的海洋捕捞渔船，省级一般性转移支付资金按照2000元/千瓦给予配套补助；对列入2018年示范项目的海洋牧场建设项目，每项目补助上限900万元；对列入2017年"海上粮仓"的重点项目，每项目补助资金上限不超过2000万元。2019年，山东省财政厅、中共山东省委组织部、山东省发展和改革委员会等16部门发布了《关于支持海洋战略性产业发展的财税政策》，规定对经国家批准的远洋渔业基地，在中央财政给予奖励和补助的基础上，省级财政再给予每个最高3000万元补助；对纳入国家海洋捕捞渔船动态管理系统数据库管理，经批准实行减船转产的渔船，按照每千瓦5000元的标准给予补助；对每个海水淡化项目，根据海水淡化产能和综合利用水平，省级财政给予不超过1000万元的一次性奖补；对现代海洋渔业、海洋生物医药、海水淡化等海洋战略性产业发展重点领域，择优支持一批对标国际同行业先进水平的重大技术改造项目，在项目竣工投产后，省级财政按银行一年期贷款基准利率的35%给予最高2000万元贴息支持。另外，2022年，青岛市人民政府办公厅发布了《青岛市支持海洋经济高质量发展15条政策》，规定对引进的海洋领域具有较强影响力的产业高层次人才，按照上年度用人单位实际给付年度薪酬总额的30%给予奖励，连续奖励3年；开展海洋领域突出贡献人才评树活动，对获评人才给予最高30万元的一次性奖励。2023年，《山东省人民政府关于促进经济加快恢复发展的若干政策措施暨2023年"稳中向好、进中提质"政策清单（第二批）的通知》指出，继续延续2022年"稳中求进"高质量发展政策清单部分政策，对2022—2025年建成并网的"十四五"漂浮式海上光伏项目，分别按照每千瓦1000元、800元、600元、400元的标准给予财政补贴，补贴规模分别不超过10万千瓦、20万千瓦、30万千瓦、40万千瓦；对2022—2024年建成并网的"十四五"海上风电项目，分别按照每千瓦800元、500元、300元的标准给予财政补贴，补贴规模分别不超过200万千瓦、340万千瓦、160万千瓦。

表2-17　山东省的涉海财政补贴支出政策

年份	政策名称	发文字号
2017	《山东省财政厅 山东省海洋与渔业厅关于印发〈山东省渔业船舶报废拆解和船型标准化补助资金管理办法〉的通知》	鲁财建〔2017〕58号
2018	《山东省海洋与渔业厅关于做好国内渔业油价补贴政策调整一般转移支付项目实施有关工作的通知》	鲁海渔函〔2018〕318号
2019	《山东省财政厅 中共山东省委组织部 山东省发展和改革委员会等16部门印发关于支持海洋战略性产业发展的财税政策的通知》	鲁财资环〔2019〕17号
2021	《关于印发〈山东省海洋渔业资源养护补贴实施方案〉的通知》	鲁农计财字〔2021〕43号
2022	《青岛市人民政府办公厅关于印发青岛市支持海洋经济高质量发展15条政策的通知》	青政办字〔2022〕5号
2023	《山东省人民政府关于促进经济加快恢复发展的若干政策措施暨2023年"稳中向好、进中提质"政策清单（第二批）的通知》	鲁政发〔2023〕1号

2.3.5.3 江苏省

江苏省的涉海财政补贴支出政策（表2-18）主要涵盖渔业健康养殖、渔船更新改造、渔业科技等方面。

2015年,《江苏省财政厅 江苏省海洋与渔业局关于下达2015年中央财政渔业标准化健康养殖项目资金的通知》发布,明确拟下达2015年中央财政渔业标准化健康养殖项目补助资金共1000万元。2017年,江苏省财政厅发布《关于对省级海洋捕捞渔船更新改造项目资金进行清算的通知》,下达连云港市70万元(净缺口部分),用于补助赣榆区海洋捕捞渔船更新改造项目。为促进渔业结构调整和推进现代渔业建设,2018年,江苏省海洋与渔业局、江苏省财政厅印发《江苏省省级渔业科技创新专项管理办法》,规定市(县)财政局在渔业科技项目计划下达后预拨70%资金给项目承担单位,待项目中期评估通过后,拨付剩余30%资金;省直项目资金,由省财政厅直接预拨70%资金给项目承担单位,在项目通过中期评估通过后,拨付剩余30%资金,并且省级补助资金主要用于品种开发费用、技术集成费用、推广应用费用、管理费用和重大项目首席专家推广费用。2021年,江苏省财政厅、江苏省自然资源厅发布《关于下达2021年江苏省自然资源发展专项资金(海洋科技创新)的通知》,对于19项海洋科技创新项目,下发资金1993万元。另外,2022年,江苏省财政厅、江苏省自然资源厅发布《关于下达2022年江苏省海洋科技创新项目资金的通知》,总共拨付2000万元政府资金,大力支持智慧海洋建设、海洋资源评估、规划利用与综合管理研究等多方向发展,以进一步深入实施"科技兴海"战略,强化海洋科技创新,促进海洋经济持续健康高质量发展。2023年,江苏省财政厅出台《关于下达2023年中央海洋生态保护修复资金预算的通知》,下达资金主要用于支持2022年竞争性评审选拔的海洋生态保护修复项目,并要求各部门加强资金监管和预算执行,确保资金使用安全规范有效。

表2-18 江苏省的涉海财政补贴支出政策

年份	政策名称	发文字号
2015	《江苏省财政厅 江苏省海洋与渔业局关于下达2015年中央财政渔业标准化健康养殖项目资金的通知》	苏财农〔2015〕190号
2016	《江苏省财政厅 江苏省海洋与渔业局关于印发〈江苏省渔业类船舶报废拆解和船型标准化补助资金管理办法〉的通知》	苏财规定〔2016〕39号
2017	《关于对省级海洋捕捞渔船更新改造项目资金进行清算的通知》	苏财农〔2017〕145号
2018	《关于印发〈江苏省省级渔业科技创新专项管理办法〉的通知》	苏海科〔2018〕4号

续表

年份	政策名称	发文字号
2021	《关于下达2021年江苏省自然资源发展专项资金（海洋科技创新）的通知》	苏财资环〔2021〕52号
2022	《关于下达2022年江苏省海洋科技创新项目资金的通知》	苏财资环〔2022〕26号
2023	《关于下达2023年中央海洋生态保护修复资金预算的通知》	苏财资环〔2023〕17号

2.3.5.4 浙江省

浙江省的财政补贴支出政策（表2-19）主要涵盖渔业生产、渔业油价和沿海航道建设方面。

为加快发展农业主导产业推进现代农业建设，2013年，浙江省财政厅、浙江省农业厅、浙江省林业厅、浙江省海洋与渔业局印发《浙江省现代农业生产发展资金和项目管理实施细则》，对水产养殖产业（主要包括鱼类、虾蟹类、龟鳖类、珍珠、海水贝藻类等产业）进行财政补助，并且原则上只对直接带动农民增收的农产品生产基地的生产环节给予支持，以及鼓励采取先建后补或以奖代补方式给予扶持。为促进渔民转产转业，2016年，《浙江省财政厅 浙江省海洋与渔业局关于调整浙江省国内渔业油价补贴政策的通知》规定，以各市县2014年度渔业油价补贴资金为基数，20%中央统筹和5%省级统筹部分，通过专项转移支付下达；75%通过一般性转移支付下达，由市县政府统筹专项使用。2022年，《浙江省农业农村厅关于做好海洋渔业资源养护补贴发放工作的通知》强调，要落实好海洋渔业资源养护补贴政策，加快补贴资金发放进度，帮助渔民纾困解难。沿海航道建设方面，2021年，浙江省财政厅、浙江省交通运输厅发布《浙江省水运基础设施建设项目资金补助办法》，对列入省级规划的沿海航道锚地建设项目，省补资金（不含中央补助资金）按照实际竣工决算中建筑安装工程费用的15%予以补助。2023年，嘉兴市发展和改革委员会嘉兴市财政局发布《关于2023年度浙江省海洋（湾区）经济发展资金嘉兴市本级补助计划的通知》，将提供5293.23万元补助用于生态海岸带示范段、鱼腥脑航道工程等建设项目。

表2-19　浙江省关于海洋经济的财政补贴支出政策

年份	政策名称	发文字号
2013	《浙江省财政厅 浙江省农业厅 浙江省林业厅 浙江省海洋与渔业局关于印发浙江省现代农业生产发展资金和项目管理实施细则的通知》	浙财农〔2013〕54号
2016	《浙江省财政厅 浙江省海洋与渔业局关于调整浙江省国内渔业油价补贴政策的通知》	浙财建〔2016〕14号
2020	《关于印发〈浙江省农业农村高质量发展专项资金管理办法〉的通知》	浙财农〔2020〕20号
2021	《浙江省财政厅 浙江省交通运输厅关于印发浙江省水运基础设施建设项目资金补助办法的通知》	浙财建〔2021〕59号
2022	《浙江省农业农村厅 浙江省财政厅关于印发浙江省海洋渔业资源养护补贴实施方案（试行）的通知》	浙农渔发〔2022〕16号
2023	《关于2023年度浙江省海洋（湾区）经济发展资金嘉兴市本级补助计划的通知》	嘉发改〔2023〕96号

2.3.5.5　海南省

海南省的财政补贴支出（表2-20）主要用于渔业资源保护、渔业发展、渔船更新等方面。

2018年，《海南省财政厅关于下达2018年中央财政农业资源及生态保护（渔业资源保护）补助资金的通知》发布，总计下达临高、琼中、白沙县2018年中央财政农业资源及生态保护（渔业资源保护）补助资金807万元，用于渔业资源保护。为巩固全省海防林工程建设成效，2018年，海南省人民政府办公厅发布《海南省2018—2019年度退塘还林（湿）工作实施方案》，指出2018—2019年省级财政共计安排补助资金21316.95万元，主要用于支付退塘业主补偿费用、填塘费用和还林（湿）费用，退塘还林（湿）资金由省财政和市县财政分级承担。2019年，《海南省财政厅关于调整下达2017年渔业发展与船舶报废拆解更新（渔民减船转产）补助资金的通知》发布，明确2019年第一批渔业发展和船舶报废拆解更新（渔民减船转产）补助资金总计436.1万元，2019年第一批渔民减船转产补助资金总计4361.7万元。2021年，《海南省财政厅关于下达2021年渔业发展与船舶报废拆解更新补助资金的通知》发布，指出2021年渔业发展与船舶报废拆解更新补助资金共计155万元，下发琼海市60万元，儋州市95万元。2021年，《海南省财政厅关于下达2021年成品油价格调整对渔业补贴资金（第二批）的通知》指出，总计发放约38269万元，用于海洋渔业资源养护补贴、海洋捕捞渔船更新改造补助，推动渔业高质量发展。2023年，海南省人民政府办公厅印发《加快渔业转型升级，促进海南渔业高质量发展若干措施》，明确表示将不断增加补贴力度，加快推动渔业"往岸上走，往深海走，往休闲渔业走"转型升级，对入选现代种业提升工程符合种业强国战略的水产种业实体项目且未获得国家资金支持的，省级财政按照项目总投资的30%给予每个项目最高不超过500万元补助。

表2-20 海南省的涉海财政补贴支出政策

年份	政策名称	发文字号
2018	《海南省人民政府办公厅关于印发〈海南省热带特色高效农业发展专项资金管理暂行办法〉的通知》	琼府办〔2018〕56号
2018	《海南省财政厅关于下达2018年中央财政农业资源及生态保护（渔业资源保护）补助资金的通知》	琼财农〔2018〕1049号
2018	《海南省人民政府办公厅关于印发海南省2018—2019年度退塘还林（湿）工作实施方案的通知》	琼府办函〔2018〕47号
2019	《海南省财政厅关于调整下达2017年渔业发展与船舶报废拆解更新（渔民减船转产）补助资金的通知》	琼财建〔2019〕227号
2020	《海南省财政厅关于下达2020年中央财政渔业发展与船舶报废拆解更新改造补助资金（第一批）的通知》	琼财建〔2020〕14号
2021	《海南省财政厅关于下达2021年渔业发展与船舶报废拆解更新补助资金的通知》	琼财农〔2021〕639号
2021	《海南省财政厅关于下达2021年成品油价格调整对渔业补贴资金（第二批）的通知》	琼财农〔2021〕1201号
2023	《海南省人民政府办公厅加快渔业转型升级，促进海南渔业高质量发展若干措施的通知》	琼府办〔2023〕8号

2.3.5.6 广东省

广东省的涉海财政补贴支出政策（表2-21）主要涵盖渔业油价补贴、渔船更新改造、海上风电、渔业资源养护补贴等方面。

为促进远洋渔业健康稳定发展，2016年，广东省财政厅、广东省交通运输厅等部门联合转发财政部《关于调整农村客运、出租车、远洋渔业、林业等行业油价补贴政策的通知》，以2014年远洋渔业油价补贴资金为基数，将远洋渔业油价补贴并入现有中央财政船舶报废拆解和船型标准化补贴，对国际渔业资源开发利用和渔船更新改造等能力建设给予支持。2019年，《关于下达2019年中央渔业发展与船舶报废拆解及渔民减船转产更新补助资金的通知》指出，下达到广东省更新补助资金共75299万元，用于支持渔民减船转产、渔船报废拆解、海洋捕捞渔船更新改造等。2021年，广东省政府办公厅发布《促进海上风电有序开发和相关产业可持续发展的实施方案》，对省管海域未能享受国家补贴的项目进行投资补贴，补贴范围为2018年底前已完成核准、在2022—2024年全容量并网的省管海域项目，补贴标准为2022年、2023年、2024年全容量并网项目每千瓦分别补贴1500元、1000元、500元。2022年，广东省农业农村厅、广东省财政厅发布《广东省海洋渔业资源养护补贴政策实施方案》，指出要通过采取先生产作业后补贴的方式，加大海洋渔业资源养护力度，引导渔民自觉遵守海洋伏季休渔等资源养护措施，促进海洋捕捞行业持续健康发展。2023年，《广东省海洋渔业资源养护补贴政策实施方案》规定，对上一年度严格执行海洋伏季休渔制度和负责任捕捞制度措施的国内海洋捕捞渔船予以适当补贴，以加大海洋渔业资源养护力度，补贴的核算标准为：全年海洋渔业资源养护补贴=海洋伏季休渔补贴+负责任捕捞补贴，各占50%。

表2-21　广东省的涉海财政补贴支出政策

年份	政策名称	发文字号
2016	《关于调整农村客运、出租车、远洋渔业、林业等行业油价补贴政策的通知》	财建〔2016〕133号
2019	《关于下达2019年中央渔业发展与船舶报废拆解及渔民减船转产更新补助资金的通知》	粤财农〔2019〕126号
2021	《广东省人民政府办公厅关于印发促进海上风电有序开发和相关产业可持续发展的实施方案的通知》	粤府办〔2021〕18号
2022	《广东省农业农村厅 广东省财政厅关于印发〈广东省海洋渔业资源养护补贴政策实施方案〉的通知》	粤农农规〔2022〕4号

通过以上梳理，渔业是当前国家层面关于海洋经济的财政补贴政策实施的重点关注领域。未来，在海洋渔业发展过程中，财政补贴政策要注意向以下方面倾斜：一是加快产业融合。加快与新兴产业的融合发展，培育新业态、新模式成为海洋渔业转型发展的重要抓手。"互联网+""渔文化+""休闲渔业+""海洋牧场"等新模式可以为我国海洋渔业转型发展提供新的思路。二是加快海洋渔业科技发展。进一步明确渔业科技创新重点方向（绿色渔业、健康养殖、远洋渔业等等）、优化渔业科技创新体系、加快渔业科技创新成果产业化与提高渔业科技创新管理效率。

当前，关于涉海财政补贴支出政策，不同区域的重点也存在差异。环渤海地区更加侧重油价、休渔、海洋科技、人才吸引等方面；长三角地区更加重视渔业科技、渔业资源保护、渔业生产等方面；泛珠三角地区更加重视渔业发展、休渔、油价、电价等方面。总体上来看，区域层面的涉海财政补贴政策重点是渔业油价补贴和休渔补贴。未来，渔业油价补贴政策将向保护渔业资源方向调整。补贴资金将重点用于禁渔护渔、渔业资源养护及引导捕捞渔民减船转产等工作，以保民生、保生态、保稳定、促发展为目标，以调整油价补贴资金使用方式为抓手，坚持改革创新、依法治渔、综合施策、标本兼治，建立渔业捕捞和养殖业油价补贴与渔业资源保护及产业转型升级相协调的新型产业政策机制。

─────· **本章小结** ·─────

本章系统地梳理了涉海财政投资性支出政策、社会保障支出政策和财政补贴支出政策。立足于涉海财政支出的作用领域差异，从国家层面和地方层面梳理近些年具有代表性的基于财政支出的海洋经济政策文件，对相关典型性案例和政策工具进行了归纳和探讨，明确了财政支出政策对海洋经济发展的重要支撑作用。

【知识进阶】

1. 结合现实案例，探究涉海财政支出政策的地区异质性。

2. 向海图强激活"蓝色引擎"，请结合海洋经济发展现状，谈谈我国建设海洋强国面临怎样的机遇与挑战。

3 涉海信贷政策

> 知识导入：银行信贷是指以银行为中介、以利息为回报的货币借贷。由于海洋产业风险高，且缺乏抵押物，涉海企业常常面临融资难、发展难的困境。金融支持特别是信贷支持，可通过解决涉海重大项目与重点企业的资金需求，为海洋金融发展提供有力的支持保障，在海洋经济发展中起到基础性和关键性作用。因此，海洋经济的健康持续发展离不开信贷资金的支持，有必要科学合理地制定和出台相关协调机制和政策，以优化资源配置，加快海洋经济结构转型升级，降低不确定性风险。近年来，我国涉及海洋银行信贷的政策主要围绕涉海资产抵（质）押、再贴现再贷款、银团贷款、组合贷款和联合授信等工具而制定。本章通过梳理近年来中国人民银行、地方海洋与渔业局等部门和机构公布的相关规范性文件，对我国有关银行信贷的国家及区域性海洋经济政策措施进行分类讨论，旨在更好地通过银行信贷政策助力海洋经济发展。

3.1 涉海资产抵（质）押贷款政策

抵（质）押贷款是要求借款方提供一定的资产抵押品作为贷款担保，以保证贷款到期偿还的一种贷款方式。抵押品一般为易于保存，不易损耗，容易变卖的物品。贷款期满后，如果借款方不按期偿还贷款，银行有权将抵押品拍卖，用拍卖所得款偿还贷款。近年来，根据海洋经济特点，有关金融机构加大了涉海资产抵质押贷款业务创新推广，对海洋基础设施和重大项目、产业链企业、渔民等不同主体，给予针对性的信贷支持，主要包括海域、海岛使用权抵押贷款，船舶、船坞、船台等资产抵（质）押贷款和订单、订单、存货和应收账款质押贷款等。

本节将从海域、无居民海岛使用权抵押贷款，船舶、船坞、船台等资产抵（质）押贷款和订单、存货和应收账款质押贷款等方面，分别对涉海资产抵（质）押贷款的相关政策工具（表3-1）进行梳理和讨论。

3.1.1 海域、无居民海岛使用权抵押贷款

政策重点：海域、无居民海岛使用权抵押贷款是指贷款申请人以合法有效的海域、无居民海岛使用权为抵押向金融机构申请贷款。随着涉海产业的转型和扩展，

海域使用权抵押贷款成为金融支持海洋经济发展的重要形式。有关部门主要从规范海域、无居民海岛使用权抵押贷款，以及为用海个人或企业提供融资渠道两个方面，出台并实施抵押政策，逐步建成海域、无居民海岛使用权抵押贷款制度体系。

典型政策： 2018年，国家海洋局出台《关于海域、无居民海岛有偿使用的意见》，鼓励金融机构开展海域、无居民海岛使用权抵押融资业务。同时，为了进一步激发海岛的综合开发利用率，银行开始大力推广无居民海岛使用权抵押等模式，有效盘活海域及无居民海岛资产价值。比如，2018年，《人民银行 海洋局 发展改革委 工业和信息化部 财政部 银监会 证监会 保监会关于改进和加强海洋经济发展金融服务的指导意见》提出，鼓励银行业金融机构按照风险可控、商业可持续原则，开展海域、无居民海岛使用权抵押贷款业务。2021年，国务院办公厅印发《要素市场化配置综合改革试点总体方案》，指出要统筹陆海资源管理，支持完善海域和无居民海岛有偿使用制度，探索推进海域一级市场开发和二级市场流转，探索海域使用权立体分层设权。2022年，农业农村部在《对十三届全国人大五次会议第6145号建议的答复摘要》中指出，将优化完善包括养殖用海在内的海域使用权确权和抵押制度，采取有效措施，提高不动产登记办事效率。同时强调加快推进水域滩涂养殖权、海域使用权确权和流转制度建设，破除确权和抵押贷款难点，助推深远海养殖发展。

3.1.2 船舶、船坞、船台等资产抵（质）押贷款

政策重点： 船舶抵（质）押贷款是指银行以公司所拥有的正在运营的境内外船舶作为抵押担保，在公司信用基础上对其日常运营或购置船舶提供的贷款。随着造船及航运事业的发展，围绕船舶与海洋工程装备产业发展的重点领域，国家出台了一系列关于船舶抵（质）押担保贷款的政策措施，重点扶持高技术海洋船舶企业的发展，为其提供金融支持。

典型政策： 2009年，中国人民银行会同银监会、证监会、保监会发布《关于进一步做好金融服务支持重点产业调整振兴和抑制部分行业产能过剩的指导意见》，指出采取在建船舶抵（质）押融资模式，对信誉良好的船东和船舶企业要及时开具付款和还款保函。对此，2018年，《自然资源部 中国工商银行关于促进海洋经济高质量发展的实施意见》明确提出，积极稳妥地推动在建船舶、远洋船舶抵（质）押贷款，推广渔船抵（质）押贷款，码头、船坞、船台等涉海资产抵（质）押贷款业务。2022年，工业和信息化部、发展改革委、财政部、生态环境部、交通运输部联合发布《关于加快内河船舶绿色智能发展的实施意见》，指出要发挥国家产融合作

平台作用，用足用好现有绿色金融等政策，积极推动各类金融机构采取股权融资、绿色信贷、设备融资、融资租赁等方式，探索船舶租赁新模式，合理降低绿色智能船舶产业链综合融资成本。

3.1.3 订单、存货和应收账款质押贷款

政策重点：订单、存货和应收账款质押贷款是指以订单、存货和应收账款为标的物而成立的质权贷款模式。其开始作为一种新型金融服务项目，支持涉海中小微企业发展。相关政策主要通过拓宽抵（质）押物范围，发展订单、存货、应收账款质押融资，开展海洋全产业链金融服务，重点集中在渔业和海运出口贸易业。

典型政策：为了延伸农业产业链、创新金融产品和服务，2015年，《国务院办公厅关于加快转变农业发展方式的意见》出台，指出要积极推动渔业生产订单、农业保单质押等业务。随后，2018年，中国人民银行等八部委发布《关于改进和加强海洋经济发展金融服务的指导意见》，支持发展出口退税托管账户、水产品仓单等质押银行贷款业务。另外，2020年，中共中央、国务院出台了《海南自由贸易港建设总体方案》，也指出要在服务贸易领域开展保单融资、仓单质押贷款、应收账款质押贷款、知识产权质押融资等业务。2022年，《国务院关于印发扎实稳住经济一揽子政策措施的通知》指出，要加快对沿江沿海沿边及港口航道等综合立体交通网工程的投资，指导金融机构和大型企业支持中小微企业应收账款质押等融资。

表3-1 国家关于涉海资产抵（质）押贷款业务的政策

年份	政策名称	发文字号
2009	《关于进一步做好金融服务支持重点产业调整振兴和抑制部分行业产能过剩的指导意见》	银发〔2009〕386号
2015	《国务院办公厅关于加快转变农业发展方式的意见》	国办发〔2015〕59号
2018	《自然资源部 中国工商银行关于促进海洋经济高质量发展的实施意见》	自然资发〔2018〕63号
2018	《关于海域、无居民海岛有偿使用的意见》	/
2018	《人民银行 海洋局 发展改革委 工业和信息化部 财政部 银监会 证监会 保监会关于改进和加强海洋经济发展金融服务的指导意见》	银发〔2018〕7号
2019	《中共中央办公厅 国务院办公厅印发〈关于统筹推进自然资源资产产权制度改革的指导意见〉》	/

续表

年份	政策名称	发文字号
2020	《中共中央、国务院印发〈海南自由贸易港建设总体方案〉》	/
2021	《国务院办公厅关于印发要素市场化配置综合改革试点总体方案的通知》	国办发〔2021〕51号
2022	《对十三届全国人大五次会议第6145号建议的答复摘要》	农办议〔2022〕285号
2022	《工业和信息化部等五部委关于加快内河船舶绿色智能发展的实施意见》	工信部联重装〔2022〕131号
2022	《国务院关于印发扎实稳住经济一揽子政策措施的通知》	国发〔2022〕12号

3.1.4 沿海地区典型案例

3.1.4.1 山东省

山东省的涉海资产抵（质）押贷款政策（表3-2）以海域、无居民海岛使用权抵押贷款为主。

山东省积极推进开展海域使用权抵押贷款，探索开展无居民海岛使用权抵押贷款。2011年，山东省金融办联合四部门联合下发《山东省海域海岛使用权抵押贷款实施意见》，就海域、无居民海岛使用权抵押贷款范畴、申请条件、办理程序和要求等方面做了具体阐述，成为全国首个开展海域海岛使用权抵押贷款的省份。2018年，山东省委、省政府颁布《山东海洋强省建设行动方案》，要求积极稳妥开展海域、无居民海岛使用权等抵押贷款业务。2021年，《山东省"十四五"海洋经济发展规划》提出，要积极开展海域使用权、在建船舶、水产品仓单及码头、船坞、船台等抵（质）押贷款业务。2022年，青岛市人民政府发布《关于推进海域使用权抵押贷款工作的意见》，指出要加强融资服务体系建设，构建贷款与征信、担保联动机制，发挥海域使用权的融资功能，推进海域、无居民海岛使用权抵押贷款业务开展。

表3-2 山东省的涉海资产抵（质）押贷款政策

年份	政策名称	发文字号
2011	《山东省海域海岛使用权抵押贷款实施意见》	鲁金办发〔2011〕11号
2018	《山东海洋强省建设行动方案》	鲁发〔2018〕21号

年份	政策名称	发文字号
2021	《山东省人民政府办公厅关于印发山东省"十四五"海洋经济发展规划的通知》	鲁政办字〔2021〕120号
2022	《关于推进海域使用权抵押贷款工作的意见》	青海字〔2022〕14号

3.1.4.2 福建省

福建省的涉海资产抵（质）押贷款政策（表3-3）以船舶、船坞、船台等资产抵（质）押贷款为主。

福建省一直着力推广实施契合海洋产业发展特点的抵押信贷产品和服务，提升海洋经济发展质量和效益。2010年，中国人民银行福州中心支行和福建省海洋与渔业厅发布《金融支持福建省海洋经济发展的指导意见》，指出要积极试点开办码头、船坞、船台等沿海沿江资产抵押贷款业务，继续推广和完善"渔船抵押+保单质押"的双重抵押担保模式，为船舶出口、船舶修造企业技改研发提供多元化金融服务。2013年，为进一步加大航运金融支持力度，《福建省人民政府关于促进船舶工业转型升级十一条措施的通知》发布，鼓励银行开展造船企业在建船舶、船台（坞）、龙门吊等财产抵（质）押贷款业务。2022年，《福建省交通运输厅关于省十三届人大六次会议第1392号建议的答复》指出，鼓励辖区银行业机构针对航运企业特点创新担保方式，进一步拓宽抵（质）押担保物范围，开展已投运的各类船舶和在建船舶抵押贷款，探索海洋高新科技专利权以及码头、船坞、船台等新型涉海资产抵（质）押贷款业务。

表3-3 福建省的涉海资产抵（质）押贷款政策

年份	政策名称	发文字号
2010	《福建省人民政府办公厅转发中国人民银行福州中心支行 福建省海洋与渔业厅关于金融支持福建省海洋经济发展指导意见的通知》	闽政办〔2010〕135号
2012	《福建省人民政府关于促进航运业发展的若干意见》	闽政〔2012〕30号
2012	《福建省人民政府关于支持和促进海洋经济发展九条措施的通知》	闽政〔2012〕43号
2013	《福建省海洋与渔业厅关于印发〈福建省海域使用权和无居民海岛使用权抵押登记办法〉的通知》	闽海渔〔2013〕280号

年份	政策名称	发文字号
2013	《福建省人民政府关于促进船舶工业转型升级十一条措施的通知》	闽政〔2013〕3号
2014	《福建省人民政府关于印发2014年全省海洋经济工作要点的通知》	闽政文〔2014〕53号
2015	《福建省人民政府办公厅关于2015年全省海洋经济工作要点的通知》	闽政办〔2015〕38号
2021	《福建省人民政府办公厅关于印发福建省"十四五"海洋强省建设专项规划的通知》	闽政办〔2021〕62号
2022	《福建省交通运输厅关于省十三届人大六次会议第1392号建议的答复》	闽交运函〔2022〕92号

3.1.4.3 海南省

海南省的涉海资产抵（质）押贷款政策（表3-4）较为丰富，主要有海域海岛使用权抵押贷款和船舶、船坞、船台等资产抵（质）押贷款。

为贯彻落实加快建设海洋强省的战略部署，海南省出台了一系列政策，以加大抵押贷款对海洋经济发展的支持力度。2013年，《海南省人民政府办公厅关于金融支持海洋经济发展的指导意见》要求，继续推动海岛使用权抵押贷款、在建船舶抵押贷款、出口退税账户托管贷款、订单质押贷款、应收账款质押贷款、股权质押贷款和存货质押贷款，以及码头、船坞、船台等涉海资产抵押贷款和渔民联合担保信用贷款等业务发展。2014年，《海南省人民政府关于进一步支持小微企业健康发展的实施意见》提出，要创新融资服务，鼓励金融机构发展产业链融资、商圈融资及企业群融资，扩大小微企业抵押担保物范围。2021年，中共海南省委办公厅、海南省人民政府办公厅发布《海南省自然资源资产产权制度改革实施方案》，提出要健全海洋资源产权体系，加快完善海域使用权出让、转让、抵押、出租、作价出资（入股）等权能。2023年，《加快渔业转型升级 促进海南渔业高质量发展若干措施》出台，提出要创新渔业融资机制，支持银行机构综合运用海域使用权证、应收账款、存货等渔业生产要素和财产权益开展抵（质）押贷款。

表3-4 海南省的涉海资产抵（质）押贷款政策

年份	政策名称	发文字号
2013	《省委省政府关于加快建设海洋强省的决定》	/
2013	《海南省人民政府办公厅关于金融支持海洋经济发展的指导意见》	琼府办〔2013〕22号
2014	《海南省人民政府关于进一步支持小微企业健康发展的实施意见》	琼府〔2014〕10号
2015	《海南省人民政府关于加快发展现代金融服务业的若干意见》	琼府〔2015〕92号
2020	《中共海南省委、海南省人民政府关于抓好"三农"领域重点工作确保如期实现全面小康的实施意见》	/
2021	《中共海南省委办公厅 海南省人民政府办公厅关于印发〈海南省自然资源资产产权制度改革实施方案〉的通知》	琼办发〔2021〕41号
2023	《海南省人民政府办公厅关于印发加快渔业转型升级 促进海南渔业高质量发展若干措施的通知》	琼府办〔2023〕8号

3.1.4.4 江苏省

江苏省关于银行信贷的涉海资产抵（质）押贷款政策（表3-5）主要围绕海运出口贸易方面，鼓励开展船舶、船坞、船台等资产抵（质）押贷款，以及订单、存货和应收账款质押贷款。

江苏省的海域使用权抵押贷款业务发展较早，近年来，江苏省开始鼓励金融机构开展包括船舶和订单等符合海运出口服务贸易特点的抵（质）押贷款融资服务。2015年，《中国人民银行 发改委 工业和信息化部 财政部 交通运输部 银监会 证监会 外汇局关于金融支持船舶工业加快结构调整促进转型升级的指导意见》出台，要求各金融机构开发适合船舶企业融资特点的信贷产品，扩大在建船舶抵押融资范围，推进实施建造中海洋工程装备抵押融资，进一步推广海域使用权抵押贷款和"船舶企业出口退税保函"业务。2019年，江苏省人民政府颁布《江苏省海洋经济促进条例》，鼓励金融机构遵循风险可控、商业可持续原则，提供海洋工程装备平台、仓单、提单抵押或者质押贷款等符合海洋特点的金融产品和金融服务，加大对海洋产业发展指导目录鼓励类产业的信贷支持。2021年，连云港市自然资源和规划局发布《连云港市"十四五"海洋经济发展规划》，提出要探索海域使用权立体分层设权，完善海域使用权出让、转让、抵押、出租、作价出资（入股）等权能。2022
年，江苏省人民政府办公厅印发了《关于进一步提升全省船舶与海工装备产业竞争
力的若干政策措施》，提出要加大财政金融支持力度，落实建造中船舶海工抵押融
资制度，开辟抵押登记办理"绿色通道"。

表3-5　江苏省的涉海资产抵（质）押贷款政策

年份	政策名称	发文字号
2009	《省海洋渔业局关于印发〈江苏省海域使用权抵押登记暂行办法〉的通知》	苏海规〔2009〕1号
2015	《中国人民银行 发改委 工业和信息化部 财政部 交通运输部 银监会 证监会 外汇局关于金融支持船舶工业加快结构调整促进转型升级的指导意见》	银发〔2014〕390号
2019	《江苏省海洋经济促进条例》	江苏省人大常委会公告（第17号）
2021	《连云港市"十四五"海洋经济发展规划》	/
2022	《省政府办公厅印发关于进一步提升全省船舶与海工装备产业竞争力若干政策措施的通知》	苏政办发〔2022〕53号

3.2　涉海再贴现、再贷款政策

再贴现和再贷款作为结构性货币政策工具，是中央银行向商业银行提供资金的
一种方式，具有定向调控和精准滴灌的功能，是人民银行支持金融机构扩大中小微
企业信贷投放的有效手段。面对2020年的新冠疫情，中国人民银行先后增加再贷款
和再贴现额度共3000亿元和5000亿元，用以支持水产养殖、渔业等领域的小微企业
和民营企业融资，对支持企业复工复产发挥了重要作用。

本节将从再贴现、再贷款重点支持的渔业和水产养殖业方面，对涉海再贴
现、再贷款政策（表3-6）进行梳理和讨论。

3.2.1　再贴现、再贷款

政策重点：有关机构和部门发布关于再贴现、再贷款的公告和通知，以强化涉
海中小微企业金融服务，加大海洋领域信用贷款的支持力度，从而引导金融机构重
点支持涉海企业，支持相关海洋产业的发展，主要集中在水产养殖业。

典型政策：2018年，中国人民银行等八部门出台了《关于改进和加强海洋经
济发展金融服务的指导意见》，提出运用再贷款、再贴现等货币政策工具，引导金

融机构加大对海洋领域的信贷支持力度。同年，中国人民银行等五部门联合出台了《关于进一步深化小微企业金融服务的意见》，增加支小支农再贷款和再贴现额度共1500亿元，下调支小再贷款利率0.5%，服务对象包括渔业、交通运输业领域的小微企业。2020年，为帮助水产养殖等企业渡过疫情造成的资金周转困难难关，国家发展和改革委员会联合农业农村部联合印发《关于多措并举促进禽肉水产品扩大生产保障供给的通知》，引导开发性、政策性金融机构加大对禽肉水产品产业的支持，组织开展银企对接，用好支农支小再贷款和再贴现政策，支持企业发展生产。2023年，《中共中央 国务院关于做好二〇二三年全面推进乡村振兴重点工作的意见》指出，要用好再贷款再贴现、差别化存款准备金、差异化金融监管和考核评估等政策，鼓励发展大水面生态渔业，建设现代海洋牧场，发展深水网箱、养殖工船等深远海养殖。同时，2023年，中国人民银行等五部门联合印发《关于金融支持全面推进乡村振兴 加快建设农业强国的指导意见》，提出积极满足规模化标准化稻渔综合种养、大水面生态渔业、陆基和深远海养殖渔场建设、远洋渔业资源开发等领域信贷需求，用好再贷款再贴现、差别化存款准备金率等货币政策工具，加快现代海洋牧场和渔港经济区建设。

表3-6　涉海再贴现、再贷款政策

年份	政策名称	发文字号
2018	《人民银行 海洋局 发展改革委 工业和信息化部 财政部 银监会 证监会 保监会关于改进和加强海洋经济发展金融服务的指导意见》	银发〔2018〕7号
2018	《人民银行 银保监会 证监会 发展改革委 财政部关于进一步深化小微企业金融服务的意见》	银发〔2018〕162号
2020	《关于多措并举促进禽肉水产品扩大生产保障供给的通知》	发改办农经〔2020〕222号
2023	《农业农村部关于落实党中央国务院2023年全面推进乡村振兴重点工作部署的实施意见》	农发〔2023〕1号
2023	《中国人民银行 国家金融监督管理总局 证监会 财政部 农业农村部关于金融支持全面推进乡村振兴 加快建设农业强国的指导意见》	银发〔2023〕97号

3.2.2 沿海地区典型案例

3.2.2.1 山东省

山东省的涉海再贴现、再贷款政策（表3-7）以支持沿海小微企业为主。

山东省充分利用再贴现、再贷款政策工具的导向作用，引导和支持银行业金融机构将信贷资源投向海洋经济。早在2011年，《山东省人民政府关于金融支持山东半岛蓝色经济区发展的意见》就提出，要积极运用再贷款、再贴现等货币政策工具。2018年，中国人民银行济南分行等部门联合出台《关于改进和加强海洋强省建设金融服务的意见》，要求优先支持符合条件的银行业金融机构在海洋渔业等方面的支农再贷款需求，对涉海企业的票据优先给予再贴现。2019年，在山东省重要的沿海城市青岛，中国人民银行青岛市中心支行等部门联合出台了《关于深入推进金融服务海洋经济高质量发展的意见》，对民营企业票据、票面金额1000万元及以下小微企业票据和低利率小微企业票据，给予优先办理再贴现。2022年，中国人民银行烟台市中心支行等部门联合出台《关于金融支持生态环境保护和生态环保产业发展的若干措施》，中国人民银行济南分行与山东省生态环境厅联合出台《山东省再贴现减碳引导管理办法》，均提到运用再贴现手段支持地方法人银行加大绿色贷款投放，支持海洋碳减排、海洋碳汇等领域贷款。2023年，山东省人民政府印发《关于促进实体经济高质量发展的实施意见暨2023年"稳中向好、进中提质"政策清单（第三批）的通知》，提到发展海工装备用钢等高附加值产品及下游深加工产业，加快海上风电机型研发和样机试制，加大对科创企业融资支持力度，将再贴现科创引导额度由50亿元增加至80亿元，支持金融机构为山东省内科创企业签发、承兑或持有的票据办理贴现。

表3-7 山东省的涉海再贴现、再贷款政策

年份	政策名称	发文字号
2011	《山东省人民政府关于金融支持山东半岛蓝色经济区发展的意见》	鲁政发〔2011〕50号
2018	《中国人民银行济南分行 山东省海洋与渔业厅 山东省发改委 山东省经信委 山东省财政厅 山东省金融办 山东银监局 山东证监局 山东保监局关于改进和加强海洋强省建设金融服务的意见》	济银发〔2018〕88号
2019	《中国人民银行青岛市中心支行等8部门关于深入推进金融服务海洋经济高质量发展的意见》	/

年份	政策名称	发文字号
2022	《中国人民银行烟台市中心支行 烟台市生态环境局 烟台市财政局 烟台市地方金融监管局 中国银保监委烟台监管分局关于金融支持生态环境保护和生态环保产业发展的若干措施》	烟银发〔2022〕7号
2023	《关于促进实体经济高质量发展的实施意见暨2023年"稳中向好、进中提质"政策清单(第三批)的通知》	鲁政发〔2023〕4号

3.2.2.2 海南省

海南省的涉海再贴现、再贷款政策(表3-8)主要定向运用于海洋产业。

海南省结合本省海洋经济发展规划,坚持发挥再贴现、再贷款的导向作用。2013年,《海南省人民政府办公厅关于金融支持海洋经济发展的指导意见》指出,要坚持灵活运用再贷款、再贴现、差别准备金动态调整、窗口指导、信贷政策导向评估等多种货币政策工具,引导和支持银行业金融机构将信贷资源投向海洋经济。优先支持符合条件的银行业金融机构在海洋渔业等方面的支农再贷款需求,对涉海企业的票据优先予以再贴现。2015年,《海南省人民政府关于加快发展现代金融服务业的若干意见》出台,要求推进包括海洋金融等方面的金融产品和抵押担保方式创新,积极运用支农支小再贷款、再贴现政策工具。2021年,《中共海南省委海南省人民政府关于全面推进乡村振兴加快农业农村现代化的实施意见》要求,尽快进行渔业转型升级,扩大海洋牧场,发展渔业,加大支农再贷款、再贴现支持力度,发挥结构性货币政策工具精准灌溉作用,指导省农村信用社联合社使用不少于10亿元支农再贷款资金,支持2000户以上涉农经营主体。2023年,《中共海南省委海南省人民政府关于做好2023年全面推进乡村振兴重点工作的实施意见》提出,要发展大水面生态渔业,推动文昌冯家湾、万宁国家级现代农业(渔业)产业园和国家级渔港经济区建设,用好再贷款、再贴现、差别化存款准备金、差异化金融监管和考核评估等政策,引导低成本资金精准支持涉农实体。

表3-8 海南省的涉海再贴现、再贷款政策

年份	政策名称	发文字号
2013	《海南省人民政府办公厅关于金融支持海洋经济发展的指导意见》	琼府办〔2013〕22号

年份	政策名称	发文字号
2015	《海南省人民政府关于加快发展现代金融服务业的若干意见》	琼府〔2015〕92号
2021	《中共海南省委 海南省人民政府关于全面推进乡村振兴加快农业农村现代化的实施意见》	琼发〔2021〕1号
2023	《中共海南省委 海南省人民政府关于做好2023年全面推进乡村振兴重点工作的实施意见》	琼发〔2023〕1号

3.2.2.3　浙江省

浙江省的涉海再贴现、再贷款政策（表3-9）以加强沿海金融机构工具运用力度为主。

当前，浙江省杭州、嘉兴等沿海城市，围绕海洋经济资金保障、涉海金融改革创新等，提出一系列再贴现、再贷款的政策举措。2011年5月23日，中国人民银行杭州中心支行联合浙江省海洋经济工作办公室出台了《关于金融支持浙江海洋经济发展示范区建设的指导意见》，要求全省金融机构强化货币政策工具引导，灵活运用再贷款、再贴现、有区别的存款准备金率等货币政策工具，加大对沿海地区金融机构的流动性支持，切实增强沿海地区金融机构的融资服务能力。2016年，为促进嘉兴市海洋经济加快发展，嘉兴市发展和改革委员会等五部门联合出台《关于金融支持嘉兴市海洋经济发展的指导意见》，指出要发挥货币政策的导向作用，为海洋经济发展提供资金支持，要求人行嘉兴市中心支行灵活运用再贷款、再贴现等多种货币政策工具，引导和支持银行业金融机构将信贷资源投向海洋经济。2021年，浙江省象山县人民政府办公室印发《关于实施海洋经济普惠金融专项行动的二十条意见》，指出运用再贷款、再贴现和宏观审慎评估手段，对表现优异的金融机构给予政策倾斜，发挥法人机构和城商行作用，积极向上级行申请10亿元专项再贷款向海洋经济普惠金融倾斜。2022年，《省地方金融监管局关于省十三届人大六次会议衢3号建议的答复》明确，要聚焦偏远山区、海岛农渔民等弱势群体，指导机构创设特色产品解决融资难题，下一步将增加涉农信贷投放，灵活运用再贷款、再贴现等货币政策工具，强化对"三农"领域的精准滴灌和正向激励。

表3-9 浙江省的涉海再贴现、再贷款政策

年份	政策名称	发文字号
2011	《关于金融支持浙江海洋经济发展示范区建设的指导意见》	杭银发〔2011〕107号
2016	《关于金融支持嘉兴市海洋经济发展的指导意见》	/
2019	《舟山市人民政府关于落实融资畅通工程的实施意见》	舟政发〔2019〕10号
2021	《象山县人民政府办公室印发关于实施海洋经济普惠金融专项行动的二十条意见》	象政办发〔2021〕23号
2022	《省地方金融监管局关于省十三届人大六次会议衢3号建议的答复》	浙金管建〔2022〕40号

3.3 涉海银团贷款、组合贷款、联合授信贷款政策

银团贷款亦称"辛迪加贷款",是由获准经营贷款业务的一家或数家银行牵头,多家银行与非银行金融机构参加而组成的银行集团采用同一贷款协议,按商定的期限和条件向同一借款人提供融资的贷款方式。产品服务对象为有巨额资金需求的大中型企业、企业集团和国家重点建设项目。组合贷款是银行在有限贷款总额的约束下,将款项贷给两个以上债务人,以分散信用风险的方法。联合授信也叫行内银团贷款,是指拟对或已对同一企业提供债务融资的多家银行业金融机构,通过建立信息共享机制,改进银企合作模式,对同一客户或项目发放贷款的特殊模式。

3.3.1 涉海组合信贷模式

政策重点:近年来,国家有关部门积极引导商业银行发展银团贷款、组合贷款和联合授信贷款模式(表3-10),逐渐为海洋经济相关企业的大型建造类项目提供巨大信贷资金支持。

典型政策:2018年,中国人民银行等八部门联合印发《关于改进和加强海洋经济发展金融服务的指导意见》,鼓励采取银团贷款、组合贷款、联合授信等模式,支持海洋基础设施建设和重大项目。同年,国家海洋局联合中国农业发展银行出台了《关于农业政策性金融促进海洋经济发展的实施意见》,指出要联合其他银行、保险公司等金融机构、以银团贷款、转贷款等方式,努力拓宽涉海企业和涉海项目融资渠道。2022年,农业农村部办公厅等四部门联合发布《关于推进政策性开发性金融支持农业农村基础设施建设的通知》,提出支持发展立体生态水产养殖,推动

陆基工厂化水产养殖和深远海大型智能化养殖渔场建设，支持政策性、开发性、商业性金融机构组建银团，共同支持农业农村基础设施建设。2023年，中国人民银行等五部门联合出台了《关于金融支持全面推进乡村振兴 加快建设农业强国的指导意见》，提出积极满足规模化标准化稻渔综合种养、大水面生态渔业、陆基和深远海养殖渔场建设、远洋渔业资源开发等领域信贷需求，鼓励金融机构通过组建银团等方式，合力支持乡村基础设施建设。

表3-10 涉海组合信贷政策

年份	政策名称	发文字号
2018	《自然资源部 中国工商银行关于促进海洋经济高质量发展的实施意见》	自然资发〔2018〕63号
2018	《人民银行 海洋局 发展改革委 工业和信息化部 财政部 银监会 证监会 保监会关于改进和加强海洋经济发展金融服务的指导意见》	银发〔2018〕7号
2018	《国家海洋局 中国农业发展银行关于农业政策性金融促进海洋经济发展的实施意见》	国海规字〔2018〕45号
2022	《农业农村部办公厅 国家乡村振兴局综合司 国家开发银行办公室 中国农业发展银行办公室关于推进政策性开发性金融支持农业农村基础设施建设的通知》	农办计财〔2022〕20号
2023	《中国人民银行 国家金融监督管理总局 证监会 财政部 农业农村部关于金融支持全面推进乡村振兴 加快建设农业强国的指导意见》	银发〔2023〕97号

3.3.2 沿海地区典型案例

3.3.2.1 海南省

海南省的涉海银团贷款、组合贷款和联合授信贷政策（表3-11）以鼓励金融机构为涉海企业提供多元化信贷服务为主。

海南省针对海南海洋经济和金融发展现状，陆续出台了多项向海洋经济倾斜的信贷支持政策，发展形成了全面多元的信贷服务体系。2013年，针对涉海重大项目，海南省人民政府出台了《关于金融支持海洋经济发展的指导意见》，通过银团贷款、专项贷款、联合贷款、同业合作，以及总行直贷、系统银团或直接申请单列信贷规模等方式，确保涉海重点领域、重大项目的信贷资金供给。2021年，海南省政协七届四次会议第二次全体会议指出，推动海南省内金融机构对接大湾区金融需求，发挥政府引导作用，通过推动海南省内金融机构采取联合授信、银团贷款等多种形式，为粤港澳大湾区基础设施建设、产业转移与结构升级等提供金融支持。

表3-11　海南省的涉海银团贷款、专项贷款、联合授信贷政策

年份	政策名称	发文字号
2013	《海南省人民政府办公厅关于金融支持海洋经济发展的指导意见》	琼府办〔2013〕22号
2017	《中国银保监会 海南监管局办公室关于进一步做好海南银行业债权人委员会工作的通知》	琼银监办发〔2017〕114号
2022	《中国银保监会 海南监管局关于推进海南银行业保险业绿色金融发展的指导意见》	琼银保监发〔2022〕15号

3.3.2.2　浙江省

浙江省的涉海银团贷款、组合贷款和联合授信贷政策（表3-12）以银团贷款支持涉海项目为主。

浙江省金融机构加大资金投入，加快金融创新，发展海洋经济多种融资模式，建立金融支持海洋经济长效机制。据了解，浙江省许多金融机构已将海洋金融列为业务发展的战略重点，积极制定具有针对性的海洋金融发展规划和管理制度，建立海洋金融专业服务团队，突出对海洋经济重点领域的信贷投放和金融支持，海洋经济发展资金支持力度不断加大。2011年，浙江省银监局和舟山市政府联合举行浙江银行业支持舟山海洋经济发展恳谈会，并签署"大力推进银行业支持浙江舟山群岛新区建设"合作备忘录，15家省级银行业金融机构与舟山市政府签署了战略合作协议，8家银行业金融机构与舟山市内6家企业签订总额43亿元的银团贷款协议，涉及围垦、物流和船舶制造等项目。2021年，浙江省人民政府发布《浙江省金融业发展"十四五"规划》，指出要加快发展海洋金融，运用国际银团贷款、内保外贷、跨境担保等工具，为跨境贸易、投资、并购提供全链条金融联动产品和精准服务，助推相关浙商企业全球产业链、供应链、价值链新布局。

表3-12　浙江省的涉海银团贷款、组合贷款、联合授信贷政策

年份	政策名称	发文字号
2012	《中国人民银行杭州中心支行关于金融支持浙江舟山群岛新区建设的指导意见》	杭银发〔2012〕149号

续表

年份	政策名称	发文字号
2016	《关于金融支持嘉兴市海洋经济发展的指导意见》（嘉兴市发展和改革委员会等发布）	/
2017	《浙江省人民政府关于加快建设海洋强省国际强港的若干意见》	浙政发〔2017〕44号
2021	《杭州市"十二五"海洋经济发展规划》	/
2021	《浙江省人民政府关于印发浙江省金融业发展"十四五"规划的通知》	浙政发〔2021〕15号

3.3.2.3 广东省

广东省的涉海银团贷款、组合贷款和联合授信贷政策（表3-13）以银行等金融机构合作提供海洋信贷服务为主。

广东省注重金融机构间的通力合作，鼓励银行等金融机构通过相互担保和合作，为海洋经济注入持续资金，降低海洋信贷风险。2013年，江门市人民政府发布《江门市海洋经济发展规划（2011—2020）》，鼓励银行等金融机构加大对海洋经济重点领域、重点项目、重点企业的信贷资金投放力度。引导银行等金融机构采取项目贷款、银团贷款等多种模式，优先满足海洋新兴产业、先进制造业、现代海洋服务业等的资金需求。2014年，《广东省人民政府办公厅关于加快先进装备制造业发展的意见》出台，指出为重点打造珠江西岸先进装备制造产业带，对先进装备制造产业带骨干企业重大项目，在符合银行信贷原则的前提下，商请金融机构采取银团贷款等方式予以支持。2023年，中国银行保险监督管理委员会深圳监管局等四部门联合印发《深圳银行业保险业推动蓝色金融发展的指导意见》，鼓励银行机构通过银团贷款、联合授信、组合贷款等模式，支持海洋基础设施建设。同年，《湛江市人民政府办公室关于印发湛江市金融支持海洋牧场加快高质量发展的若干措施的通知》提出，引导银行机构加大对海洋牧场相关企业和项目的资金支持力度，积极探索投贷联动等模式，通过银团贷款、专项贷款、联合贷款、同业合作或直接申请单列信贷规模等方式，优先满足海洋牧场各主体、各环节的融资需求。

表3-13　广东省的涉海银团贷款、组合贷款、联合授信贷政策

年份	政策名称	发文字号
2013	《江门市人民政府办公室关于印发〈江门市海洋经济发展规划（2011—2020）〉的通知》	江府办〔2013〕24号
2014	《广东省人民政府办公厅关于加快先进装备制造业发展的意见》	粤府办〔2014〕50号
2021	《广东省人民政府关于印发〈广东省国民经济和社会发展第十四个五年规划和2035年远景目标纲要〉的通知》	粤府〔2021〕28号
2021	《广东省人民政府关于印发〈广东省金融改革发展"十四五"规划〉的通知》	粤府〔2021〕48号
2023	《中国银行保险监督管理委员会深圳监管局 中国人民银行深圳市中心支行 深圳市规划和自然资源局 深圳市地方金融监督管理局关于印发深圳银行业保险业推动蓝色金融发展的指导意见的通知》	深银保监发〔2021〕143号
2023	《湛江市人民政府办公室关于印发湛江市金融支持海洋牧场加快高质量发展的若干措施的通知》	湛府办函〔2023〕44号

3.4　涉海助保金贷款政策

助保金贷款，简称"助保贷"，是向"重点中小企业池"中的企业发放，在企业提供一定担保的基础上，由企业缴纳一定比例的助保金，加上政府提供的风险补偿金，两者共同作为增信手段从而展开的信贷业务。其中，助保金池按照"自愿缴费，有偿使用，共担风险，共同受益"的原则组建，涉海助保金贷款实质是海洋担保贷款。

3.4.1　涉海助保金贷款

政策重点：国家包括地区有关部门出台了相关涉海助保金贷款政策（表3-14），旨在为涉海中小企业提供担保，解决涉海中小微企业的融资问题。

典型政策：2018年，《自然资源部 中国工商银行关于促进海洋经济高质量发展的实施意见》发布，鼓励地方海洋主管部门和中国工商银行沿海各分行探索开展现代海洋产业中小企业助保金贷款业务。2020年，《国务院办公厅关于切实做好长江流域禁捕有关工作的通知》指出，坚持多措并举，切实做好退捕渔民生计保障，对符合条件的退捕渔民，落实创业担保贷款和贴息政策。2022年，《国务院关于印

发广州南沙深化面向世界的粤港澳全面合作总体方案的通知》指出，要建设好国家科技兴海产业示范基地，符合条件的港澳居民到南沙创业的，纳入当地创业补贴扶持范围，可同等享受创业担保贷款和贴息等当地扶持政策。

表3-14　涉海助保金贷款政策

年份	政策名称	发文字号
2015	《中共中央 国务院关于落实发展新理念加快农业现代化实现全面小康目标的若干意见》	中发〔2016〕1号
2018	《自然资源部 中国工商银行关于促进海洋经济高质量发展的实施意见》	自然资发〔2018〕63号
2018	《中国人民银行 国家海洋局 发展改革委 工业和信息化部 财政部 银监会 证监会 保监会关于改进和加强海洋经济发展金融服务的指导意见》	银发〔2018〕7号
2020	《国务院办公厅关于切实做好长江流域禁捕有关工作的通知》	国办发明电〔2020〕21号
2022	《国务院关于印发广州南沙深化面向世界的粤港澳全面合作总体方案的通知》	国发〔2022〕13号

3.4.2　沿海地区典型案例

3.4.2.1　福建省

福建省的涉海助保金贷款政策（表3-15）以开发海洋经济创新创业为主。

福建省作为推广涉海助保金贷款较为成熟的省份，早在2016年厦门市海洋与渔业局和相关金融机构就共同成立了"海洋助保贷"，旨在降低企业贷款成本，为企业融资难扫除障碍。2014年，《福建省人民政府关于印发2014年全省海洋经济工作要点的通知》指出，推动成立海洋产业小额贷款公司和担保公司，拓展现代海洋产业中小企业助保金贷款和海域使用权抵押贷款业务，加大对海洋中小企业、创新型企业的信贷支持力度。2015年，《福建省人民政府关于2015年全省海洋经济工作要点的通知》《福建省人民政府关于进一步加快远洋渔业发展五条措施的通知》发布，指出要创新远洋渔业信贷产品，稳步推进现代海洋产业"助保贷"产品发展，联合金融、保险机构推进开展"助保贷""科技贷"业务，加快现代海洋中小企业助保金贷款发放进度。在此基础上，2022年，《福建省海洋与渔业局关于推动海洋与渔业高质量发展实现2022年一季度"开门红"十一条措施的通知》再次指出，要积极深化与进出口银行、国家开发银行、中国农业银行、省农信社、兴业银行等合作，引导金融机构增加对水产品加工等行业小微企业授信，推动落实水产品加工等行业小微企业助保金贷款等。2023年，《厦门市人民政府办公厅关于印发加快航运金融发展若干措施的通知》提出，要加大航运信贷支持力度，鼓励政府性融资担保机构为符合条件的航运企业提供融资担保服务。对政府性融资担保机构为符合规定的航运企业开展的新增单户500万元以下（含）且担保费率低于1%/年（含）的融资担保业务，按规定予以担保费补助。

表3-15 福建省的涉海助保金贷款政策

年份	政策名称	发文字号
2014	《福建省人民政府关于印发2014年全省海洋经济工作要点的通知》	闽政文〔2014〕53号
2015	《福建省人民政府关于2015年全省海洋经济工作要点的通知》	闽政办〔2015〕38号
2015	《福建省人民政府关于进一步加快远洋渔业发展五条措施的通知》	闽政〔2015〕24号
2016	《福建省人民政府关于印发2016年全省海洋经济工作要点的通知》	闽政办〔2016〕86号
2016	《福建省人民政府关于印发福建省"十三五"海洋经济发展专项规划的通知》	闽政办〔2016〕80号
2022	《福建省海洋与渔业局关于推动海洋与渔业高质量发展实现2022年一季度"开门红"十一条措施的通知》	闽海渔〔2022〕1号
2023	《厦门市人民政府办公厅关于印发加快航运金融发展若干措施的通知》	厦府办规〔2023〕6号

3.4.2.2 海南省

海南省的涉海助保金贷款政策（表3-16）以规范涉海中小企业助保金管理办法为主。

针对涉海小微企业，海南省沿海城市鼓励金融机构为涉海小微企业提供贷款。2015年，《儋州市人民政府办公室关于印发儋州市扶持小微企业助保金管理办法的通知》要求，市海洋与渔业局成员单位负责人参与"助保贷"业务领导小组，为支持海洋经济提供针对性建议和举措。海口市、琼海市等沿海城市也出台了相关助保金管理办法，规定涉海中小企业的助保贷缴纳比例，逐步形成由企业助保金和政府风险补偿金组成的政府扶持小微企业助保金的政策框架体系。2021年，海南省自然资源和规划厅发布《海南省海洋经济发展"十四五"规划（2021—2025年）》，提出推进投融资政策创新，综合运用国债、担保、贴息、风险补偿等政策措施，带动社会资金投入海洋产业，利用政府融资担保体系，探索为海洋开发所需贷款提供担保；同时建立涉海中小企业金融服务体系，为处于创业阶段的海洋高新技术企业提供融资支持，建立分层次政府支持的中小企业信用担保体系，引导金融机构采取科技担保、知识产权质押、金融租赁等新型融资模式支持中小型新兴产业集群发展。

表3-16 海南省的涉海助保金贷款政策

年份	政策名称	发文字号
2014	《海口市人民政府办公厅关于印发海口市政府扶持小微企业助保金管理办法的通知》	海府办〔2014〕241号
2015	《儋州市人民政府办公室关于印发儋州市扶持小微企业助保金管理办法的通知》	儋府办〔2015〕160号
2016	《琼海市人民政府办公室关于印发琼海市扶持小微企业助保金管理暂行办法的通知》	海府办〔2016〕183号
2021	《海南省海洋经济发展"十四五"规划（2021—2025年）》	/

3.4.2.3 广东省

广东省的涉海助保金贷款政策（表3-17）以为渔业渔民提供融资支持为主。

2016年，《广东省海洋与渔业局关于我省推进渔业精准扶贫精准脱贫三年攻坚的实施方案》发布，安排渔船更新改造风险担保资金5000万元，与银行部门合作开展渔船更新改造"助保贷"业务，简化针对贫困渔民的小额"助保贷"办理手续，解决贫困渔民新建渔船融资难、贷款难问题。雷州市和湛江市，作为广东省大船建造的重要沿海城市，利用渔船更新"助保贷"业务，要求银行对在渔船建造期间凭"渔业船网工具指标批准书"项目，提供不低于新建渔船总造价50%的贷款。2016年至今，雷州更新改造渔船货款约2.7亿元。2020年，《广东省地方金融监管局关于广东省十三届人大三次会议第1277号代表建议答复的函》提出，要在全国率先实施渔船更新改造"助保贷"，扶持大型钢质、玻璃钢质渔船更新改造。2022年，深圳市规划和自然资源局、深圳市发展和改革委员会印发《深圳市海洋经济发展"十四五"规划》，指出要加速构建涉海金融服务体系，探索形成以金融信贷、上市融资和票证融资为主体，以政府产业基金为特色，以创业投资和风险投资为补充，以海洋信用担保业和政策性保险体系为辅助的多元化融资模式。

表3-17 广东省的涉海助保金贷款政策

年份	政策名称	发文字号
2016	《广东省海洋与渔业局关于我省推进渔业精准扶贫精准脱贫三年攻坚的实施方案》	/
2017	《雷州市人民政府关于印发雷州市供给侧结构性改革去杠杆行动计划（2016—2018年）的通知》	雷府〔2017〕8号
2020	《广东省地方金融监管局关于广东省十三届人大三次会议第1277号代表建议答复的函》	/
2022	《深圳市海洋经济发展"十四五"规划》	/
2023	《湛江市人民政府办公室关于印发湛江市金融支持海洋牧场加快高质量发展的若干措施的通知》	/

3.5 涉海进出口信贷政策

进出口信贷政策是国家运用金融政策和金融手段，是支持和鼓励对外贸易发展的一项重要经济措施，是有效地发挥进出口信贷对进出口贸易促进作用的指南与保证。近年来，根据海洋经济特点，有关金融机构、政府部门加大了对涉海业务的进出口信贷力度，对进出口大型海洋工程设备、船舶及其配套设备的涉海企业提供利息补贴、信贷担保或优惠利率的支持。

本节将从进口信贷和出口信贷等方面，分别对涉海进出口信贷的相关政策工具进行梳理和讨论。

3.5.1 涉海进口信贷

政策重点： 我国涉海进口信贷政策（表3-18）主要集中在为涉海企业进口大型设备提供优惠利率方面。

典型政策： 2014年12月29日，为加快推进海洋项目装备制造业发展方式转变和结构优化升级，工业和信息化部与中国进出口银行等发布《关于加大重大技术装备融资支持力度的若干意见》，鼓励进出口银行利用出口信贷工具，满足涉海企业的多元化融资需要，对国家通过技术改造资金、专项基金等方式支持的重大技术装备制造涉海企业和项目，进出口银行提供优惠利率支持。2015年，商务部等部门联合发布《关于给予国家鼓励的进口商品信贷支持的补充通知》，将发展改革委、财政部、商务部发布的《鼓励进口技术和产品目录》纳入进口信贷支持范围并执行优惠利率，其中包括船舶配套设备、节能型船舶设计技术等涉海产品和技术。除此之外，2018年，《国务院办公厅转发商务部等部门关于扩大进口促进对外贸易平衡发展的意见》提出，增加进口促进支持资金，为国家鼓励类产品和技术的进口提供贴息支持，如海上风电设计先进技术、船舶制造用关键件。2020年，《国务院关于推进对外贸易创新发展的实施意见》指出，要扩大先进技术、重要装备和关键零部件进口，其中包括绿色环保与节能型船舶设计技术、船舶配套设备（包括船舶动力系统、电站、甲板机械、舱室机械、船舶控制及自动化、通讯导航、仪器仪表等）设计技术、海洋工程装备及配套设备设计制造技术等。2022年，《国务院办公厅关于推动外贸保稳提质的意见》提出，要增强海运物流服务稳外贸功能，加大进出口信贷支持。支持银行机构对于发展前景良好但暂时受困的外贸企业，不盲目惜贷、抽贷、断贷、压贷，根据风险管控要求和企业经营实际，满足企业合理资金需求。

表3-18　涉海进口信贷政策

年份	政策名称	发文字号
2004	《货物进口许可证管理办法》	中华人民共和国商务部令2004年第27号
2012	《国务院关于促进海关特殊监管区域科学发展的指导意见》	国发〔2012〕58号
2014	《国务院办公厅关于加强进口的若干意见》	国办发〔2014〕49号
2014	《中华人民共和国海关企业信用管理暂行办法》	中华人民共和国海关总署令第225号
2014	《关于加大重大技术装备融资支持力度的若干意见》	工信部联装〔2014〕590号
2015	《国务院办公厅关于印发加快海关特殊监管区域整合优化方案的通知》	国办发〔2015〕66号
2015	《商务部 发展改革委 财政部 银监会关于给予国家鼓励的进口商品信贷支持的补充通知》	商贸函〔2015〕600号
2016	《进境水生动物检验检疫监督管理办法》	国家质量监督检验检疫总局令第183号
2017	《国务院关于完善进出口商品质量安全风险预警和快速反应监管体系切实保护消费者权益的意见》	国发〔2017〕43号

续表

年份	政策名称	发文字号
2018	《国务院办公厅转发商务部等部门关于扩大进口促进对外贸易平衡发展的意见》	国办发〔2018〕53号
2019	《国务院关于促进综合保税区高水平开放高质量发展的若干意见》	国发〔2019〕3号
2020	《国务院办公厅关于推进对外贸易创新发展的实施意见》	国办发〔2020〕40号
2022	《国务院办公厅关于推动外贸保稳提质的意见》	国办发〔2022〕18号

3.5.2 涉海出口信贷

政策重点：涉海出口信贷政策（表3-19）被广泛应用于大型、重型海洋工程所需购买的设备和机器贸易中，以降低企业固定成本，缓解企业资金压力。

典型政策：为改进和加强海洋经济发展金融服务，推动海洋经济向质量效益型转变，2018年，中国人民银行等联合发布《关于改进和加强海洋经济发展金融服务的指导意见》，要求扩大出口信用保险覆盖范围，加大涉海抵质押贷款业务创新推广，鼓励银行业金融机构围绕全国海洋经济发展规划，优化信贷投向和结构，支持海洋经济一二三产业重点领域加快发展。在船舶业方面，为积极应对国际船舶市场变化，稳定和巩固国际市场，提高产业国际竞争力，2013年，国务院发布《船舶工业加快结构调整促进转型升级实施方案（2013—2015年）》，指出要积极利用出口信用保险支持船舶出口。同时，优化船舶出口买方信贷保险政策，创新担保方式，简化办理流程。鼓励有条件的地方开展船舶融资租赁试点。鼓励金融机构加大船舶出口买方信贷资金投放，对在国内骨干船厂订造船舶和海洋工程装备的境外船东提供出口买方信贷。2021年，《国务院办公厅关于做好跨周期调节进一步稳外贸的意见》指出，要在依法合规、风险可控的前提下，进一步优化出口信保承保和理赔条件特别是加强海运管理，加大对出运前订单被取消风险等的保障力度以及对跨境电商、海外仓等新业态的支持力度。进一步地，2022年，《国务院关于落实〈政府工作报告〉重点工作分工的意见》指出，要发展海洋经济，建设海洋强国，扩大出口信用保险对中小微外贸企业的覆盖面，加强出口信贷支持。同年，《工业和信息化部 国家发展改革委 国务院国资委关于巩固回升向好趋势加力振作工业经济的通知》提出，要做优做强工程机械、船舶等优势产业，促进数控机床、海洋工程装备、邮轮游艇装备等产业创新发展，稳定工业产品出口，进一步加大出口信用保险支持力度，抓实抓好外贸信贷投放。

表3-19 与海洋经济相关的出口信贷政策

年份	政策名称	发文字号
2002	《出口商品配额管理办法》	中华人民共和国对外贸易经济合作部令2001年12号
2012	《国务院办公厅转发发展改革委等部门关于加快培育国际合作和竞争新优势指导意见》	国办发〔2012〕32号
2013	《国务院关于促进海洋渔业持续健康发展的若干意见》	国发〔2013〕11号
2013	《国务院关于印发船舶工业加快结构调整促进转型升级实施方案（2013-2015年）的通知》	国发〔2013〕29号
2014	《国务院关于促进海运业健康发展的若干意见》	国发〔2014〕32号
2014	《国家税务总局关于印发〈全国税务机关出口退（免）税管理工作规范（1.0版）〉的通知》	税总发〔2014〕155号
2014	《海关总署、国家质量监督检验检疫总局关于印发深化关检协作共同促进外贸稳定增长合作备忘录的通知》	署厅发〔2014〕158号
2015	《国务院关于加快培育外贸竞争新优势的若干意见》	国发〔2015〕9号
2016	《商务部关于印发〈对外贸易发展"十三五"规划〉的通知》	商贸发〔2016〕484号
2016	《国务院关于促进外贸回稳向好的若干意见》	国发〔2016〕27号
2018	《国家口岸管理办公室关于印发〈提升跨境贸易便利化水平的措施（试行）〉的通知》	国岸发〔2018〕3号
2018	《中华人民共和国海关统计工作管理规定》	中华人民共和国海关总署令第242号
2018	《关于对社会公众提供海关统计服务有关事项的公告》	海关总署公告2018年第156号
2018	《人民银行 海洋局 发展改革委 工业和信息化部 财政部 银监会 证监会 保监会关于改进和加强海洋经济发展金融服务的指导意见》	银发〔2018〕7号
2018	《国务院关于印发进一步深化中国（福建）自由贸易试验区改革开放方案的通知》	国发〔2018〕15号

年份	政策名称	发文字号
2019	《关于印发〈口岸出境免税店管理暂行办法〉的通知》	财关税〔2019〕15号
2021	《国务院办公厅关于做好跨周期调节进一步稳外贸的意见》	国办发〔2021〕57号
2022	《国务院关于落实〈政府工作报告〉重点工作分工的意见》	国发〔2022〕9号
2022	《工业和信息化部 国家发展改革委 国务院国资委关于巩固回升向好趋势加力振作工业经济的通知》	工信部联运行〔2022〕160号

3.5.3 沿海地区典型案例

3.5.3.1 山东省

山东省的涉海进出口信贷政策（表3-20）以涉海商品的交易和运输平台建设为主。

在船舶配套及海工装备领域，2008年，山东省人民政府办公厅印发了《山东省外商投资产业指导意见》，指出要突出发展造船及船用设备等装备工业，给予信贷支持、扩大进口。在海洋油气领域，为规范海洋油气采购秩序，提高进口原油质量和标准，山东省经济和信息化委员会等部门在2017年联合印发《关于加强全省地方石油炼化企业进口原油使用管理工作意见》，提出采购联盟内企业统一组织安排运输，优化国际国内仓储方式，优先选用VLCC大船运输方式，增强与船东、港口的谈判与协调能力；并由采购联盟集中贷款、集中结算，大力提高地炼企业的国际资信能力，减少因国际资信能力不足而带来的资金压力，有效降低利息支出等费用。2021年，《山东省"十四五"海洋经济发展规划》提出，要提高海洋油气资源自主勘探能力，建设海洋油气资源开发与综合保障基地，积极推进沿海港口与油气管网衔接，力争国际合作开发，提高出口原油、成品油管输比例，并鼓励金融机构开展海洋绿色信贷业务、蓝色债券试点、创新开发性金融、政策性金融业务，以完善相应的支持政策。在海洋渔业领域，山东省人民政府办公厅在2020年发布《山东省进一步促进外贸稳定增长政策措施》，提出鼓励企业积极拓展多元化进口渠道，发挥海关查验作业指定监管场地作用，扩大肉类、冰鲜水产品等一般消费品进口，打造东北亚水产品加工及贸易中心，并对相关金融机构为外贸企业提供政策性优惠利率贷款给予财政奖励。2023年，青岛市人民政府办公厅印发了《青岛市深化新旧动能转换推动绿色低碳高质量发展2023年重点工作任务》，提出要壮大现代海洋产业集群，优化科技信贷机制，聚焦现代海洋、医养健康等产业，进一步强化与日韩进出口贸易互信合作，推进出口提质增效。

表3-20　山东省的涉海进出口信贷政策

年份	政策名称	发文字号
2008	《山东省人民政府办公厅关于印发山东省外商投资产业指导意见的通知》	鲁政办发〔2007〕95号
2008	《山东省人民政府办公厅转发省经贸委等部门关于加快山东省船舶配套业发展的意见的通知》	鲁政办发〔2008〕7号
2017	《山东省经济和信息化委员会 山东省发展和改革委员会 山东省商务厅 山东省环境保护厅 山东省国家税务局 青岛海关 济南海关 山东出入境检验检疫局关于印发关于加强全省地方石油炼化企业进口原油使用管理工作意见的通知》	鲁经信运〔2017〕54号
2019	《山东省人民政府关于印发山东省现代化海洋牧场建设综合试点方案的通知》	鲁政字〔2019〕12号
2020	《山东省人民政府办公厅印发关于持续深入优化营商环境的实施意见配套措施的通知》	鲁政办字〔2020〕61号
2020	《山东省人民政府办公厅关于印发山东省进一步促进外贸稳定增长政策措施的通知》	鲁政办字〔2020〕12号
2021	《山东省"十四五"海洋经济发展规划》	鲁政办发〔2023〕11号
2023	《山东省人民政府关于印发〈中国（山东）自由贸易试验区深化改革创新方案〉的通知》	鲁政字〔2023〕11号
2023	《青岛市人民政府办公厅关于印发青岛市深化新旧动能转换推动绿色低碳高质量发展2023年重点工作任务的通知》	青政办字〔2023〕10号

3.5.3.2　江苏省

江苏省的涉海进出口信贷政策（表3-21）以海工装备和运输扶持为主。

2016年，《江苏省人民政府关于促进外贸回稳向好的实施意见》出台，指出要综合运用进口贴息、信保、信贷等措施促进进口，重点推动工程机械、船舶海工等重大装备制造行业开展国际产能合作，带动产品、技术、标准、服务出口。2018年，《江苏省人民政府办公厅关于促进进口的实施意见》出台，指出要加强进口信贷支持，鼓励海洋先进技术设备和关键零部件进口，稳步扩大农产品和资源性产品进口。2021年，《江苏省"十四五"贸易高质量发展规划》发布，指出要推动中国进出口银行江苏省分行加大对包含船舶及海洋工程的外贸产业的信贷投放力度。2022年，《关于促进内外贸一体化发展若干措施》中提出，要构建内外联通的现代物流网络，大力发展海运快船、集并运输等模式，推进海铁联运和江海联运发展，鼓励金融机构加大信贷支持力度，扩大"苏贸贷"惠企数量和放贷规模。2023年，《关于推动外贸稳规模优结构的若干措施》提出，要支持铁海联运、内支线河海联运、内外贸集装箱同船运输等物流模式，提升集装箱远洋航线直达运输水平，加大进口促进力度，发挥国家进口贴息政策引导作用，综合运用进口信贷产品、贸易金融业务，支持商品、服务和技术进口。

表3-21 江苏省关于海洋经济的进出口信贷政策

年份	政策名称	发文字号
2016	《江苏省人民政府关于促进外贸回稳向好的实施意见》	苏政发〔2016〕105号
2018	《江苏省人民政府办公厅关于促进进口的实施意见》	苏政办发〔2018〕83号
2021	《江苏省"十四五"贸易高质量发展规划》	苏政办发〔2021〕57号
2022	《江苏省人民政府办公厅印发关于促进内外贸一体化发展若干措施的通知》	苏政办发〔2022〕40号
2022	《江苏省人民政府办公厅印发关于做好跨周期调节进一步稳外贸若干措施的通知》	苏政办发〔2022〕20号
2022	《关于推动外贸保稳提质的若干措施》	江苏省人民政府办公厅
2023	《江苏省人民政府办公厅印发关于推动外贸稳规模优结构若干措施的通知》	苏政办发〔2023〕19号

3.5.3.3 浙江省

浙江省的涉海进出口信贷政策（表3-22）以拓展进出口网络为主。

2012年，《浙江省人民政府关于扩大进口的若干意见》指出，要大力拓展进口渠道，积极探索机械设备、船舶等大型进口设备融资租赁业务，推进大宗商品交易中心的建设。2016年，为积极发展大型海洋钻井平台、大型海洋生产（生活）平台、浮式生产储卸装置等海洋工程装备,《中国制造2025浙江行动纲要》发布,鼓励和支持龙头企业联合中小企业,到境外进行集群式"抱团"投资,降低企业走出去的成本与风险,引导各类金融机构加大对制造业重点领域的信贷支持。2021年,为深化国际产能合作,加快构建境内境外园区链式合作体系,《浙江省商务高质量发展"十四五"规划》发布,提出拓展海上丝绸之路网络,加强外贸服务体系建设,充分发挥出口信贷和出口信用保险作用,扩大政策性出口信用保险覆盖面。

表3-22　浙江省的涉海进出口信贷政策

年份	政策名称	发文字号
2012	《浙江省人民政府关于扩大进口的若干意见》	浙政发〔2012〕67号
2016	《浙江省人民政府关于印发中国制造2025浙江行动纲要的通知》	浙政发〔2015〕51号
2021	《浙江省人民政府办公厅关于印发浙江省商务高质量发展"十四五"规划的通知》	浙政办发〔2021〕31号

———— • 本章小结 • ————

本章系统地梳理了涉海资产抵(质)押贷款政策,涉海再贴现、再贷款政策,涉海银团贷款、组合贷款和联合授信贷款政策,涉海助保金贷款政策以及涉海进出口信贷政策。着眼于不同类别的涉海信贷工具,分析了近年来中国人民银行、地方海洋与渔业局等部门和机构公布的相关规范性文件,分类探讨了我国有关银行信贷的国家及区域性海洋经济政策措施,并关注其典型性政策和案例,强化了涉海信贷政策对海洋产业发展的引领作用。

【知识进阶】

1. 与传统行业的信贷政策相比,如何理解涉海信贷政策的特征?

2. 对比涉海资产抵(质)押贷款政策,涉海再贴现再贷款政策、银团贷款、组合贷款和联合授信贷款政策,涉海助保金贷款政策以及涉海进出口信贷政策,探讨各个涉海信贷政策工具的优劣。

4 涉海保险政策

> 知识导入：海洋保险是指服务于海洋经济活动的保险。海洋保险的存在主要是为了应对和规避海洋风险带来的损失，包括发生的自然灾害和意外事故。在新的发展时期，伴随着海洋经济的快速发展，海洋灾害等各类海洋风险对海洋经济发展的影响也亟待解决。党的二十大报告提出"发展海洋经济，保护海洋生态环境，加快建设海洋强国"，为海洋保险下一阶段发展指引了方向。海洋保险在促进海洋经济高质量发展、推动海洋资源环境保护等方面迎来了新的战略机遇。从发展方向来看，我国海洋保险业务目前涉及三个方面：一是传统海上保险，主要包括渔业保险、航运保险、船东责任保险等；二是特色海上保险，主要包括海洋旅游特色保险、海洋巨灾保险等；三是新兴海险种，主要包括海上石油勘探开发保险、游艇保险、海上平台公众责任险等。本章通过梳理近年来各级政府部门和机构公布的具有代表性的关于海洋保险的海洋经济相关规范性文件，对我国有关海洋保险的国家及区域性海洋经济政策措施进行分类讨论，旨在更好地通过海洋保险政策助力海洋经济发展。

4.1 传统海上保险政策

传统海上保险是保险人和被保险人通过协商，对船舶、货物及其他海上标的所可能遭遇的风险进行约定，被保险人在交纳约定的保险费后，保险人承诺一旦上述风险在约定的时间内发生，并对被保险人造成损失，保险人将按约定给予被保险人经济补偿的商务活动。传统海上保险属于财产保险的范畴，是对海上自然灾害和意外事故等给人们造成的财产损失给予经济补偿的一项法律制度。常见的传统海上保险工具有渔业保险、航运保险等，海上保险的设立有助于促进我国海洋产业的发展，完善现代海洋经济的运行机制，优化海洋产业的风险分担机制。

本节将从渔业保险的风险保障机制和航运保险的国际化发展等方面，分别对其相关政策工具（表4-1）进行梳理和讨论。

4.1.1 渔业保险

政策重点：渔业保险指投保者为渔业经营集团、家庭和个人购买渔业保险，承保者为承办保险业务的保险组织，投保者向承保者缴付保险费，承保者按所担负的保险责任范围对投保者在保险期内发生的经济损失给以补偿或给付的保险类型。通过开发渔船保险、渔民海上人身意外伤害保险、水产养殖保险（前两项属于政策性补贴农业保险），保护渔民生产的积极性，最终促进渔业增效和渔民增收。

典型政策： 在渔业保险方面，农业部于1994年经民政部批准成立了中国渔业互保协会，开始探索非营利性互助保险业务。中国渔业互保协会的成立，为广大渔民以及其他从事渔业生产经营或为渔业生产经营服务的单位和个人提供了互助保险服务的平台，有利于推动海洋渔业的发展。2013年，《国务院关于促进海洋渔业持续健康发展的若干意见》强调，要调整海洋渔业生产结构和布局，优化海洋渔业保险、渔民海上人身意外伤害保险等综合服务体系。2018年，《人民银行 海洋局 发展改革委 工业和信息化部 财政部 银监会 证监会 保监会关于改进和加强海洋经济发展金融服务的指导意见》提出，将优化信贷投向和机构，加大对现代海洋渔业、海洋战略性新兴产业、现代渔业发展等海洋强省建设重点领域的信贷支持力度，同时加强对水产养殖保险等渔业保险的保险支持力度。此外，2020年，《农业农村部办公厅 中国银保监会办公厅关于推进渔业互助保险系统体制改革有关工作的通知》发布，要求中国渔业互保协会遵循"互助共济、服务渔业"的宗旨，开展渔业行业内的财产保险、责任保险、意外伤害保险、再保险等经银保监会核准的保险业务。2022年，农业农村部一号文件《农业农村部关于落实党中央国务院2022年全面推进乡村振兴重点工作部署的实施意见》出台，提出要推动落实退捕渔民养老保险、帮扶救助等政策。

4.1.2 航运保险

政策重点： 航运保险是专门为海上运输设立的货物运输过程中涉及载运货物财产损失，由承运人负责购买，也可以由委托方根据需要单独购买的保险。其目的是建设现代航运保险监管体系，提升与航运业现代化相适应的现代航运保险服务能力，打造具有全球资源整合能力的现代航运保险市场。

典型政策： 2018年，《人民银行 海洋局 发展改革委 工业和信息化部 财政部 银监会 保监会关于改进和加强海洋经济发展金融服务的指导意见》发布，积极鼓励银行业优化信贷投向和结构，开发适合海洋交通运输、远洋渔业企业等特点的保险产品和服务模式，同时鼓励有条件的地方对于海洋航运保险等进行补贴，扩大保险业务在海洋领域的覆盖范围。2020年，《交通运输部关于推进海事服务粤港澳大湾区发展的意见》强调，支持粤港澳合作发展平台建设，支持广州南沙发展航运金融、船舶租赁等特色金融,探索建立国际航运保险等创新型保险要素交易平台。2020年,《交通运输部 发展改革委 工业和信息化部 财政部 商务部 海关总署 税务总局关于大力推进海运业高质量发展的指导意见》提出,要大力发展航运金融保险等现代航运服务业。2023年,《中国人民银行 交通运输部 中国银行保险监督管理委员会关于进一步做好交通物流领域金融支持与服务的通知》发布,要求提高海运、水运信贷和保险供给。

表4-1 传统海上保险政策

年份	政策名称	发文字号
2013	《国务院关于促进海洋渔业持续健康发展的若干意见》	国发〔2013〕11号
2014	《关于开展开发性金融促进海洋经济发展试点工作的实施意见》	/
2017	《国家发展改革委 国家海洋局关于印发全国海洋经济发展"十三五"规划(公开版)的通知》	发改地区〔2017〕861号
2018	《人民银行 海洋局 发展改革委 工业和信息化部 财政部 银监会 证监会 保监会关于改进和加强海洋经济发展金融服务的指导意见》	银发〔2018〕7号
2020	《交通运输部关于推进海事服务粤港澳大湾区发展的意见》	交海发〔2020〕57号
2020	《农业农村部办公厅 中国银保监会办公厅关于推进渔业互助保险系统体制改革有关工作的通知》	农办渔〔2020〕16号
2020	《交通运输部 发展改革委 工业和信息化部 财政部 商务部 海关总署 税务总局关于大力推进海运业高质量发展的指导意见》	交水发〔2020〕18号
2022	《农业农村部关于落实党中央国务院2022年全面推进乡村振兴重点工作部署的实施意见》	农发〔2022〕1号
2023	《中国人民银行 交通运输部 中国银行保险监督管理委员会关于进一步做好交通物流领域金融支持与服务的通知》	银发〔2023〕32号

4.1.3 沿海地区典型案例

4.1.3.1 福建省

福建省的传统海上保险政策(表4-2)主要以完善政策性渔业保险为主。

090

2015年,《2015年全省海洋经济工作要点》指出,要积极拓展海洋经济融资渠道、破解涉海中小企业融资难题,完善渔业保险风险补偿机制,同时,支持符合条件的海洋企业发行债券或上市融资。近年来,福建省渔业互保协会通过建立与外界媒体的沟通协作,广泛开展各类反哺渔民、慰问走访等宣传活动,收到了良好的社会反响,逐渐成为汇聚正能量的重要阵地,而渔业互助保险等农业险种被列入"2019年为民办实事"项目。2016年,《2016年全省海洋经济工作要点》《福建省"十三五"海洋经济发展专项规划》均再次指出,要完善政策性渔业保险。2022年,《福建省渔业互助保险方案》进一步明确了沿海渔船渔工责任互助保险等7类享受财政补贴的渔业互助保险险类。2023年,《福建省贯彻"十四五"冷链物流发展规划实施方案》出台,明确冷链物流企业购入固定资产折旧、支付过路过桥费、财产保险费时取得合法有效抵扣凭证的,允许作为进项税额抵扣,进一步降低了渔业产业链的相关成本。

表4-2 福建省的传统海上保险政策

年份	政策名称	发文字号
2015	《福建省人民政府办公厅关于2015年全省海洋经济工作要点的通知》	闽政办〔2015〕38号
2016	《福建省人民政府办公厅关于印发2016年全省海洋经济工作要点的通知》	闽政办〔2016〕86号
2016	《福建省人民政府办公厅关于印发福建省"十三五"海洋经济发展专项规划的通知》	闽政办〔2016〕80号
2022	《福建省海洋与渔业局关于推动海洋与渔业高质量发展实现2022年一季度"开门红"十一条措施的通知》	闽海渔〔2022〕1号
2022	《福建省海洋与渔业局 福建省财政厅关于印发〈福建省渔业互助保险方案〉的通知》	闽海渔〔2022〕21号
2022	《福建省人民政府办公厅关于印发福建省贯彻"十四五"冷链物流发展规划实施方案的通知》	闽政办〔2022〕53号

4.1.3.2 江苏省

江苏省的传统海上保险政策(表4-3)旨在建立覆盖渔业全行业的风险保障体系。

2014年,江苏省人民政府为加快推进现代渔业建设,提高水产品供给能力,修复改善水域生态环境,带动渔民就业增收,出台《省政府关于推进现代渔业建设的意见》，将渔业保险纳入政策性农业保险范围，旨在完善渔业互助保险保费财政补贴制度，鼓励发展渔业商业保险，积极开展水产养殖保险，逐步建立覆盖渔业全行业的风险保障体系。2021年，《江苏省"十四五"金融发展规划》提出，鼓励保险机构加快数字化转型，扩大农业保险覆盖面和产品体系，提升主粮、水产品等主要农产品保障水平，建成覆盖广泛、保障有力、运转高效的风险管理体系。2022年，江苏省财政厅印发《江苏省省级财政农业保险保费补贴管理办法》，提出省级财政补贴险种的保险标的包括渔业互助，即渔船互助保险、渔业雇主责任互助保险、内陆渔民人身平安互助保险、水产养殖互助保险等，其中渔业互助保险保费，省级财政补贴25%。

表4-3 江苏省的传统海上保险政策

年份	政策名称	发文字号
2007	《关于印发〈江苏省"十一五"海洋经济发展专项规划〉的通知》	苏发改区域发〔2007〕1259号
2011	《省政府办公厅关于印发江苏省"十二五"海洋经济发展规划的通知》	苏政办发〔2011〕94号
2014	《省政府关于推进现代渔业建设的意见》	苏政发〔2014〕13号
2017	《省政府办公厅关于印发江苏省"十三五"海洋经济发展规划的通知》	苏政办发〔2017〕16号
2019	《江苏省海洋经济促进条例》	江苏省人大常委会公告（第17号）
2021	《省政府办公厅关于江苏省"十四五"金融发展规划的通知》	苏政办发〔2021〕60号
2022	《江苏省省级财政农业保险保费补贴管理办法》	苏财规〔2022〕6号

4.1.3.3 广东省

广东省的传统海上保险政策（表4-4）旨在创新涉海金融保险合作，改善涉海融资保险结构。

2017年，《广东省沿海经济带综合发展规划（2017—2030年）》指出，到2020年，要基本形成经济充满活力、空间集约高效、创新要素集聚、交通网络发达、营商环境宽松、协同发展顺畅的发展格局。在发展过程中，积极培育涉海金融保险市场，创新涉海金融保险合作，改善涉海融资保险结构；引进培育并规范发展若干涉海融资担保机构，加快发展航运保险业务。2019年，由广东银保监局、广东省交通运输厅指导，广东省保险行业协会、广东省船东协会、上海航运保险协会主办的"2019广东航运保险论坛"在广州举行，会议主题为"紧握新机遇开创新局面"。会议指出，要健全机制，大力优化航运保险发展的营商环境，固本强基，努力推进航运保险基础设施建设，并加强融资保险结构建设。2021年，广东省人民政府发布《广东省海洋经济发展"十四五"规划》，要求积极推动航运金融、航运保险、航运交易、航运经纪等发展，提升现代航运服务国际影响力与核心竞争力。2022年，广东省农业农村厅发布《2022—2024年广东省政策性渔业保险实施方案》，强调加快推进政策性渔业保险工作开展，进一步提高政策性渔业保险覆盖面。

表4-4 广东省的传统海上保险政策

年份	政策名称	发文字号
2007	《广东省人民政府办公厅印发广东省海洋经济发展"十一五"规划的通知》	粤府办〔2007〕93号
2013	《广东省人民政府关于推动海洋渔业转型升级提高海洋渔业发展水平的意见》	粤府〔2013〕67号
2017	《广东省人民政府关于印发广东省沿海经济带综合发展规划（2017—2030年）的通知》	粤府〔2017〕119号
2018	《广东省海洋经济发展"十三五"规划》	/
2019	《关于联合印发〈广东省政策性渔业保险实施方案〉和〈广东省政策性水产养殖保险实施方案（试行）〉的通知》	粤农农〔2019〕49号
2020	《关于印发〈清远市政策性渔业保险实施方案〉的通知》	清农农〔2020〕49号
2021	《广东省地方金融监督管理局、中国银行保险监督管理委员会广东监管局关于明确国际航运保险业务范围的通知》	粤金监函〔2021〕192号
2021	《广东省人民政府办公厅关于印发广东省海洋经济发展"十四五"规划的通知》	粤府办〔2021〕33号
2022	《关于印发〈2022—2024年广东省政策性渔业保险实施方案〉的通知》	粤农农〔2022〕240号

4.1.3.4 天津市

天津市积极推进传统海上保险创新，推动天津海洋经济科学发展区建设，打造高质量航运服务聚集区（表4-5）。

为推进天津海洋经济科学发展示范区建设，加快海洋经济发展，2015年，《天津市海洋局等八部门关于印发海洋经济发展支持政策的通知》发布，要求积极推动保险业务创新，鼓励保险公司开发符合海洋经济发展需求的保险产品。积极组织保险公司参与海洋经济科学发展示范区建设，加大保险对海洋渔业支持力度，拓宽渔业保险覆盖范围，为涉海企业和渔民生产生活提供风险保障。2021年，《天津市海洋经济发展"十四五"规划》指出，要强化北方国际航运核心区对航运要素的聚集能力，大力发展航运金融、航运保险等航运服务业，促进航运高端要素集聚，建成航运总部集聚区。《中共天津市委关于制定天津市国民经济和社会发展第十四个五年规划和二〇三五年远景目标的建议》明确提出，要完善现代航运服务体系，发展特色航运保险业务。2023年，《天津市促进港产城高质量融合发展政策措施》发布，提出要鼓励航运要素集聚发展。中心城区以小白楼片区和远洋大厦片区为启动区，打造"津城"航运服务集聚区，支持引导航运金融、保险企业，海事法律服务组织，航运功能性机构，以及航运、贸易、货代等头部企业落户。

表4-5 天津市的传统海上保险政策

年份	政策名称	发文字号
2013	《天津市人民政府办公厅关于印发天津市海洋经济科学发展示范区规划和天津海洋经济发展试点工作方案的通知》	津政办发〔2013〕108号
2015	《天津市海洋局等八部门关于印发海洋经济发展支持政策的通知》	津海经〔2015〕234号
2015	《市财政局市农委关于天津市海洋渔业互助保险财政补贴政策的通知》	津财农〔2015〕104号
2021	《天津市人民政府办公厅关于印发天津市海洋经济发展"十四五"规划的通知》	津政办发〔2021〕25号
2021	《天津市人民政府关于印发天津市国民经济和社会发展第十四个五年规划和二〇三五年远景目标纲要的通知》	津政发〔2021〕5号
2023	《天津市人民政府办公厅关于印发天津市促进港产城高质量融合发展政策措施的通知》	津政办规〔2023〕7号

4.2 特色海上保险政策

特色海上保险是一种社会互助经济活动。投保者为某个发展区域或者产业的涉海经营集团、家庭和个人，承保者为承办保险业务的保险组织，双方订立契约，投保者向承保者缴付保险费，承保者按所负的保险责任范围对投保者在保险期内发生的经济损失给以补偿或给付。特色海上保险是为了满足涉海经营企业或者个人特殊的海洋风险需求而设定的，实现对于现代海洋旅游产业风险、海洋灾害风险的风险补偿，有助于促进涉海经济发展以及提升渔民生活福利。特色海上保险主要包括旅游特色保险、海洋巨灾保险等。

本节将从旅游特色保险覆盖范围和巨灾保险模式创新等方面，分别对特色海上保险的相关政策工具（表4-6）进行梳理和讨论。

4.2.1 旅游特色保险

政策重点： 旅游特色保险是对出国或者海洋旅行途中可能发生的各种意外所导致的一切意外死伤事故所做的保障服务的保险产品。旅游特色保险政策旨在加强跨产业的金融与信息服务交互，在沿海经济发展区建设港航投资公司，促进保险创新产品建设和海洋特色旅游产业的发展。

典型政策： 2018年，《人民银行 海洋局 发展改革委 工业和信息化部 财政部 银监会 证监会 保监会关于改进和加强海洋经济发展金融服务的指导意见》出台，旨在为加大涉海经济的金融与信息交互提供有效的政策支撑框架，在规范传统海洋保险的同时，发展海洋旅游保险等新兴保险产品。该项政策重点强调要积极拓展特色海洋保险需求的服务范围，完善旅游特色保险在内的现代海洋保险服务体系。此外，2020年，《交通运输部关于推进海事服务粤港澳大湾区发展的意见》出台，旨在推动涉海企业经营的监管数据互联互通，提升海事数据的服务与融合支撑能力。该项政策的实施为特色海洋险种开发提供了数据支撑，同时，为特色保险产品体系的构建提供了有效的驱动。

4.2.2 海洋巨灾保险

政策重点： 海洋巨灾保险指对因发生地震、飓风、海啸、洪水等可能造成巨大财产损失和严重人员伤亡的海洋灾害风险，进行风险补偿的一种保险产品。海洋巨灾保险政策旨在拓展多元化的涉海企业融资渠道和风险管理体系，鼓励有条件的地方对海洋巨灾保险给予补贴，规范发展渔船、渔工等渔业互助保险，分散风险。

典型政策： 2013年，《国务院关于促进海洋渔业持续健康发展的若干意见》提出，鼓励地方政府和金融机构积极探索海洋巨灾保险新模式，建立和完善海洋保险和再保险市场，为海洋产业综合生产力的提升以及抗风险能力提升提供重要的制度支撑。2020年，《交通运输部 发展改革委 工业和信息化部 财政部 商务部 海关总署税务总局关于大力推进海运业高质量发展的指导意见》出台，旨在健全海上应急管理和指挥体系。建议积极加强对于海洋灾害、海上应急救援等应急联动机制和海洋保险服务制度的建设，构建完善的海洋保险产品服务体系。2021年，《自然灾害综合风险水路承灾体普查技术指南》《自然灾害综合风险水路承灾体普查数据与成果质检核查技术规则》发布，进一步规范和指导自然灾害综合风险水路承灾体普查工作，有助于完善海洋保险市场。2022年，《海洋灾害应急预案》发布，要求切实履行海洋灾害防御职责，加强海洋灾害应对管理，最大限度减轻海洋灾害造成的人员伤亡和财产损失，有效推动了海洋灾害保险市场的进一步成熟。

表4-6　特色海上保险政策

年份	政策名称	发文字号
2013	《国务院关于印发全国海洋经济发展"十二五"规划的通知》	国发〔2012〕50号
2013	《国务院关于促进海洋渔业持续健康发展的若干意见》	国发〔2013〕11号
2018	《人民银行 海洋局 发展改革委 工业和信息化部 财政部 银监会 证监会 保监会关于改进和加强海洋经济发展金融服务的指导意见》	银发〔2018〕7号
2018	《国家发展改革委 国家海洋局关于印发全国海洋经济发展"十三五"规划（公开版）的通知》	发改地区〔2017〕861号
2020	《交通运输部 发展改革委 工业和信息化部 财政部 商务部 海关总署 税务总局关于大力推进海运业高质量发展的指导意见》	交水发〔2020〕18号
2020	《交通运输部关于推进海事服务粤港澳大湾区发展的意见》	交海发〔2020〕57号
2021	《关于印发〈自然灾害综合风险水路承灾体普查技术指南〉〈自然灾害综合风险水路承灾体普查数据与成果质检核查技术规则〉的通知》	交办水函〔2021〕799号
2022	《自然资源部办公厅关于印发海洋灾害应急预案的通知》	自然资办函〔2022〕1825号

4.2.3 沿海地区典型案例

4.2.3.1 山东省

山东省关于海上特色保险政策（表4-7），重点是开发具有区域特色的海洋保险产品，主要在海洋巨灾保险方面进行了有效尝试和探索。

山东省创新发展具有威海特色的海洋保险产品，全面推广安全生产责任保险；完善和拓展农业保险政策，开展种植业、养殖业、林业等保险险种；逐步建立农业巨灾风险分担机制和风险准备金制度。2018年，中共山东省委、山东省人民政府印发《大力推进全域旅游高质量发展实施方案》，旨在进一步推进实施新旧动能转换重大工程，积极创建国家全域旅游示范省，并着重提出，培育海洋旅游聚集带，发展特色海洋保险产品，助力经略海洋战略。2022年，中共山东省委和山东省人民政府印发《海洋强省建设行动计划》，支持保险机构创新航运、渔业、海洋科技等领域险种的研发和推广。2023年，《中国（山东）自由贸易试验区深化改革创新方案》发布，提出加快发展现代海洋服务业，创新开发水产苗种、巨灾防范、海产价格等保险品种。

表4-7　山东省的特色海上保险政策

年份	政策名称	发文字号
2016	《山东省"十三五"海洋经济发展规划》	/
2017	《山东省人民政府关于印发山东省海洋主体功能区规划的通知》	鲁政发〔2017〕22号
2018	《大力推进全域旅游高质量发展实施方案》	/
2020	《关于促进海洋渔业高质量发展的意见》	鲁海发〔2020〕2号
2022	《海洋强省建设行动计划》	/
2023	《山东省人民政府关于印发〈中国（山东）自由贸易试验区 深化改革创新方案〉的通知》	鲁政字〔2023〕11号

4.2.3.2 福建省

福建省海上特色保险政策（表4-8）聚焦特色保险产品开发，通过发展海上特色保险，助力滨海特色旅游建设。

福建省充分利用滨海的区域优势，加快发展海洋经济，拓展国民经济新的发展空间，加快经济和社会全面发展，建设海峡西岸繁荣带。2002年，《福建省人民政府关于加强海洋经济工作的若干意见》提出，积极拓展滨海旅游业，依托沿海城市和滨海旅游胜地，合理规划、利用、开发和保护滨海自然及人文旅游资源，突出滨海特色旅游建设和特色保险产品开发。截至2018年，福建省海洋产业中小企业贷款保证保险共为13家次企业提供融资增信合计3210万元；海产品"仓单质押"保险融资项目已为海产品养殖户提供直接融资3385万元。2022年，《福建省海洋与渔业局关于推动海洋与渔业高质量发展实现2022年一季度"开门红"十一条措施的通知》提出，要扩大台风指数、赤潮指数保险覆盖面。

表4-8 福建省的特色海上保险政策

年份	政策名称	发文字号
2002	《福建省人民政府关于加强海洋经济工作的若干意见》	闽政文〔2002〕114号
2015	《福建省人民政府办公厅关于2015年全省海洋经济工作要点的通知》	闽政办〔2015〕38号
2016	《福建省人民政府办公厅关于印发2016年全省海洋经济工作要点的通知》	闽政办〔2016〕86号
2016	《关于印发福建省"十三五"海洋经济发展专项规划的通知》	闽政办〔2016〕80号
2022	《福建省海洋与渔业局关于推动海洋与渔业高质量发展实现2022年一季度"开门红"十一条措施的通知》	闽海渔〔2022〕1号

4.2.3.3 江苏省

江苏省利用海上特色保险政策（表4-9），积极构建符合地方实际的特色产业体系。

截至2015年，江苏省涉海类园区超过30个，形成三个特色鲜明的区域带，其沿海北部侧重发展港口物流、海洋渔业等产业；沿海中部重点做大做强海洋生物、海水淡化等产业；沿海南部和沿江重点打造船舶与装备产业。2016年，《中共江苏省委 江苏省人民政府关于新一轮支持沿海发展的若干意见》发布，鼓励拓展社会资本在交通领域的投资，保险和各类融资性担保机构积极提供信用支持，助力构建符合地方实际特色产业体系。2017年，《江苏省"十三五"海洋经济发展规划》发布，提出要创新海洋特色金融发展机制，发展船舶融资租赁、航运保险等非银行金融产品，开发服务海洋经济发展的金融特色保险产品。2021年，《江苏省"十四五"金融发展规划》《江苏省"十四五"文化和旅游发展规划》均指出，将保险纳入灾害事故防范救助体系，探索建立巨灾保险制度，提升企业和居民运用商业保险应对灾害事故风险的意识。2023年，《江苏省工业领域及重点行业碳达峰实施方案》发布，要求完善绿色金融体系，加大金融政策与产业政策的协调配合力度，推动利用绿色信贷、绿色基金、绿色债券、绿色保险等金融工具加快制造业企业绿色低碳改造。海洋产业是绿色产业体系的重要组成部分，该方案将促进江苏省海洋保险行业的进一步发展。

表4-9 江苏省的特色海上保险政策

年份	政策名称	发文字号
2007	《关于印发〈江苏省"十一五"海洋经济发展专项规划〉的通知》	苏发改区域发〔2007〕1259号
2011	《省政府办公厅关于印发江苏省"十二五"海洋经济发展规划的通知》	苏政办发〔2011〕94号
2016	《中共江苏省委 江苏省人民政府关于新一轮支持沿海发展的若干意见》	苏发〔2016〕28号
2017	《省政府办公厅关于印发江苏省"十三五"海洋经济发展规划的通知》	苏政办发〔2017〕16号
2019	《江苏省海洋经济促进条例》	江苏省人大常委会公告（第17号）
2021	《省政府办公厅关于江苏省"十四五"金融发展规划的通知》	苏政办发〔2021〕60号
2021	《省政府办公厅关于印发江苏省"十四五"文化和旅游发展规划的通知》	苏政办发〔2021〕88号
2023	《关于印发〈江苏省工业领域及重点行业碳达峰实施方案〉的通知》	苏工信节能〔2023〕16号

4.2.3.4 海南省

海南省利用海上特色保险政策（表4-10）促进金融改革创新发展，建立多层次金融服务体系。

2015年，《海南省人民政府关于加快发展现代金融服务业的若干意见》发布，鼓励有条件的市县在正式实施的15个险种基础上探索开展水产养殖等创新农业险种，并明确到2020年扩展到20个以上的发展目标；探索建立具有海南特色的农业保险大灾风险分散机制，完善巨灾风险准备金制度。此外，在充分借鉴国内外水产养殖保险经验的基础上，海南省水产养殖保险示范项目试点方案具有多个创新。海南省水产养殖保险示范项目试点方案设计符合海南省情，有效规避了各类风险，提出了水产养殖保险的理想经营模式。2018年，《2018年海南省巨灾保险试点实施方案》发布，明确规定了巨灾保险的保障范围，包括台风、海啸、强热带风暴、龙卷风、暴雨、洪水、水库溃坝等及其引起的次生灾害，对由此造成的居民人身伤亡抚恤、家庭财产及巨灾期间抢险救灾人员人身伤亡抚恤费用予以保障。

表4-10　海南省的特色海上保险政策

年份	政策名称	发文字号
2005	《海南省人民政府关于印发海南省海洋经济发展规划的通知》	琼府〔2005〕39号
2009	《海南省"十二五"海洋经济发展规划》	/
2013	《省委省政府关于加快建设海洋强省的决定》	/
2015	《海南省人民政府关于加快发展现代金融服务业的若干意见》	琼府〔2015〕92号
2018	《海南省财政厅关于印发2018年海南省巨灾保险试点实施方案的通知》	琼财债〔2018〕1920号

4.3　新兴海洋保险政策

　　海洋经济是典型的高投入、高风险产业，随着我国海洋经济的快速发展，海洋灾害等各类海洋风险带来的不确定性对海洋经济发展的影响日益凸显。如何有效化解风险，成为我国海洋经济蓬勃发展的关键。海洋保险并非一种特定的险种，海洋保险产业的状况与海洋经济的发展息息相关，一定规模的海洋经济是海洋保险存在的基础，积极推动海洋保险创新，有利于海洋经济的进一步拓展。目前，新兴海洋保险主要包括海洋环境保险、出口信用保险等多个方面。

　　本节将从海洋环境保险和出口信用保险适用以及覆盖范围等方面，分别对新兴海洋保险政策的相关政策工具（表4-11）进行梳理和讨论。

4.3.1　海洋环境保险

　　政策重点：海洋环境保险是为打造碧海蓝天、生态文明、陆海协调、人民富裕、社会和谐的新家园，推进形成海洋主体功能区，科学合理地开发海洋国土空间而设定的一种保险制度。海洋环境保险政策旨在平衡经济收益和受污染的海洋环境，合理开发海洋环境保险产品，以促进海洋经济协调稳定发展。

　　典型政策：2018年，《人民银行 海洋局 发展改革委 工业和信息化部 财政部 银监会 证监会 保监会关于改进和加强海洋经济发展金融服务的指导意见》提出，要加快发展海洋环境责任险等特色保险在海洋领域的覆盖范围。该项政策重点强调要加强政府、企业、金融机构对涉海企业经营信息和风险信息的共享，搭建海洋产业投融资公共服务平台。2018年的《国家海洋局 中国农业发展银行关于农业政策性金融促进海洋经济发展的实施意见》和2021年的《中华人民共和国船舶及其有关作业活动污染海洋环境防治管理规定》均提出，支持海洋渔业资源增殖、养护和修复，有效推动海洋环境保险的发展，为海洋环境整治、岸线整治修复等海洋生态修复工程提供有效的支持。这两项政策重点突出了海洋环境保护以及海洋污染整治在后期政策实施中的重要地位，为海洋环境保险的发展以及相关新兴保险产品的建立提供了政策支撑。2021年，交通运输部出台《中华人民共和国船舶油污损害民事责任保险实施办法》，进一步完善船舶污染事故损害赔偿机制，有利于船舶油污损害民事责任保险制度的建立和发展。2022年，《交通运输部关于修改〈中华人民共和国防治船舶污染内河水域环境管理规定〉的决定》对船舶污染损害保险作出相关规定：通过内河运输危险化学品的船舶，其所有人或者经营人应当投保船舶污染损害责任保险或者取得财务担保；通过内河运输危险化学品的中国籍船舶的所有人或者经营人，应当向在我国境内依法成立的商业性保险机构和互助性保险机构投保船舶污染损害责任保险。

4.3.2　出口信用保险

政策重点：出口信用保险是对出口商在经营出口业务的过程中因进口商的商业风险或进口国的政治风险而遭受的损失承保的一种信用保险。这是为推动本国的出口贸易、保障出口企业的收汇安全而制定的一项由国家财政提供保险准备金的非营利性的政策性保险业务。

典型政策：2013年3月，《国务院关于促进海洋渔业持续健康发展的若干意见》强调，加强航运金融服务创新以及出口信用保险等新兴海洋保险产品体系的构建。沿海地区的涉海企业，尤其是参与对外出口和贸易的企业，应该积极参与出口信用保险产品业务的发展，以及相关保险产品制度的构建。2020年，《农村农业部办公厅 中国银保监会办公厅关于推进渔业互助保险系统体制改革有关工作的通知》强调，地方政府和渔业主管部门应该做好渔业经济对外谈业务以及经营业务的管理工作和风险控制，加强航运保险、出口信用等新兴保险产品的发展，推广出口信用保险在海洋领域的覆盖范围。2022年，《商务部 中国出口信用保险公司关于加大出口信用保险支持 做好跨周期调节进一步稳外贸的工作通知》要求，中信保公司各营业机构要为海运物流企业等提供多元化产品和服务，发挥好中长期出口信用保险作用，助力共建"一带一路"高质量发展。

表4-11　新兴海洋保险政策

年份	政策名称	发文字号
2003	《国务院关于印发全国海洋经济发展规划纲要的通知》	国发〔2003〕13号
2011	《国家发展改革委关于印发浙江海洋经济发展示范区规划的通知》	发改地区〔2011〕500号
2013	《国务院关于促进海洋渔业持续健康发展的若干意见》	国发〔2013〕11号
2018	《人民银行 海洋局 发展改革委 工业和信息化部 财政部 银监会 证监会 保监会关于改进和加强海洋经济发展金融服务的指导意见》	银发〔2018〕7号
2018	《国家海洋局 中国农业发展银行关于农业政策性金融促进海洋经济发展的实施意见》	国海规字〔2018〕45号
2020	《农业农村部办公厅 中国银保监会办公厅关于推进渔业互助保险系统体制改革有关工作的通知》	农办渔〔2020〕16号
2021	《中华人民共和国船舶油污损害民事责任保险实施办法》	交通运输部令2010年第3号
2021	《中华人民共和国船舶及其有关作业活动污染海洋环境防治管理规定》	交通运输部令2010年第7号
2022	《商务部 中国出口信用保险公司关于加大出口信用保险支持 做好跨周期调节进一步稳外贸的工作通知》	商财函〔2022〕54号
2022	《中华人民共和国防治船舶污染内河水域环境管理规定》	交通运输部令2022年第26号

4.3.3　沿海地区典型案例

4.3.3.1　山东省

山东省新兴海洋保险政策（表4-12）以推动海洋环境保险发展、健全资源循环利用体系为重点，有效尝试和探索了海洋灾害指数保险。

2011年，山东省人民政府发布《山东半岛蓝色经济区发展规划》，指出加强海域的综合整治、生态修复与生态保护取得明显成效，近岸海域海水环境质量总体状况好转，初步形成了覆盖全省沿海的海洋环境监测预报网络；强调进一步完善海洋产业总体布局，加快培育战略性海洋新兴产业，构筑现代海洋产业体系。该规划的发布推动了海洋环境保险产品的发展以及涉海企业的环境整治。2018年，山东省人民政府发布《山东海洋强省建设行动方案》，坚持绿色、低碳、循环发展，统筹实施海洋生态修复、海洋岸线恢复、海洋环境整治和海洋生物资源养护等工程，创新发展海洋生态经济，形成节约资源和保护海洋环境的产业结构和生产生活方式，为推动山东的海洋保险产品发展提供了政策依据和背景。2021年，《山东省"十四五"海洋经济发展规划》指出，要着力维护绿色可持续的海洋生态环境，加强海洋生态保护修复，建立健全海洋生态补偿政策，大力发展海洋循环经济，为海洋环境保险的发展以及相关新兴保险产品的建立提供政策支撑。2022年，山东省财政厅等部门联合下发《关于公布2022年山东省政策性农业保险首创险种名单的通知》，太平财险有限公司烟台中心支公司申报的"海水养殖海洋碳汇指数保险"荣获首创险种认定。

表4-12　山东省的新兴海洋保险政策

年份	政策名称	发文字号
2011	《国家发展改革委关于印发〈山东半岛蓝色经济区发展规划〉的通知》	发改地区〔2011〕49号
2017	《山东省人民政府关于印发山东省海洋主体功能区规划的通知》	鲁政发〔2017〕22号
2018	《大力推进全域旅游高质量发展实施方案》	鲁发〔2018〕40号
2018	《山东海洋强省建设行动方案》	鲁发〔2018〕21号
2020	《关于促进海洋渔业高质量发展的意见》	鲁海发〔2020〕2号
2021	《山东省人民政府办公厅关于印发山东省"十四五"海洋经济发展规划的通知》	鲁政办字〔2021〕120号
2022	《山东省财政厅 山东省自然资源厅 山东省农业农村厅关于公布2022年山东省政策性农业保险首创险种名单的通知》	鲁财金〔2022〕34号

4.3.3.2　福建省

福建省的新兴海洋保险政策（表4-13）以积极推动海洋环境保险发展、海洋生态环境保护和海洋生态科研为重点。

2016年，《福建省"十三五"海洋经济发展专项规划》指出，要加强海域海岛海岸带整治修复，顺利实施一批"碧海银滩"重点工程。该项政策的实施使得涉海企业对生态环境的关注度加强，为海洋环境保险的有效实施提供了政策背景。同年，《2016年全省海洋经济工作要点》指出，要编制完成"十三五"海洋环境保护规划，实施海洋生态红线制度，落实海洋生态红线管控措施；同时，加大对破坏海域使用秩序、海洋环境、海岛生态的打击力度，打击违法开采海砂行为，保障海洋经济健康发展，相关政策的实施有助于推动相关涉海企业的环境关注，以及海洋环境保险创新产品的发展。2019年，福建海事局印发《福建海事局船舶修造水上安全与防污染管理办法（试行）》，对船舶修造企业水上安全与防污染责任等内容进行规定和明确。2021年，福建省人民政府办公厅印发《福建省"十四五"海洋强省建设专项规划》，提出争取到2025年建成海洋强省，并在经济发展科技创新、基础设施、生态环境、对外开放、社会民生等领域提出具体量化指标，为海洋环境保险的发展以及相关新兴保险产品的建立提供了政策支撑。2022年，福建省教育厅等九部门联合发布《关于实施高等教育服务"四大经济"高质量发展行动 建设政产学研用金联盟的通知》，要求围绕福建省海洋经济发展重点领域、重点产业和重点方向，支持高校整合资源、集中力量争创更多涉海重大研发平台，重点支持依托厦门大学建设海洋领域省创新实验室，支持厦门大学近海海洋环境科学国家重点实验室等，为海洋保险的科学发展提供了理论指导。

表4-13　福建省的新兴海洋保险政策

年份	政策名称	发文字号
2002	《福建省人民政府关于加强海洋经济工作的若干意见》	闽政文〔2002〕114号
2015	《福建省人民政府办公厅关于2015年全省海洋经济工作要点的通知》	闽政办〔2015〕38号
2016	《福建省人民政府办公厅关于印发福建省"十三五"海洋经济发展专项规划的通知》	闽政办〔2016〕80号
2016	《福建省人民政府办公厅关于印发2016年全省海洋经济工作要点的通知》	闽政办〔2016〕86号
2019	《福建海事局关于发布〈福建海事局船舶修造水上安全与防污染管理办法（试行）〉的通告》	中华人民共和国福建海事局通告2019年第5号
2021	《福建省人民政府办公厅关于印发福建省"十四五"海洋强省建设专项规划的通知》	闽政办〔2021〕62号

年份	政策名称	发文字号
2022	《福建省教育厅等九部门关于实施高等教育服务"四大经济"高质量发展行动 建设政产学研用金联盟的通知》	闽教科〔2022〕18号

4.3.3.3 江苏省

江苏省的新兴海洋保险政策（表4-14）旨在发展出口信用保险以及巩固提升海洋贸易投资竞争优势。

2017年，《江苏省"十三五"海洋经济发展规划》发布，要求支持有条件的涉海企业并购境内外相关企业、研发机构和营销网络，积极发展海洋出口保险产品，推动涉海企业深度参与全球海洋产业价值链分工与合作。2020年，《江苏省商务厅中国出口信用保险公司江苏分公司关于加大对防控疫情和稳定发展相关领域信保支持力度的通知》中指出，对已投保出口信用保险并产生风险的外经贸企业，可通过信保通、邮件等无纸化方式报损或索赔，并优化相关的赔付流程，以便尽快开展相应的追偿及理赔工作。2021年，《江苏省"十四五"金融发展规划》和《江苏省"十四五"贸易高质量发展规划》均提出，鼓励保险机构充分发挥江苏企业"走出去"信用保险统保平台和全省小微企业出口信用保险统保平台作用，进一步扩大出口信用保险覆盖面。2022年，《关于做好跨周期调节进一步稳外贸若干措施》《关于推动外贸保稳提质若干措施》《江苏省推进数字贸易加快发展若干措施》均要求，扩大出口信用保险承保规模和政策性出口信用保险覆盖面，探索数字贸易出口信用保险新模式。2023年，《关于推动经济运行率先整体好转若干政策措施》出台，要充分发挥出口信用保险的跨周期逆周期调节作用，推动出口信用保险持续扩面降费，进一步扩大承保规模和覆盖面，降低短期险费率和资信费用；优化出口信保承保和理赔条件，对资金周转确有困难的企业，实行保费分期缴纳的便利措施。

表4-14 江苏省的新兴海洋保险政策

年份	政策名称	发文字号
2007	《关于印发〈江苏省"十一五"海洋经济发展专项规划〉的通知》	苏发改区域发〔2007〕1259号
2011	《省政府办公厅关于印发江苏省"十二五"海洋经济发展规划的通知》	苏政办发〔2011〕94号

年份	政策名称	发文字号
2017	《省政府办公厅关于印发江苏省"十三五"海洋经济发展规划的通知》	苏政办发〔2017〕16号
2019	《江苏省海洋经济促进条例》	江苏省人大常委会公告（第17号）
2020	《江苏省商务厅 中国出口信用保险公司江苏分公司关于加大对防控疫情和稳定发展相关领域信保支持力度的通知》	苏商财〔2020〕42号
2021	《省政府办公厅关于印发江苏省"十四五"金融发展规划的通知》	苏政办发〔2021〕60号
2021	《省政府办公厅关于印发江苏省"十四五"贸易高质量发展规划的通知》	苏政办发〔2021〕57号
2022	《省政府办公厅印发关于做好跨周期调节进一步稳外贸若干措施的通知》	苏政办发〔2022〕20号
2022	《省政府办公厅印发关于推动外贸保稳提质若干措施的通知》	苏政办发〔2022〕55号
2022	《省政府办公厅关于印发江苏省推进数字贸易加快发展若干措施的通知》	苏政办发〔2022〕69号
2023	《省政府印发关于推动经济运行率先整体好转若干政策措施的通知》	苏政规〔2023〕1号

4.3.3.4 海南省

海南省拓展新兴海洋保险政策（表4-15），积极推动出口信用保险、海洋交通运输业和海洋生态资源保护的发展。

2013年，《海南省人民政府办公厅关于金融支持海洋经济发展的指导意见》发布，要求推动各银行业金融机构、各级政府积极开展海域使用权抵押贷款业务，加大对滩涂、海水养殖、临港工业等拥有海域使用权的海洋产业的融资支持，助力海洋出口保险产品的发展。2019年，为服务海南外贸企业"走出去"，引导出口企业更好地使用出口信用保险与出口信贷等政策性金融工具，海南省商务厅与中国进出口银行海南省分行共同举办"出口信用保险和出口信贷政策介绍会"，介绍进出口银行在支持对外贸易、跨境投资、对外合作与对外开放四大领域的特色信贷与贸易金融产品，引导参会企业采用出口保险等金融产品应对进出口贸易交易中的风险问题。2020年，海南省人民代表大会常务委员会印发《海南省生态保护补偿条例》，

2021年，海南省自然资源和规划厅印发《海南省海洋经济发展"十四五"规划》，均指出要完善海洋生态保护补偿制度，形成奖优罚劣的海洋生态效益补偿机制、损害赔偿和责任追究机制，为海洋环境保险的发展以及相关新兴保险产品的建立提供了政策支撑。

表4-15 海南省的新兴海洋保险政策

年份	政策名称	发文字号
2006	《海南省人民政府关于印发海南省海洋经济发展规划的通知》	琼府〔2005〕39号
2009	《海南省"十二五"海洋经济发展规划》	/
2013	《省委省政府关于加快建设海洋强省的决定》	/
2013	《海南省人民政府办公厅关于金融支持海洋经济发展的指导意见》	琼府办〔2013〕22号
2018	《海南省海洋与渔业厅印发〈关于促进水产养殖业绿色发展的指导意见〉的函》	琼海渔函〔2018〕32号
2020	《海南省生态保护补偿条例》	海南省人民代表大会常务委员会公告第71号
2021	《海南省海洋经济发展"十四五"规划（2021—2025年）》	/

---• 本章小结 •---

本章系统地梳理了传统海上保险、特色海上保险、新兴海洋保险政策等涉海保险政策实施情况。在传统海上保险方面，国家层面侧重于渔业保险的风险保障机制建设和航运保险的国际化发展等，地方层面侧重于政策性渔业保险完善、渔业全行业风险保障体系覆盖、涉海融资保险结构改善以及航运服务聚集区打造等。在特色海上保险方面，国家层面侧重于旅游特色保险覆盖范围延伸和巨灾保险模式创新等，地方层面侧重于区域特色海洋保险产品开发、特色产业体系构建、多层金融服务体系搭建等。在新兴海洋保险方面，国家层面侧重于海洋环境保险、出口信用保险的开发以及涉海覆盖范围拓展等，地方层面侧重于海洋灾害指数保险开发、海洋生态资源保护、海洋贸易投资竞争优势提升等。

【知识进阶】

1. 试举例涉海保险政策工具。

2. 与其他传统财产保险相比,说一说涉海保险有哪些创新之处,并列举自己熟知的涉海保险险种。

3. 请思考涉海保险政策的未来发展方向是什么。

5　涉海关税及外商投资政策

知识导入：改革开放特别是党的十三届四中全会以来，由于国内海洋经济发展的需要，国务院、财政部、自然资源部及地方有关部门从整体战略角度出台了一系列关税和涉海外商投资政策，大力支持海洋经济发展和结构转型，坚定不移地引进外商投资，助力我国海洋产业发展。其中，以关税税率设置与调整、关税税收减免等为核心的关税政策形成了海洋经济发展的重要支撑。此外，我国在大力促进涉海外商投资的同时，不断加大对涉海外商投资的管理，以高质量、高效率地引进和利用涉海外资。这些政策对实现涉海资源优化配置、提升海洋经济质量、维护国家的主权和经济利益起了重要作用。本章从涉海关税设置、涉海关税减免、涉海外商投资促进、涉海外商投资管理四方面，分别对涉海关税及外商投资政策的相关政策工具进行梳理和讨论。

5.1　涉海关税设置政策

进口关税是一个国家的海关对进口货物和物品征收的关税。如今，多数国家已经不使用过境关税，出口税也很少使用，因而通常所称的关税主要指进口关税。我国针对不同的海洋产业和涉海商品设置了不同的关税种类，目前实行的关税设置政策主要包含普通关税、最惠国待遇关税、协定关税、暂定关税、特惠关税等条目。

本节将从最惠国待遇关税、协定关税、暂定关税、特惠关税等方面，分别对涉海关税设置政策（表5-1）进行梳理和讨论。

5.1.1　最惠国待遇关税

政策重点：最惠国待遇是指缔约国双方相互之间给予的不低于现在和将来所给予任何第三国在贸易上的优惠、豁免和特权，体现在关税上，即为最惠国待遇关税。在贸易中，最惠国税率通常比普通税率低，但高于特惠关税税率。我国对于涉海贸易的最惠国待遇关税主要涉及活、鲜、冷的虾、蟹等海产品。

典型政策：2018年，国务院关税税则委员会发布《国务院关税税则委员会关于降低部分商品进口关税的公告》，将淡水观赏活鱼、其他观赏活鱼的最惠国税率从17.5%下调为10%，将活鲤科鱼、活大西洋蓝鳍金枪鱼、活罗非鱼等最惠国税率从

10.5%下调为7%。2021年，国务院关税税则委员会颁布《2022年关税调整方案》，根据税则转版和税目调整情况，对最惠国税率进行调整。其中，对鲜、冷的鳟鱼、大麻哈鱼、大西洋鲑鱼等实施10%的最惠国税率，对梭子蟹等蟹类产品实施7%的最惠国税率。对这些海产品征收最惠国税率，有利于降低海洋渔业的经营与贸易成本。2022年，国务院关税税则委员会颁布《2023年关税调整方案》和《中华人民共和国进出口税则（2023）》，规定涉海产品最惠国税率基本维持不变，共同适用最惠国待遇条款的世界贸易组织成员162个，与中华人民共和国签订含有相互给予最惠国待遇条款的双边贸易协定的国家或者地区34个。

5.1.2 暂定关税

政策重点：暂定关税是在海关进出口税则规定的进口优惠税率和出口税率的基础上，对进口的某些重要工农业生产原材料和机电产品关键部件以及出口的部分资源性产品实施的更为优惠的关税税率。这种税率一般按照年度制定，并且随时可以根据需要恢复，按照法定税率征收。我国对于涉海贸易的暂定关税主要涉及部分冷冻海产品、海洋科考仪器和设备、海底矿物提取物、船舶压载水设备等方面。

典型政策：2021年，国务院关税税则委员会颁布《2022年关税调整方案》，对954项商品（不含关税配额商品）实施进口暂定税率。其中，涉海商品包括部分冷冻海产品、海洋科考仪器和设备、海底矿物提取物、船舶压载水设备等。比如，对冷冻的黄鳍、蓝鳍金枪鱼等冰鲜执行6%的暂定税率；对部分富含多种金属元素的海底矿物不征收关税；对船舶压载水处理设备用的过滤器执行2%的暂定税率。2022年，国务院关税税则委员会再次根据实际情况进行调整，颁布《2023年关税调整方案》和《中华人民共和国进出口税则（2023）》，增加66项商品（不含关税配额商品）实施进口暂定税率，其中包括冻蓝鳕鱼等涉海产品。

5.1.3 协定关税

政策重点：协定关税是指两个或两个以上的国家之间，通过缔结关税贸易协定而制定的关税税则。协定关税主要有两种类型：一种是自主协定关税，即通过协议，在自愿对等的基础上相互给予对方某种优惠待遇的关税税率；另一种是片面协定关税，即一国在另一国胁迫下签订协议，片面给予优惠待遇的关税税率。我国对于涉海贸易的协定关税主要涉及亚太协定、东盟协定以及区域全面经济伙伴关系协定中的部分海产品、海洋科考设备、船舶装备等方面。

典型政策：根据《区域全面经济伙伴关系协定》，我国对原产于日本、新西兰、澳大利亚、文莱、柬埔寨、老挝、新加坡、泰国、越南9个已生效缔约方的部分进口货物实施协定税率。其中，涉海商品主要有部分海产品、海洋科考设备、船舶装备等。根据《亚太贸易协定》，我国对各缔约国征收较低的协定关税，如对活鳟鱼征收7.6%的协定关税；对船用汽轮机征收3.5%的协定关税；根据《中国—东盟全面经济合作框架协议》，我国对东盟协定各缔约国不征收船用汽轮机关税。2022年，国务院关税税则委员会颁布《中华人民共和国进出口税则（2023）》，进一步指出，根据《区域全面经济伙伴关系协定》（RCEP）及相关协议，原产于印度尼西亚共和国的部分进口货物适用RCEP协定税率的起始时间为2023年1月2日。

5.1.4　特惠关税

政策重点：特惠关税是指进口国对从特定的国家或地区进口的全部或部分商品，给予特别优惠的低税或减免税待遇。特惠税税率一般低于最惠国税率和协定税率，包括互相惠予和单方惠予（非互惠）两种形式。我国涉海产品进口关税特惠税率政策主要集中在优惠贸易协定下针对海洋生产工具和海产品的特惠税率。

典型政策：2018年，国务院关税税则委员会关于实施《〈亚洲－太平洋贸易协定〉第二修正案》协定税率的通知中规定，自2018年7月1日起，对原产于孟加拉国、印度、老挝、韩国、斯里兰卡的进口货物适用《〈亚洲－太平洋贸易协定〉第二修正案》协定税率，其中对钻探石油及天然气用的套管及导管、船舶用点燃式发动机专用零件、其他船舶发动机专用零件、船用洗舱机、装船机、抓斗式卸船机和船舶用传动轴等可以用于海洋油气业和海洋船舶工业的商品采用特惠税率。2021年，国务院关税税则委员会颁布《2022年关税调整方案》，对与我国建交并完成换文手续的安哥拉共和国等44个最不发达国家实施特惠税率，涉海商品包括海产品、船舶制造、海洋科考。其中，海产品如冷冻的黄鳍、蓝鳍金枪鱼等特惠税率为0；船舶推进器及桨叶等船舶制造设备特惠税率为0。2022年颁布的《2023年关税调整方案》，继续给予44个与我国建交并完成换文手续的最不发达国家零关税待遇，实施特惠税率，适用商品范围和税率维持不变。同年颁布的《中华人民共和国进出口税则（2023）》延续上年准则，即根据《亚洲－太平洋贸易协定》及相关协议，原产于孟加拉人民共和国、老挝人民民主共和国的部分进口货物，适用特惠税率。

表5-1　涉海关税设置政策

年份	政策名称	发文字号
2001	《亚太贸易协定》	/
2002	《中国—东盟全面经济合作框架协议》	/

年份	政策名称	发文字号
2017	《亚太贸易协定第二修正案》	/
2020	《区域全面经济伙伴关系协定》	/
2018	《国务院关税税则委员会关于实施〈《亚洲−太平洋贸易协定》第二修正案〉协定税率的通知》	税委会〔2018〕27号
2018	《国务院关税税则委员会关于降低部分商品进口关税的公告》	税委会公告〔2018〕9号
2020	《国务院关税税则委员会关于发布〈中华人民共和国进出口税则（2021）〉的公告》	税委会公告〔2020〕11号
2021	《国务院关税税则委员会关于2022年关税调整方案的通知》	税委会〔2021〕18号
2022	《稳外贸稳外资税收政策指引》	国家税务总局2022年
2022	《国务院关税税则委员会关于2023年关税调整方案的公告》	税委会〔2022〕11号
2022	《国务院关税税则委员会关于发布〈中华人民共和国进出口税则（2023）〉的公告》	税委会〔2022〕12号

5.1.5 沿海地区典型案例

5.1.5.1 山东省

山东省的涉海关税政策（表5−2）主要是水产品等方面的协定关税政策。

2017年，《山东省人民政府办公厅关于进一步加强贸易政策合规工作的通知》发布，将关税、出口税、出口退税、税收优惠等政策措施作为推动贸易发展的重要因素，明确了包括涉海进出口关税在内的关税政策的重要地位。2020年，《山东省进一步促进外贸稳定增长政策措施》出台，提出扩大肉类、冰鲜水产品等一般消费品进口，落实进口协定关税政策，打造东北亚水产品加工及贸易中心。2021年，为抢抓机遇，深化与《区域全面经济伙伴关系协定》（RCEP）缔约方的经贸合作，山东省人民政府印发《落实〈区域全面经济伙伴关系协定〉先期行动计划》，指出要着力拓展对日合作，指导农产品出口企业和生产基地用好中日关税减让承诺，促进冻鱼片、虾蟹等水海产品以及其他农产品按协定关税对日出口，巩固农产品出口领先地位。2022年，山东省商务厅颁布《关于帮扶省内进出口企业进一步用好RCEP相关优惠措施的提案》，指出将积极打造陆海联动、东西互济资源对接交易平台，推动建设RCEP经贸合作示范基地，以助力企业应用RCEP规则。

表5-2 山东省的涉海关税设置政策

年份	政策名称	发文字号
2014	《山东省人民政府办公厅关于贯彻国办发〔2014〕19号文件做好外贸稳定增长工作的实施意见》	鲁政办发〔2014〕23号
2017	《山东省人民政府办公厅关于进一步加强贸易政策合规工作的通知》	鲁政办发〔2017〕54号
2020	《山东省人民政府办公厅关于印发山东省进一步促进外贸稳定增长政策措施的通知》	鲁政办字〔2020〕12号
2021	《山东省人民政府关于印发落实〈区域全面经济伙伴关系协定〉先期行动计划的通知》	鲁政字〔2021〕64号
2022	《关于帮扶省内进出口企业进一步用好RCEP相关优惠措施的提案》	山东省政协提案12050708号

5.1.5.2 浙江省

浙江省的涉海关税政策（表5-3）主要是根据我国签署的贸易协定，对船舶、海工装备等方面实行相应的关税政策。

2021年，《浙江省人民政府办公厅关于进一步深化企业减负担降成本改革的若干意见》提出，要落实进口税收政策，增加优质产品和服务进口。落实中国—东盟等19项优惠贸易协定及安排政策，包含对亚太贸易协定的国家执行协定关税、对最不发达国家特别优惠关税待遇，其中主要包含进口船舶、海工装备等高技术产品。同年，浙江省外贸工作领导小组办公室印发《浙江省落实区域全面经济伙伴关系协定三年行动计划（2022—2024）》，指出要促进RCEP区域内中间品交换与流动，加大对日本中间产品的进口和项目引进，以包含船舶制造、海洋工程等在内的机械设备等为重点，建立出口重点商品和企业清单，改善出口商品结构，加大市场开拓力度。

表5-3 浙江省的涉海关税设置政策

年份	政策名称	发文字号
2003	《浙江省人民政府办公厅转发省外经贸厅等部门关于进一步促进机电产品出口意见的通知》	浙政办发〔2003〕57号

年份	政策名称	发文字号
2012	《浙江省人民政府办公厅关于推进省属国有企业深化改革加快发展的意见》	浙政办发〔2012〕63号
2019	《浙江省人民政府办公厅关于印发浙江省企业减负降本政策（2019年第一批）的通知》	浙政办发〔2019〕25号
2021	《浙江省商务厅等四部门关于执行外资研发中心享受进口税收政策的通知》	浙商务联发〔2021〕161号
2021	《浙江省人民政府办公厅关于进一步深化企业减负担降成本改革的若干意见》	浙政办发〔2021〕37号
2022	《浙江省外贸工作领导小组办公室关于印发〈浙江省落实区域全面经济伙伴关系协定三年行动计划（2022—2024）〉的通知》	浙外贸组办〔2021〕4号

5.1.5.3 广东省

广东省的海洋经济涉海关税政策（表5-4）主要围绕在自贸区内实施的船舶关税政策，以及海洋生物制药、工程技术等领域。

2015年，《中国（广东）自由贸易试验区建设实施方案》公布，指出要充分利用现有中资"方便旗"船税收优惠政策，推动航运企业、船舶经纪、航运保险、海事仲裁等航运要素汇集，提升航运综合服务水平。2021年，广东省人民政府发布《广东省海洋经济发展"十四五"规划》，提出要充分利用《区域全面经济伙伴关系协定》（RCEP）等自由贸易协定优惠条款，落实关税减让政策，支持涉海企业在印尼、马来西亚等东盟国家建立一批以海水养殖、远洋渔业加工、新能源与可再生能源、海洋生物制药、海洋工程技术、环保产业和海洋旅游等领域为重点的海洋经济示范区。

表5-4　广东省的涉海关税设置政策

年份	政策名称	发文字号
2012	《转发国务院关于加强进口促进对外贸易平衡发展指导意见的通知》	粤府〔2012〕60号
2015	《广东省人民政府关于印发中国（广东）自由贸易试验区建设实施方案的通知》	粤府〔2015〕68号
2015	《广东省人民政府关于印发广东省加强和改进口岸工作支持 外贸发展实施方案的通知》	粤府函〔2015〕247号

年份	政策名称	发文字号
2018	《2018年广东省政府工作报告》	/
2020	《中共广东省委办公厅、广东省人民政府办公厅印发〈广东省深化营商环境综合改革行动方案〉》	/
2021	《广东省人民政府办公厅关于印发广东省海洋经济发展"十四五"规划的通知》	粤府办〔2021〕33号

5.2　涉海关税减免政策

　　涉海关税减免政策（表5-5）主要包括进口关税优惠和出口关税两方面。在进口关税方面，对涉海企业实施的进口关税优惠政策主要包括进口关税免征政策、低税率和零税率政策；在出口关税方面，除出口零关税和免征关税政策以外，还包括出口退税政策。本节将分别对进出口涉海货物零关税政策、免征关税政策、出口退税政策进行梳理和讨论。

5.2.1　进出口涉海货物零关税

　　政策重点：零关税政策是一种关税减让，即将关税税率降为零。我国涉海企业零关税政策主要是针对优惠贸易协定下海产品的零关税政策。

　　典型政策：在进口关税方面，2018年，国务院关税税则委员会公布《2019年进出口暂定税率等调整方案》，对自新西兰、澳大利亚、冰岛、秘鲁等国进口的海产品实施零关税，包括岩龙虾、三文鱼、金枪鱼、鲍鱼、银鳕鱼等。除此之外，我国还与澳大利亚签订中澳自贸协定，在此协定下，许多从澳大利亚进口的高级海鲜都享有零关税，如著名的岩龙虾、金枪鱼、南方蓝鳍金枪鱼、鲍鱼、银鳕鱼、海螯虾。2021年，国务院关税税则委员会发布《关于给予最不发达国家98%税目产品零关税待遇》公告，对原产于最不发达国家98%的税目产品，适用税率为零，其中包括很多从非洲进口的海产品。实施海产品进口零关税既为我国进口海产品降低了成本，也在一定程度上减缓了我国海洋资源的挖潜。2022年，国务院关税税则委员会颁布《中华人民共和国进出口税则（2023）》，将适用97%税目零关税特惠税率的国家从2022年的42个国家降为16个国家，其余26个国家调整为适用98%税目零关税特惠税率。

5.2.2 我国进出口涉海货物免征关税

政策重点：涉海货物免征关税实施的重点对象是海洋渔业和海洋油气业。对于这些产业发展需要用到的关键技术装备和部件，免征进出口关税和进出口环节增值税，以推动海洋经济结构调整和产业升级。

典型政策：在海洋渔业方面，2006年，财政部发布《关于"十一五"期间发展远洋渔业有关进口税收政策的通知》，对远洋渔业需要进口的船用关键设备和部件给予必要的税收优惠，并对少量带有入渔配额的二手远洋渔船及国内尚不能建造的特种渔船的进口给予一定关税优惠。在海洋油气业方面，2007年，财政部和海关总署发布《关于对中外合作开采海洋石油的外国合同者按合同规定所得原油出口税收政策进行调整的有关事项的公告》，规定对直接用于勘探、开发作业的机器、设备、备件、材料以及在国内制造海上石油开采所需的机器需要从外国进口的零部件和材料等免征关税。2020年，财政部等部门印发《重大技术装备进口税收政策管理办法》，规定对符合规定条件的重大技术装备或产品的部分关键零部件及原材料，免征关税和进口环节增值税，其中涉海装备包括大型海洋石油工程装备、海上浮动生产储油轮等大型高技术、高附加值船舶进口的关键零部件和原材料等。2022年，海关总署发布《关于执行〈鼓励外商投资产业目录（2022年版）〉有关事项的公告》，对符合规定的在投资总额内进口的自用设备以及按照合同随前述设备进口的技术和配套件、备件等实行免征关税，其中包括日产10万立方米及以上海水淡化及循环冷却技术和成套设备开发、制造等。此外，在细化性政策方面，2023年，财政部、海关总署和国家税务总局联合印发《关于2023年中国进出口商品交易会展期内销售的进口展品税收优惠政策的通知》，明确在满足相关要求的前提下，对2023年举办的中国进出口商品交易会在商务部确定的展期内销售的免税额度内的进口展品免征进口关税、进口环节增值税和消费税。

5.2.3 出口涉海货物退税

政策重点：出口退税是指海关将进口时多缴纳的税款退还给纳税人，我国涉海出口退税政策的重点是对对外销售和融资租赁海洋工程结构物实施进口退税。

典型政策：2012年，《财政部 国家税务总局关于出口货物劳务增值税和消费税政策的通知》规定，生产企业向海上石油天然气开采企业销售的自产的海洋工程结构物可以视同出口货物，实行免征和退还出口增值税的政策。2014年，财政部等部门发布《关于在全国开展融资租赁货物出口退税政策试点的通知》，进一步规定对融资租赁出租方购买的，并以融资租赁方式租赁给期限在5年（含）以上的海上石油天然气开采企业生产的海洋工程结构物，视同出口，试行增值税、消费税出口退税政策。2018年，财政部等部门发布《关于调整部分产品出口退税率的通知（2018）》，调整鲜或冷大西洋蓝鳍金枪鱼、鲜或冷太平洋蓝鳍金枪鱼等涉海产品退税率至10%。2020年，《关于提高部分产品出口退税率的公告》宣布，加大出口涉海货物退税优惠，提高改良种用鲸、海豚及鼠海豚等的出口退税率。2022年，税务总局等部门发布《关于进一步加大出口退税支持力度 促进外贸平稳发展的通知》，进一步利用出口退税优惠政策表明助力涉海企业出口、纾解企业困难的决心。

表5-5　涉海关税减免政策

年份	政策名称	发文字号
2006	《财政部关于"十一五"期间发展远洋渔业有关进口税收政策的通知》	财关税〔2006〕11号
2007	《关于对中外合作开采海洋石油的外国合同者按合同规定所得原油出口税收政策进行调整的有关事项的公告》	财政部、海关总署公告2007年第20号
2012	《财政部 国家税务总局关于出口货物劳务增值税和消费税政策的通知》	财税〔2012〕39号
2014	《关于在全国开展融资租赁货物出口退税政策试点的通知》	财税〔2014〕62号
2018	《国务院关税税则委员会关于2019年进出口暂定税率等调整方案的通知》	税委会〔2018〕65号
2020	《财政部 工业和信息化部 海关总署 税务总局 能源局关于印发〈重大技术装备进口税收政策管理办法〉的通知》	财关税〔2020〕2号
2018	《关于调整部分产品出口退税率的通知》	财税〔2018〕123号
2020	《关于提高部分产品出口退税率的公告》	财政部、税务总局公告2020年第15号
2021	《国务院关税税则委员会关于给予最不发达国家98%税目产品零关税待遇的公告》	税委会公告〔2021〕8号
2022	《关于执行〈鼓励外商投资产业目录（2022年版）〉有关事项的公告》	海关总署公告2022年第122号
2022	《税务总局等十部门关于进一步加大出口退税支持力度 促进外贸平稳发展的通知》	税总货劳发〔2022〕36号

续表

年份	政策名称	发文字号
2022	《国务院关税税则委员会关于发布〈中华人民共和国进出口税则（2023）〉的公告》	税委会公告2022年第12号
2023	《关于2023年中国进出口商品交易会展期内销售的进口展品税收优惠政策的通知》	财关税〔2023〕5号

5.2.4 沿海地区典型案例

5.2.4.1 福建省

福建省的涉海关税减免政策（表5-6）主要集中在对其自贸区涉海货物、海洋高新技术装备的关税优惠政策。

为贯彻落实《中国（福建）自由贸易试验区总体方案》中的相关政策，2015年，财政部、海关总署和国家税务总局发布《关于中国（福建）自由贸易试验区有关进口税收政策的通知》，规定对设在自贸试验区海关特殊监管区域内的企业生产、加工并经"二线"销往内地的涉海货物照章减征进口环节增值税、消费税；在严格执行货物进出口税收政策前提下，允许在自贸试验区海关特殊监管区域内设立保税展示交易平台。2020年，《重大技术装备进口税收政策管理办法实施细则》出台，规定对符合条件的重大技术装备进口的企业免征关税和进口环节增值税，其中就包括了水下遥控机器人、多波束测深系统、侧扫声呐等在内的海洋高新技术装备。

表5-6 福建省的涉海关税减免政策

年份	政策名称	发文字号
2015	《关于中国（福建）自由贸易试验区有关进口税收政策的通知》	财关税〔2015〕22号
2015	《福建省人民政府关于印发新一轮企业技术改造专项行动计划的通知》	闽政〔2015〕61号
2017	《福建省人民政府关于印发福建省"十三五"节能减排综合工作方案的通知》	闽政〔2017〕29号
2020	《关于贯彻实施〈重大技术装备进口税收政策管理办法实施细则〉的通知》	闽工信投资〔2020〕123号

5.2.4.2 山东省

山东省的涉海关税减免政策（表5-7）主要是涉海商品的保税、补偿、贴息等关税优惠政策。

2019年，国务院印发《中国（山东）自由贸易试验区总体方案》，明确山东自贸区可以享受与周边多个贸易伙伴的进口关税税收优惠政策，允许山东自贸试验区内注册企业开展不同税号下保税油品混兑调和，支持具备相关资质的船舶供油企业开展国际航行船舶保税油供应业务。2020年，《山东省人民政府印发关于支持八大发展战略的财政政策的通知》中要求，落实关税保证保险风险补偿和进口贴息政策，实施综合保税区增值税一般纳税人资格试点。这些政策为山东省精准实施八大发展战略，推进新时代海洋强省建设提供了关税上的支持。2021年，山东省人民政府发布《山东省优化营商环境创新突破行动实施方案》，积极落实符合《鼓励外商投资产业目录（2020年版）》条件的包含涉海企业在内的外商投资企业享受进口自用设备免征关税政策。2022年，《2022年"稳中求进"高质量发展政策清单（第二批）》明确提出，为支持海上光伏和海上风电等项目开发，对符合规定的进口大功率风力发电机组等关键零部件及原材料免征关税。

表5-7 山东省的涉海关税减免政策

年份	政策名称	发文字号
2019	《中国（山东）自由贸易试验区总体方案》	国发〔2019〕16号
2020	《山东省人民政府印发关于支持八大发展战略的财政政策的通知》	鲁政字〔2020〕221号
2020	《关于认真落实新型冠状病毒肺炎疫情防控有关税费政策的通知》	鲁财税〔2020〕3号
2021	《山东省人民政府关于印发山东省优化营商环境创新突破行动实施方案的通知》	鲁政发〔2021〕6号
2022	《山东省人民政府关于印发2022年"稳中求进"高质量发展政策清单（第二批）的通知》	鲁政发〔2022〕4号

5.2.4.3 浙江省

浙江省的涉海关税减免政策（表5-8）主要包括船舶燃料油出口退税政策和启运港退税政策。

2019年，《浙江省人民政府办公厅关于进一步推进中国（浙江）自由贸易试验区改革创新的若干意见》明确提出，要加快构建低硫燃料油生产供应体系，探索对国际船舶燃料油加注业务实行具有国际竞争力的财税政策。2020年，为进一步深化（浙江）自由贸易试验区改革，《中国（浙江）自由贸易试验区深化改革开放实施方案》指出，要探索在境内生产制造且在宁波舟山港登记从事国际运输的船舶视为出口货物，给予出口退税，并在有效监管、风险可控的前提下实施启运港退税政策，增加金华、义乌等海铁联运场站为启运港，宁波舟山港为离境港。2021年，浙江省发展改革委、浙江省商务厅印发了《浙江省自由贸易发展"十四五"规划》，指出要鼓励优质企业生产低硫燃料油，推进低硫船用燃料油出口退税政策实施。

表5-8　浙江省的涉海关税减免政策

年份	政策名称	发文字号
2003	《浙江省人民政府办公厅转发省外经贸厅等部门关于进一步促进机电产品出口意见的通知》	浙政办发〔2003〕51号
2012	《浙江省人民政府办公厅关于推进省属国有企业深化改革加快发展的意见》	浙政办发〔2012〕63号
2019	《浙江省人民政府办公厅关于进一步推进中国（浙江）自由贸易试验区改革创新的若干意见》	浙政办发〔2019〕49号
2020	《浙江省人民政府关于印发中国（浙江）自由贸易试验区深化改革开放实施方案的通知》	浙政发〔2020〕32号
2021	《国家税务总局浙江省税务局关于修改〈浙江省国家税务局关于明确外贸综合服务企业代生产企业办理出口货物退（免）税事项有关问题的公告〉等5个规范性文件的公告（2021）》	国家税务总局浙江省税务局公告2021年第1号
2021	《浙江省自由贸易发展"十四五"规划》	浙发改规划〔2021〕171号

5.2.4.4 江苏省

江苏省的涉海关税减免政策（表5-9）主要是针对海洋船舶工业相关机器设备、海洋工程结构物产品等出口货物的退免税政策。

2007年，《江苏省国家税务局关于出口船舶、大型成套机电设备企业实行先退税后核销管理办法的通知》规定，对生产船舶、大型成套机电设备，且生产周期通常在一年以上、出口创汇额在3000万美元以上（含3000万美元）的生产企业，实行"先退税后核销"的出口退（免）税管理办法，调动船舶等大型成套机电设备生产企业的积极性，推动海洋船舶工业和船舶出口业的发展。2021年，江苏省税务局发布《出口货物劳务免抵退税申报》，进一步将海洋工程结构物产品纳入出口货物免抵退税申报的货物范围。

表5-9　江苏省的涉海关税减免政策

年份	政策名称	发文字号
2007	《江苏省国家税务局关于出口船舶、大型成套机电设备企业实行先退税后核销管理办法的通知》	苏国税发〔2007〕68号
2009	《省政府关于印发江苏省装备制造业调整和振兴规划纲要的通知》	苏政发〔2009〕75号
2010	《省政府办公厅关于推进新一轮"菜篮子"工程建设的通知》	苏政办发〔2010〕62号
2016	《省政府关于促进外贸回稳向好的实施意见》	苏政发〔2016〕105号
2021	《出口货物劳务免抵退税申报》	/

5.3　涉海外商投资促进政策

为推进海洋经济外贸发展，助力海洋经济高质量增长，我国出台了一系列以外商投资政策为主的外贸政策，通过多种投资促进和投资管理措施加大引进涉海外资。这些涉海外贸政策对于调整海洋经济结构、提升产业水平、加速技术创新以及促进涉海经济持续健康快速发展作出了重要贡献。

本节将从涉海外商投资金融支持政策、涉海外商投资财税支持政策和涉海外商投资土地使用政策三个维度，分别梳理、讨论和分析沿海地区代表性省（市）的规范性政策文件（表5-10），对近年来涉海外商投资促进政策进行梳理。

5.3.1　涉海外商投资金融支持政策

政策重点：为推进更高水平对外开放，通过金融手段鼓励和促进涉海外商投资的增长，我国近年来先后取消了相关融资限制、新增专项贷款等措施，为涉海外商投资企业提供了金融支撑。

典型政策：2020年，为建设高水平特色自由贸易港，国务院颁布《海南自由贸易港建设总体方案》，取消了外资船舶产业的融资比例限制，拓宽了外资船企融资渠道。同年，《商务部办公厅 银保监会办公厅关于贯彻落实国务院部署 给予重点外资企业金融支持有关工作的通知》要求，强化金融支持外资作用，新增5700亿元贷款规模用于积极支持符合条件的海洋制药、滨海旅游等领域的重点外资企业。随后，《国务院办公厅关于进一步做好稳外贸稳外资工作的意见》提出，要加大金融支持，给予船舶制造、海洋工程装备制造等重点外资企业再贷款、再贴现专项政策。这些政策的颁布缓解了涉海外资融资运营能力，促进了涉海外资的增长。2022年，国家发展改革委等六部门联合印发《关于以制造业为重点促进外资扩增量稳存量提质量的若干政策措施》，提出加强外资企业金融支持力度，以市场化原则为其提供优质服务，这为涉海外商投资提供了政策保障。

5.3.2 涉海外商投资财税支持政策

政策重点：为进一步提高涉海外商投资吸引力，改善涉海外商投资利用质量，近年来，我国实施了减免企业增值税和所得税、发放政府补贴等政策，为涉海外商投资企业提供财税支持。

典型政策：2008年，财政部等颁布《关于发布享受企业所得税优惠政策的农产品初加工范围（试行）的通知》，规定海产品初加工外资企业享受免征企业所得税，海水养殖外资企业享受减半征收企业所得税。2012年，《财政部 国家税务总局关于出口货物劳务增值税和消费税政策的通知》发布，取消了针对外资船东承运货物所收取的6%增值税。2017年，国家发展改革委、商务部颁布《外商投资产业指导目录（2017年修订）》，对从事目录中鼓励类领域的外商投资项目将给予免征进口关税和进口环节增值税，相关政策惠及海洋工程装备制造、船舶设计、海洋制药等海洋产业。2017年，《国务院关于促进外资增长若干措施的通知》规定，船舶舱室设计、船舶柴油机设计等外资技术先进型服务企业将实行15%税率的所得税优惠政策。2020年，《国务院办公厅关于进一步做好稳外贸稳外资工作的意见》规定，进一步加大对外资进入海洋灾害预防、海洋污染防治等大型涉海项目的财政补贴力度，增大了对涉海外资的吸引力。2022年，国家税务总局发布《稳外贸稳外资税收政策指引》，规定包含涉海外资在内的境外投资者以分配利润直接投资暂不征收预提所得税，并且境外机构投资境内债券利息收入暂免征收增值税和企业所得税。

5.3.3 涉海外商投资土地使用政策

政策重点：涉海外商投资企业的土地使用政策集中在土地优先保障和降低土地出让价格等方面，为涉海外商投资企业提供土地使用支持。

典型政策：2019年，自然资源部办公厅印发《产业用地政策实施工作指引（2019年版）》，允许各地在符合经济社会发展规划、土地利用总体规划、城市总体规划的前提下，对国家级开发区内海洋药物研发中心、船舶制造等利用外资项目所需建设用地指标予以优先保障，做到应保尽保。2020年，国家发展和改革委员会与商务部发布《鼓励外商投资产业目录（2020年版）》，对海水养殖、海洋灾害治理、船舶机械设计等在内的鼓励类外资项目优先供应土地，并在确定土地出让底价时，可按不低于相应工业用地出让最低价标准的70%执行。2022年，国家发展改革委、商务部发布《鼓励外商投资产业目录（2022年版）》。这些政策的颁布为涉海外商投资提供了土地使用支持，促进了涉海外商投资项目落地。

表5-10　涉海外商投资促进政策

年份	政策名称	发文字号
2008	《关于发布享受企业所得税优惠政策的农产品初加工范围（试行）的通知》	财税〔2008〕149号
2012	《财政部 国家税务总局关于出口货物劳务增值税和消费税政策的通知》	财税〔2012〕39号
2017	《外商投资产业指导目录（2017年修订）》	发展改革委、商务部令2017年第4号
2017	《国务院关于促进外资增长若干措施的通知》	国发〔2017〕39号
2019	《自然资源部办公厅关于印发〈产业用地政策实施工作指引（2019年版）〉的通知》	自然资办发〔2019〕31号
2020	《中共中央、国务院印发〈海南自由贸易港建设总体方案〉》	/
2020	《商务部办公厅 中国银保监会办公厅关于贯彻落实国务院部署 给予重点外资企业金融支持有关工作的通知》	商办资函〔2020〕415号
2020	《国务院办公厅关于进一步做好稳外贸稳外资工作的意见》	国办发〔2020〕28号
2020	《鼓励外商投资产业目录（2020年版）》	发展改革委、商务部令2020年第38号
2020	《国务院办公厅关于进一步做好稳外贸稳外资工作的意见》	国办发〔2020〕28号
2022	《稳外贸稳外资税收政策指引》	/
2022	《国家发展改革委等部门印发〈关于以制造业为重点促进外资扩增量稳存量提质量的若干政策措施〉的通知》	发改外资〔2022〕1586号
2022	《鼓励外商投资产业目录（2022年版）》	发展改革委、商务部令2022年第52号

5.3.4 沿海地区典型案例

5.3.4.1 广东省

广东省的涉海外资促进政策（表5-11）主要集中在财政奖励、土地供应等方面。

2017年，广东省人民政府正式颁布《广东省进一步扩大对外开放积极利用外资若干政策措施》，要求取消服务业领域的船舶设计融资限制，并加大利用外资财政奖励力度和用地保障。对外商在广东投资船舶制造厂等实体经济项目、设立总部或地区总部达到一定规模的，给予相应奖励；对实际投资金额超过10亿元的海洋工程装备等制造业外商投资项目用地"应保尽保"。2019年，广东省广宁县人民政府办公室印发《广宁县扩大对外开放积极利用外资若干措施（修订版）》，对在广宁县设立符合标准的海洋运输、海水养殖等涉海外资项目，按其当年实际外资金额1%的比例予以奖励，最高奖励100万元；在用地方面，符合《广东省重大产业项目计划指标奖励办法》奖励条件的海水养殖、水产品加工等重大外资项目，可享受省相应标准给予用地指标奖励。2022年，广东省人民代表大会常务委员会起草《广东省外商投资权益保护条例》，明确规定外资企业和内资企业在土地供应、税费减免等方面享有同等权利，同时加大金融机构的金融科技应用力度，为外资企业提供便捷化和电子化服务。这一系列政策保障为依法促进外商投资、保护外商投资权益、优化外商投资服务奠定了良好基础。2023年，《广州市促进外资高质量发展若干措施》出台，要求加大财税支持力度，引导金融机构建立重点外商投资企业（项目）投贷服务机制，支持以并购、跨境人民币出资、股权出资等方式在穗设立外商投资企业。

表5-11 广东省的涉海外商投资促进政策

年份	政策名称	发文字号
2017	《广东省人民政府关于印发广东省进一步扩大对外开放积极利用外资若干政策措施的通知》	粤府〔2017〕125号
2019	《广宁县人民政府办公室关于印发〈广宁县扩大对外开放积极利用外资若干措施（修订版）〉的通知》	宁府办〔2019〕1号
2021	《广东省发展改革委关于印发办理外商投资项目〈国家鼓励发展的内外资项目确认书〉暂行规定的通知》	粤发改规〔2021〕9号

续表

年份	政策名称	发文字号
2022	《深圳经济特区外商投资条例》	深圳市第七届人民代表大会常务委员会公告（第六十六号）
2022	《广东省外商投资权益保护条例》	广东省第十三届人民代表大会常务委员会公告（第101号）
2023	《广州市人民政府办公厅关于印发广州市促进外资高质量发展若干措施的通知》	穗府办函〔2023〕2号

5.3.4.2　江苏省

江苏省的涉海外商投资促进政策（表5-12）主要集中在鼓励信贷、拓宽融资渠道等方面。

2009年，江苏省人民政府发布《江苏省船舶工业调整和振兴规划纲要》，指出将符合标准的外资船舶产业项目纳入省重点项目，并鼓励金融机构给予信贷支持；同时，积极引进外资参与船舶产业科研开发，积极争取国家专项和国债资金支持。2017年，为提高利用涉海外资质量，江苏省出台《省政府关于扩大对外开放积极利用外资若干政策的意见》，指出要重点加大空天海洋装备、海洋医药等战略性新兴产业引资力度。对于涉海跨国公司在省内设立研发总部和研发机构，最高可获得3000万元财政补贴；支持涉海外商投资企业依法依规在主板、中小企业板、创业板上市，在新三板和区域性股权交易市场挂牌。2019年，江苏省颁布《江苏省海洋经济促进条例》，拓宽涉海内外资企业创新直接融资渠道，支持符合条件的涉海内外资企业发行债券和在国内外资本市场上市融资。这些政策的颁布为江苏省涉海外资企业提供了资金和土地保障。2022年，江苏省人民政府办公厅发布《江苏省进一步优化营商环境降低市场主体制度性交易成本任务分工方案》，积极推动《江苏省外商投资条例》立法，实现外商投资自由化便利化。2023年，江苏省商务厅颁布《关于鼓励支持外商投资设立和发展研发中心的若干措施》，鼓励金融机构在风险可控、商业可持续的前提下，为外资研发中心开展科技创新、从事基础和前沿研究提供金融支持。

表5-12　江苏省的涉海外商投资促进政策

年份	政策名称	发文字号
2009	《省政府关于印发江苏省船舶工业调整和振兴规划纲要的通知》	苏政发〔2009〕80号

年份	政策名称	发文字号
2017	《省政府关于扩大对外开放积极利用外资若干政策的意见》	苏政发〔2017〕33号
2019	《江苏省海洋经济促进条例》	江苏省人大常委会公告第17号
2021	《省政府办公厅关于印发南京江北新区"十四五"发展规划的通知》	苏政办发〔2021〕43号
2021	《省政府办公厅关于印发2021年江苏省深化"放管服"改革优化营商环境工作要点的通知》	苏政办发〔2021〕11号
2022	《省政府办公厅关于印发江苏省进一步优化营商环境降低市场主体制度性交易成本任务分工方案的通知》	苏政办发〔2022〕75号
2023	《省政府办公厅转发省商务厅省科技厅关于鼓励支持外商投资设立和发展研发中心的若干措施的通知》	苏政办发〔2023〕24号

5.3.4.3　山东省

山东省的涉海外商投资促进政策（表5-13）主要集中在财政奖励、税收减免方面。

为进一步提高山东省利用外资和开放型经济发展水平，2017年，山东省人民政府颁布《山东省人民政府关于新时期积极利用外资若干措施的通知》，积极利用国家专项建设基金和省级新兴产业引导基金，以资引资开展高科技船舶研发、海上石油开采装备创新等新旧动能转换重大工程和项目建设。2020年，《关于加快外商投资企业复工复产推进外商投资的若干措施》出台，降低或者免征了涉海外资企业的城镇土地使用税、房产税，以及延期缴纳税款，为疫情背景下涉海外资生产提供了有力保障。2020年，山东省人民政府印发《山东省进一步做好利用外资工作的若干措施》，明确指出加大财政奖励力度，对年度实际使用外资额超过5000万美元的新上涉海项目、超过3000万美元的增资涉海项目，省市财政按其当年实际使用外资金额不低于3%的比例予以奖励。2022年，山东省商务厅等部门发布《关于推进全省金融业利用外资工作的通知》，加大吸引境外金融资本投资力度，通过设立跨境金融服务中心等方式吸引包括涉海项目在内的外商投资。2023年，山东省人民政府发布《山东省进一步优化外商投资环境更大力度吸引和利用外资的若干政策措施》，旨在更大力度地吸引和利用外资，落实对境外投资者以分配利润直接投资暂不征收预提所得税等政策。对符合产业政策导向，满足一定到账外资金额的新设项目和增资项目，省财政按其到账外资实际支出金额2%的比例、项目所在市按其到账外资实际支出金额不低于1%的比例予以支持。

表5-13 山东省的涉海外商投资促进政策

年份	政策名称	发文字号
2007	《山东省人民政府办公厅关于印发山东省外商投资产业指导意见的通知》	鲁政办发〔2007〕95号
2017	《山东省人民政府关于新时期积极利用外资若干措施的通知》	鲁政发〔2017〕16号
2020	《山东省人民政府办公厅印发关于加快外商投资企业复工复产推进外商投资的若干措施的通知》	鲁政办字〔2020〕17号
2020	《山东省人民政府关于印发山东省进一步做好利用外资工作的若干措施的通知》	鲁政发〔2020〕14号
2020	《山东省人民政府印发关于支持八大发展战略的财政政策的通知》	鲁政字〔2020〕221号
2021	《山东省人民政府关于印发山东省优化营商环境创新突破行动实施方案的通知》	鲁政发〔2021〕6号
2022	《关于推进全省金融业利用外资工作的通知》	鲁商字〔2022〕113号
2023	《山东省人民政府关于印发山东省进一步优化外商投资环境更大力度吸引和利用外资的若干政策措施的通知》	鲁政字〔2023〕179号

5.4 涉海外商投资管理政策

为加强涉海外商投资管理，提高我国海洋经济利用外资效率，国务院、国家发展和改革委员会、商务部及地方等有关部门有针对性地先后出台了一系列涉海外商投资管理政策文件。目前，我国涉海外商投资管理已基本形成涵盖市场准入、审批登记、营商环境等多个领域的政策框架。

本节将从涉海外商投资准入管理、涉海外商投资审批和登记管理以及涉海外商投资营商环境管理三个方面，分别对其相关政策工具（表5-14）进行梳理和讨论。

5.4.1 涉海外商投资准入管理政策

政策重点：涉海外商投资准入管理政策的重点集中在调整外商投资鼓励清单和负面清单等方面。

典型政策：为更好地指导涉海外商投资方向，2011年，国家发展改革委和商务部颁布《外商投资产业指导目录（2011年修订）》，在鼓励外商投资产业目录上新增了海洋勘探监测仪器和设备制造，包括海水利用、海洋化学资源综合利用技术、海洋医药与生化制品开发技术、海底探测与大洋资源勘查评价技术等；并将海上石油污染清理与生态修复技术及相关产品开发、海水富营养化防治技术、海洋生物爆发性生长灾害防治技术和海岸带生态环境修复技术纳入鼓励外商投资目录。2017年，商务部颁布《外商投资产业指导目录（2017年修订）》，进一步取消了海洋工程装备（含模块）制造与修理、船舶低（中）速柴油机及曲轴制造外资限制。2018年，为进一步扩大涉海外资的引入和利用，商务部颁布了《外商投资准入特别管理措施（负面清单）（2018年版）》，取消了国际海上运输公司限于合资、合作和国际船舶代理须由中方控股的限制。在此基础上，商务部于2021年颁布《外商投资准入特别管理措施（负面清单）（2021年版）》，进一步缩小涉海外资限制范围。次年3月，国务院在《国务院关于落实〈政府工作报告〉重点工作分工的意见》中明确指出，深入实施外资准入负面清单。2021年，党的二十大报告继续提出合理缩减外资准入负面清单的战略要求，为依法保护外商投资权益提供政策保障。

5.4.2 涉海外资企业审批和登记管理政策

政策重点：涉海外资企业审批和登记管理政策重点在于依法规范涉海企业审批制度和流程，提高登记服务便利性。

典型政策：2011年，国务院通过《国务院关于修改〈中华人民共和国对外合作开采海洋石油资源条例〉的决定》，文件明确指出外国合同者为执行石油合同从事开发、生产作业，应当在中华人民共和国境内设立分支机构或者代表机构，并依法履行登记手续，规范了相关外资企业登记注册程序。2015年，交通运输部颁布《关于修改〈外商独资船务公司审批管理暂行办法〉的决定》，该决定对外商独资船坞企业的审批进行了规范，审批制度和程序更为清晰。2017年，交通运输部发布《中华人民共和国船舶登记办法》，放宽了《中华人民共和国船舶登记条例》对于外商投资企业登记的限制，明确了外商独资企业也可办理船舶登记。2022年，《国务院关于同意在海南自由贸易港暂时调整实施〈中华人民共和国船舶登记条例〉有关规定的批复》明确，对在海南自由贸易港登记，仅从事海南自由贸易港内航行、作业的船舶，取消船舶登记主体外资股比限制。这一系列举措降低了涉海外资办理船舶登记的门槛，使得船舶登记便利服务再次升级。

5.4.3 涉海外商投资营商环境管理

政策重点：为适应国家全面开放新格局的需要，持续改善涉海外资营商环境，推动外商投资和贸易便利化，政府致力于在政务环境、法治环境、要素环境等方面实现外资企业营商公平化、便利化，切实保障涉海外资各方面权益。

典型政策：在政务环境方面，2016年，《国务院关于加快推进"互联网+政务服务"工作的指导意见》提出，依托"互联网+人工智能+机器人"技术，加快实现涉海外资企业审批业务的便利性。2020年，商务部发布《外商投资企业投诉工作办法（征求意见稿）》，该项政策的实施切实保障了外商投资企业公平待遇。在法治环境方面，2019年，十三届全国人大二次会议审议通过《中华人民共和国外商投资法》，规定国家保护外国投资者的投资（包括知识产权投资），如资金自由流动和技术知识产权保护，进一步改善了涉海外商投资营商环境。在市场环境方面，从1995年我国颁布第一版《外商投资产业指导目录》至2019年通过《鼓励外商投资产业目录（2019年版）》，再到2022年国家发展改革委、商务部颁布《鼓励外商投资产业目录（2022年版）》，我国鼓励涉海外商投资产业部分的条目数量不断扩大，限制目录在不断地缩减。2022年，党的二十大报告进一步提出营造市场化、法治化、国际化一流营商环境，为涉海外商投资提供了更多的发展机遇和更加完善的服务保障。

表5-14 涉海外商投资管理政策

年份	政策名称	发文字号
2011	《外商投资产业指导目录（2011年修订）》	国家发展和改革委员会、商务部令2011年第12号
2011	《国务院关于修改〈中华人民共和国对外合作开采海洋石油资源条例〉的决定》	国令2011年第607号
2015	《关于修改〈外商独资船务公司审批管理暂行办法〉的决定》	交通运输部、商务部令2015年第16号
2016	《国务院关于加快推进"互联网+政务服务"工作的指导意见》	国发〔2016〕55号
2017	《外商投资产业指导目录（2017年修订）》	国家发展和改革委员会、商务部令2017年第4号

续表

年份	政策名称	发文字号
2017	《中华人民共和国船舶登记办法》	交通运输部令2016年第85号
2018	《外商投资准入特别管理措施（负面清单）（2018年版）》	国家发展和改革委员会、商务部令2018年第18号
2019	《中华人民共和国外商投资法》	中华人民共和国主席令（第二十六号）
2019	《鼓励外商投资产业目录（2019年版）》	发展和改革委员会、商务部令2019年第27号
2020	《商务部关于〈外商投资企业投诉工作办法（征求意见稿）〉公开征求意见的通知》	/
2021	《外商投资准入特别管理措施（负面清单）（2021年版）》	国家发展和改革委员会、商务部令2021年第47号
2022	《国务院关于落实〈政府工作报告〉重点工作分工的意见》	国发〔2021〕6号
2022	《国务院办公厅关于进一步优化营商环境降低市场主体制度性交易成本的意见》	国办发〔2022〕30号
2022	《国务院关于同意在深圳市暂时调整实施有关行政法规规定的批复》	国函〔2022〕15号
2022	《国务院关于同意在海南自由贸易港暂时调整实施〈中华人民共和国船舶登记条例〉有关规定的批复》	国函〔2022〕42号
2022	《鼓励外商投资产业目录（2022年版）》	国家发展和改革委员会、商务部令2022年第52号

5.4.4 沿海地区典型案例

5.4.4.1 山东省

山东省的涉海外商投资管理政策（表5-15）主要集中在涉海外商投资企业营商环境方面，如优化港口运营管理和知识产权保护。

2020年，山东省人民代表大会常务委员会颁布《中国（山东）自由贸易试验区条例》，要求完善知识产权评估、质押融资风险分担、质押物处置和人才、技术资本化评估制度，完善知识产权争端解决机制，建立健全知识产权保护运用体系。2021年，山东省人民政府办公厅颁布《山东省人民政府办公厅关于加快推进世界一流海洋港口建设的实施意见》，提出要优化口岸服务环境，建立口岸单位协调机制，创新监管模式，为涉海外资企业提供更为优质的港口服务；压缩港口作业组织环节，优化通航安全保障机制，支持开展集装箱船边直提、抵港直装作业模式，提高涉海外资企业的货物通港效率；加强省级口岸收费监督管理，实施口岸经营服务性收费目录清单和公示制度，优化口岸营商环境，降低涉海外资企业通港成本。2021年，《山东省人民政府关于印发山东省优化营商环境创新突破行动实施方案的通知》要求，积极协调外资企业生产运营中遇到的困难，完善包含涉海企业在内的外资企业的投诉工作制度，为进一步优化外资企业管理及营商环境提供助力。这些政策的发布和实施表明涉海外资企业营商环境和知识产权保护得到更为完善的制度保障。2023年，山东省商务厅发布《山东省更大力度吸引和利用外资若干政策措施（征求意见稿）》，旨在提升涉企政务效能，规定企业首次申领排污许可证办理时限由30个工作日压减到20个工作日；同时，加强外商投资权益保护，保障外资企业在知识产权保护、标准制定、招投标等方面享受平等待遇。

表5-15　山东省的涉海外商投资管理政策

年份	政策名称	发文字号
2014	《山东省人民政府办公厅关于贯彻国办发〔2014〕19号文件做好外贸稳定增长工作的实施意见》	鲁政办发〔2014〕23号
2018	《山东省人民政府办公厅关于印发贯彻落实国务院深化放管服改革要求进一步优化营商环境重点任务 分工方案的通知》	鲁政办发〔2018〕32号
2018	《山东省人民政府关于进一步优化口岸营商环境的通知》	鲁政发〔2018〕27号
2020	《中国（山东）自由贸易试验区条例》	山东省人民代表大会常务委员会公告第124号
2021	《山东省人民政府办公厅关于加快推进世界一流海洋港口建设的实施意见》	鲁政办字〔2021〕19号
2021	《山东省人民政府关于印发山东省优化营商环境创新突破行动实施方案的通知》	鲁政发〔2021〕6号
2023	《山东省商务厅关于公开征求〈山东省更大力度吸引和利用外资若干政策措施（征求意见稿）〉意见的公告》	/

5.4.4.2 上海市

上海市的涉海外商投资管理政策（表5-16）主要集中在涉海外资准入和营商环境方面。

涉海外资准入方面，2014年，上海市人民政府发布《中国（上海）自由贸易试验区外商投资准入特别管理措施（负面清单）（2014年修订）》，对涉海外资的投资限制进一步放松：一方面，在船舶及相关装备制造产业上，取消了投资豪华邮轮的设计须合资、合作的限制；另一方面，放松了水上运输业的外商投资限制，取消了投资国际海运货物装卸、国际海运集装箱站和堆场业务限合资、合作的限制。营商环境方面，2021年，上海市人民政府发布《上海市营商环境创新试点实施方案》，明确要完善外资外贸和扩大开放的相关制度安排，进一步提升上海对外商投资的吸引力。2022年，上海市人民政府出台《上海市外商投资项目核准和备案管理办法》，对外商项目投资核准、备案、监督管理、法律责任等作出细致要求，进一步便利外商投资，加强企业办事便捷度。这些文件的落实将极大地改善上海市涉海外商投资企业的营商环境，从而吸引更多涉海外商的投资，提高对涉海外资的利用率。2023年，上海市人民政府出台《上海市加大吸引和利用外资若干措施》，强化外资项目落地服务保障，在外商投资项目核准和备案、环评、物流、跨境资金收付、人员出入境等方面提供便利，推进一批重大和重点外资项目加快落地、建设和投产。

表5-16　上海市的涉海外商投资管理政策

年份	政策名称	发文字号
2014	《中国（上海）自由贸易试验区外商投资准入特别管理措施（负面清单）（2014年修订）》	沪府发〔2014〕1号
2018	《上海市商务委、上海市工商局关于本市外商投资企业商务备案与工商登记"一口办理"公告》	/
2019	《上海市人民政府关于本市进一步促进外商投资的若干意见》	沪府规〔2019〕37号
2020	《上海市人民政府关于印发〈本市贯彻〈国务院关于进一步做好利用外资工作的意见〉若干措施〉的通知》	沪府规〔2020〕5号
2020	《上海市外商投资条例》	上海市人民代表大会常务委员会公告第45号

续表

年份	政策名称	发文字号
2021	《市商务委员会关于印发〈上海市外商投资企业投诉工作办法〉的通知》	沪商规〔2021〕3号
2021	《上海市人民政府关于印发〈上海市营商环境创新试点实施方案〉的通知》	沪府发〔2021〕24号
2022	《上海市人民政府关于印发〈上海市外商投资项目核准和备案管理办法〉的通知》	沪府规〔2021〕19号
2023	《上海市人民政府办公厅关于印发〈上海市加大吸引和利用外资若干措施〉的通知》	沪府办规〔2023〕11号

5.4.4.3　天津市

天津市的涉海外商投资管理政策（表5-17）主要集中在涉海外资准入、审批、登记、管理等方面。

涉海外资准入方面，2019年，天津市人民政府发布《关于支持中国（天津）自由贸易试验区创新发展的措施》，率先推动航运服务等现代服务业和船舶、高端装备等先进制造业领域的开放。2021年，天津市人民政府发布《天津市稳住外贸外资基本盘推进外贸创新发展的若干措施》，提到要落实扩大外资市场准入政策。全面实施外商投资准入前国民待遇加负面清单管理制度，对负面清单外的限制措施，一律取消。这些政策的出台进一步扩大了涉海外资的准入范围。2022年，《天津市构建高标准市场体系若干措施》《关于落实国务院〈政府工作报告〉重点工作的任务分工》发布，进一步强调完善外商投资准入前国民待遇加负面清单管理制度，贯彻落实各项涉海外资企业准入相关政策。涉海外资企业审批和登记方面，为进一步深化商事制度改革，提高企业登记管理的便利化和信息化水平，2017年，天津市市场和质量监督管理委员会印发《市市场监管委关于推行企业登记全程电子化工作的意见》，指出将建立以电子营业执照、公民网络身份认证和电子签名为支撑的无纸全程电子化网上登记服务和电子营业执照管理平台，从此涉海外资企业登记进入电子化时代，极大地便利了登记流程。涉海外资企业管理方面，天津市商务局继2020年出台《外商投资信息报告初始报告指引》《外商投资信息报告变更报告指引》《天津市外商投资信息报告监督检查指引》后，于2022年颁布了《外商投资信息报告年度报告指引》，对涉海外商投资的日常要求提出细节化要求，进一步规范外商投资管理。2023年，天津市人民政府政务服务办公室发布《天津市2023年优化营商环境责任清单》，积极推进市场开放，研究制定外资招商引资相关政策，持续做好海外投资保险统保平台建设工作。

表5-17 天津市的涉海外商投资管理政策

年份	政策名称	发文字号
2017	《天津市市场和质量监督管理委员会印发〈市市场监管委关于推行企业登记全程电子化工作的意见〉的通知》	津市场监管审批〔2017〕17号
2019	《天津市人民政府印发关于支持中国（天津）自由贸易试验区创新发展的措施的通知》	津政发〔2019〕27号
2020	《外商投资信息报告初始报告指引》	/
2020	《外商投资信息报告变更报告指引》	/
2020	《天津市外商投资信息报告监督检查指引》	/
2021	《天津市人民政府办公厅关于印发天津市稳住外贸外资基本盘推进外贸创新发展若干措施的通知》	津政办规〔2021〕1号
2022	《天津市人民政府办公厅关于印发天津市构建高标准市场体系若干措施的通知》	津政办发〔2022〕17号
2022	《天津市人民政府印发关于落实国务院〈政府工作报告〉重点工作任务分工的通知》	津政发〔2022〕9号
2022	《天津市人民政府关于贯彻落实〈国家标准化发展纲要〉的意见》	津政发〔2022〕23号
2022	《外商投资信息报告年度报告指引》	/
2023	《天津市人民政府政务服务办公室关于印发天津市2023年优化营商环境责任清单的通知》	津政服〔2023〕1号

—— · 本章小结 · ——

本章系统梳理了涉海关税设置、涉海关税减免、涉海外商投资促进、涉海外商投资管理等涉海关税及外商投资政策。在涉海关税设置方面，国家层面侧重于设置最惠国待遇关税、协定关税、暂定关税、特惠关税等税率，地方层面侧重于水产品、船舶、海工装备、海洋生物制药等领域。在涉海关税减免方面，国家层面侧重于对涉海货物进出口零关税、进出口免征关税、出口退税等进行规定，地方层面以海洋高新技术装备以及涉海商品的保税、补偿、贴息等关税优惠政策，船舶燃料油、海洋工程结构物产品等出口退免税政策为主。在涉海外商投资促进方面，国家层面以涉海外资金融支持、财税支持和土地使用政策为主，地方层面集中于财政奖励、土地供应、信贷鼓励、融资渠道拓宽、税收减免等领域。在涉海外商投资管理方面，国家层面对涉海外资准入管理、审批管理、登记管理以及营商环境管理等进行了规定，不同地区的侧重管理点不同。

【知识进阶】

1. 试举例涉海关税及外商投资政策工具。

2. 涉海关税政策侧重于调整哪些产品的关税以及关税的哪些方面？

3. 结合涉海外商投资发展现状，试谈一下涉海外商投资政策的侧重领域。

4. 试谈一谈涉海关税减免及外商投资优惠政策对涉海企业产生的影响。

6　海域海岛使用金政策

> 知识导入：海洋经济作为我国经济发展的重要组成，其发展空间的拓展成为"十四五"规划实施的重点内容。推进海洋资源资产市场化配置是拓展海洋经济发展空间的关键一步。近年来，中央和沿海地区以生态优先、保护优先、集约优先为原则，结合区域特色陆续出台大量支持海洋经济发展的海域海岛供应、使用、定价、管理等相关政策，重点对海域海岛使用审批权限、用海用岛申请、海域使用金征收和减免、围填海等海洋资源利用事项进行规范和说明。这些政策对落实海洋空间规划、实现海洋资源优化配置具有重要的指导作用。本章通过梳理近年来各级政府部门和机构出台的一系列基于海域、无居民海岛使用权的规范性文件，对我国海域海岛使用金的征收、减免和管理等措施进行分类讨论，旨在充分发挥海域使用金征收标准的经济杠杆作用，在严格制定用海生态门槛的基础上，优化海洋资源配置，加快建设生态强国。

按照海域海岛使用权的流转环节不同，海域海岛使用权交易政策可分为两类：一类是海域海岛使用权一级交易市场政策，另一类是海域海岛使用权二级交易市场政策。其中，前者是指对国家以海域、无居民海岛所有者身份通过协议出让、招投标或拍卖等方式向单位或个人出让海域、无居民海岛使用权时，所取得的海域、无居民海岛使用金的管理政策；后者是指对海域海岛使用权持有者在规定使用期限内依法将海域海岛使用权再次流转给其他人并发生交易关系时，所获得的转让金或租金的管理政策。

为充分发挥海域使用金征收标准的经济杠杆作用，优化海洋资源配置，加快建设生态强国，财政部、国家发展和改革委员会及地方有关部门在严格制定用海生态门槛的基础上，从协调战略角度出台了一系列基于海域、无居民海岛使用权的规范性文件。按照内容的不同，我国海域、无居民海岛使用权一级交易市场政策可以分为海域海岛使用金的征收、减免和管理等措施。

1993—2023年，我国各级政府部门和机构发布的具有代表性的关于海域、无居民海岛使用权一级交易市场的海洋经济相关规范性政策文件（表6-1），旨在推动重点涉海项目发展，提升海域海岛的有效利用。

6.1 使用金征收标准政策

6.1.1 海域海岛使用金征收标准

政策重点：海域海岛使用金征收是指国家以海域、无居民海岛所有者身份依法出让海域、无居民海岛使用权，而向取得海域、无居民海岛使用权的单位或个人收取权利金的行为。为促进海洋资源保护和合理利用，我国政府建立并实施了海域、无居民海岛有偿使用制度，主要包括非市场化出让方式下海域、无居民海岛使用金征收标准及其动态调整机制，以及招标、拍卖等市场化出让方式下的海域、无居民海岛使用金征收政策，逐步完善海域海岛市场化配置制度。

典型政策：针对非市场化出让方式下海域、无居民海岛使用金的征收管理，财政部、国家海洋局于1993年发布《国家海域使用管理暂行规定》，明确在我国有偿转移海域使用权的，必须向国家缴纳海域使用金，其中海域出让金的征收标准，由各地根据具体情况制定，但每年每亩不得低于100元，由获得批准使用海域的申请人缴纳。2007年，《财政部 国家海洋局关于加强海域使用金征收管理的通知》规定，对使用海域不超过6个月的，按年征收标准的50%一次性计征海域使用金；超过6个月不足1年的，按年征收标准一次性计征海域使用金；经营性临时用海按年征收标准的25%一次性计征海域使用金。2018年，《关于海域、无居民海岛有偿使用的意见》出台，提出鼓励沿海各地区在依法审批前，结合实际推进旅游娱乐、工业等经营性项目用岛采取招标拍卖挂牌等市场化方式出让。为进一步完善我国海域、无居民海岛使用金征收管理，2018年，《调整海域、无居民海岛使用金征收标准》将海域分为六等别，从填海造地用海等五种用海方式角度分别调整了海域使用金和无居民海岛使用金国家标准，从海域海岛使用权出让方式、养殖用海等方面具体限制地方海域使用金征收标准。针对多人意向、经营性用海用岛项目的海域、海岛使用金征收采取的是市场化出让方式。2019年，《自然资源部关于实施海砂采矿权和海域使用权"两权合一"招拍挂出让的通知》发布，进一步细化海砂采矿权相关的海域使用金标准，提出海域使用金包含海域使用权自身的出让底价以及"两权"总出价的溢出部分按比例折算至海域使用金的部分。

表6-1　关于海域、无居民海岛使用金征收标准的政策

年份	政策名称	发文字号
1993	《关于颁发〈国家海域使用管理暂行规定〉的通知》	〔93〕财综字第73号
2001	《中华人民共和国海域使用管理法》	中华人民共和国主席令（第六十一号）
2003	《关于印发〈临时海域使用管理暂行办法〉的通知》	国海发〔2003〕18号
2007	《财政部 国家海洋局关于加强海域使用金征收管理的通知》	财综〔2007〕10号
2010	《财政部 国家海洋局关于印发〈无居民海岛使用金征收使用管理办法〉的通知》	财综〔2010〕44号
2018	《关于海域、无居民海岛有偿使用的意见》	/
2018	《关于印发〈调整海域、无居民海岛使用金征收标准〉的通知》	财综〔2018〕15号
2019	《自然资源部关于实施海砂采矿权和海域使用权"两权合一"招拍挂出让的通知》	自然资规〔2019〕5号

6.1.2　沿海地区典型案例

6.1.2.1　山东省

山东省针对不同用岛类型、海岛等别、离岸距离而采取不同的征收标准、征收方式（表6-2）。

2004年，山东省财政厅、山东省海洋与渔业厅印发了《山东省海域使用金征收使用管理暂行办法》，规定原则上通过海域资产评估确定海域使用金征收标准，根据用海活动类型的不同，分别设定不同的计征标准，临时用海则参照同类型项目用海海域使用金征收标准的25%计征。2011年，《山东省无居民海岛使用金征收使用管理办法》出台，根据用岛类型、海岛等别、离岸距离设定每年14～240000元/公顷的无居民海岛使用权出让最低价标准。2021年，《山东省海域使用金征收标准》将省内海域划分为六个等级，在此基础上制定海域使用金征收标准，较国家标准上浮0%～8%，其中，Ⅰ级海域上浮0%～8%，Ⅱ级海域上浮0%～4%，Ⅲ级海域执行国家标准。2021年，山东省自然资源厅发布《履行自然资源"两统一"职责服务保障高质量发展政策清单（海洋领域类）》，鼓励对养殖、工业、旅游娱乐、城镇建设等类型用海采用招标、拍卖或者挂牌方式出让海域使用权。2022年，《山东省海洋局关于推进海上光伏发电项目海域立体使用的通知》再次强调海域有偿使用，并提出按实际用海类

型、方式、面积、使用年限及所在海域的使用金征收标准分别计征海域使用金。

表6-2　山东省关于海域、无居民海岛使用金征收标准的政策

年份	政策名称	发文字号
2004	《关于印发〈山东省海域使用金征收使用管理暂行办法〉的通知》	鲁财综〔2004〕33号
2011	《山东省财政厅 山东省海洋与渔业厅关于印发〈山东省无居民海岛使用金征收使用管理办法〉的通知》	鲁财综〔2011〕126号
2019	《关于山东省养殖用海海域使用金征收标准调整有关事项的通知》	鲁财综〔2019〕6号
2020	《山东省最新用海用岛政策指南》（山东省海洋局印发）	/
2021	《山东省财政厅 山东省自然资源厅关于印发〈山东省海域使用金征收标准〉的通知》	鲁财综〔2021〕6号
2021	《山东省自然资源厅关于印发履行自然资源"两统一"职责服务保障高质量发展政策清单（海洋领域类）的通知》	鲁自然资字〔2021〕187号
2022	《山东省海洋局关于推进海上光伏发电项目海域立体使用的通知》	鲁海函〔2022〕155号

6.1.2.2　浙江省

浙江省持续完善海域海岛使用征收标准（表6-3），征收金额参考国家有关资产评估法律规定的评估结果。

2006年，《浙江省海域使用金征收管理办法》规定，对不同用海类型和征收项目设置每年3~20000元/亩的海洋使用金征收标准。2009年，《浙江省海域使用金征收管理办法》规定，浙江省海域等别和海域使用金征收标准，对不同用海方式下的具体类型设置海域使用金征收标准。2011年，《浙江省人民政府办公厅关于印发浙江省无居民海岛使用金征收使用管理办法的通知》规定，根据无居民海岛等别、用岛类型和离岸距离设定无居民海岛使用权最低出让标准。2013年，浙江省海洋与渔业局发布《浙江省招标拍卖挂牌出让海域使用权管理暂行办法》，提出工业、商业、旅游、娱乐和其他经营性项目用海以及同一海域有两个以上相同海域使用方式的意向用海者的，应当通过招标、拍卖、挂牌方式取得海域使用权，且标底、底价不得低于省规定的海域使用权出让基准价格和前期工作费用等的总和。2019年，

《浙江省财政厅 浙江省自然资源厅关于调整海域无居民海岛使用金征收标准的通知》规定，以国家海域使用金征收标准为依据，计算并确定每个级别的海域使用征收金标准调整系数，浙江省海域使用金征收标准Ⅰ级海域增幅区间为1%~8%，Ⅱ级海域增幅区间为0~6%，Ⅲ级海域执行国家分等标准。2020年，浙江省人民政府办公厅印发《加强海域使用金、无居民海岛使用金征收管理意见》，规定持续使用特定海域3个月以上的排他性用海活动及排他性临时用海活动应缴纳海域使用金，无居民海岛使用者应缴纳无居民海岛使用金，并统一海域使用金、无居民海岛使用金征收标准。2022年，浙江省自然资源厅出台《浙江省无居民海岛管理实施细则》，对无居民海岛的使用金标准进一步完善，指出无居民海岛使用金征收标准会参考国家有关资产评估法律规定的评估结果，其中，无居民海岛使用金不得低于无居民海岛使用权出让最低价。

表6-3 浙江省关于海域、无居民海岛使用金征收标准的政策

年份	政策名称	发文字号
2006	《浙江省人民政府关于印发〈浙江省海域使用金征收管理办法〉的通知》	浙政发〔2006〕71号
2009	《浙江省人民政府关于印发〈浙江省海域使用金征收管理办法〉的通知》	浙政发〔2009〕8号
2011	《浙江省人民政府办公厅关于印发浙江省无居民海岛使用金征收使用管理办法的通知》	浙政办发〔2011〕123号
2013	《关于印发〈浙江省招标拍卖挂牌出让海域使用权管理暂行办法〉的通知》	浙海渔发〔2013〕6号
2019	《浙江省财政厅 浙江省自然资源厅关于调整海域无居民海岛使用金征收标准的通知》	浙财综〔2019〕21号
2020	《浙江省人民政府办公厅印发关于加强海域使用金、无居民海岛使用金征收管理意见的通知》	浙政办发〔2020〕33号
2022	《浙江省自然资源厅关于印发〈浙江省无居民海岛管理实施细则〉的通知》	浙自然资规〔2022〕19号

6.1.2.3 广东省

广东省对海域海岛使用金征收标准进行了多项改革（表6-4），划定海域级别，实现海域使用金计征方式"三化一"。

2019年，广东省财政厅和广东省自然资源厅制定了《广东省海域使用金征收

标准》，对开放式养殖用海海域使用金征收标准进行了说明：①滩涂、底播养殖以实际养殖面积计征；②筏式、桩架式养殖以占用海域的面积计征；③网箱养殖以确权用海面积计征，征收标准已按照666/120=5.55的倍数进行换算，计征时无需再换算。2021年，《广东省财政厅 广东省自然资源厅关于降低养殖用海海域使用金征收标准的通知》发布，将新审批的养殖用海海域金征收标准下调50%。2022年，广东省财政厅、广东省自然资源厅联合印发《广东省海域使用金征收标准（2022年修订）》，此次发文不仅整体下调养殖用海海域使用金征收标准和对部分养殖用海海域使用金减半征收，更是在海域划分和计征方式上实现新突破，首次实行Ⅲ级海域级别划分，针对不同海域级别制定相应海域使用金征收标准，并将原来三种计征方式，统一简化为按照批准面积计征。这一系列政策有助于各地因地制宜制定海域使用金征收标准，提高海域使用金征收效率及海域使用金政策的实施效果。

表6-4 广东省关于海域、无居民海岛使用金征收标准的政策

年份	政策名称	发文字号
2019	《广东省海域使用金征收标准》	粤财规〔2019〕3号
2021	《广东省财政厅 广东省自然资源厅关于降低养殖用海海域使用金征收标准的通知》	粤财规〔2021〕3号
2022	《广东省财政厅 广东省自然资源厅关于印发〈广东省海域使用金征收标准（2022年修订）〉的通知》	粤财规〔2022〕4号

6.1.2.4 海南省

海南省广泛征求海域使用金征收标准意见，多方完善标准政策（表6-5）。

2007年，海南省财政厅发布《海南省农业填海造地养殖盐业用海海域使用金征收标准和管理规定》，规定农业填海造地按地区计征1万～1.5万元/亩，养殖用海分类按每年每亩50～350元计征，盐业用海依据占用面积按每年每亩50～150元计征。2020年，海南省自然资源和规划厅等部门联合印发《关于进一步做好全省水产养殖清退整改工作中渔民转产转业养殖用海审批和海域使用金征收工作的意见》，明确了围海养殖、海上网箱养殖、海底投石（或沉箱）及其他改变海底自然环境进行养殖的养殖用海海域使用金征收标准。同年，《海南省财政厅 海南省自然资源和规划厅关于征求〈海南省海域使用金征收标准（征求意见稿）〉意见的函》指出，根据海南海洋自然条件、海域资源利用程度、海域区位条件、用海适宜条件四个因素及其九个指标进行综合评估，划分海域级别，并考虑海域开发利用的生态环境损害成

本和社会承受能力，制定海南省海域使用金征收标准。在该征求意见函的基础上，2021年，《海南省财政厅 海南省自然资源和规划厅关于再次征求〈海南省海域使用金征收标准（征求意见稿）〉意见的函》出台，旨在充分吸纳合理意见的基础上反复修改完善，以科学提高海域使用率。

表6-5 海南省关于海域、无居民海岛使用金征收标准的政策

年份	政策名称	发文字号
2007	《关于印发〈海南省农业填海造地养殖盐业用海海域使用金征收标准和管理规定〉的通知》	琼财综〔2007〕2087号
2020	《海南省财政厅 海南省自然资源和规划厅关于征求〈海南省海域使用金征收标准（征求意见稿）〉意见的函》	琼财综函〔2020〕592号
2020	《海南省自然资源和规划厅 海南省司法厅 海南省财政厅 海南省农业农村厅 海南省生态环境厅印发〈关于进一步做好全省水产养殖清退整改工作中渔民转产转业养殖用海审批和海域使用金征收工作的意见〉的通知》	琼自然资函〔2020〕140号
2021	《海南省财政厅 海南省自然资源和规划厅关于再次征求〈海南省海域使用金征收标准（征求意见稿）〉意见的函》	琼财综函〔2021〕275号

6.2 使用金减免政策

6.2.1 海域海岛使用金减免

政策重点：海域海岛使用金减免是指国家依法对特定项目用海用岛的使用金准予减缴或免缴的行为。为规范海域使用金减免行为，切实保障海域使用权人的合法权益，我国政府出台了一系列涉及不同用海项目、不同减免幅度等方面的海域海岛使用金减免政策（表6-6）。

典型政策：在适用海域、无居民海岛使用金减免的用海项目方面，2001年，中央人民政府发布《中华人民共和国海域使用管理法》，简单规定了海域使用金减缴或者免缴标准。2006年，《海域使用金减免管理办法》出台，对已有的依法免缴和减免海域使用金的项目用海类型进行了进一步的补充，除避风（避难）以外的其他公用设施用海、国家重点建设项目用海、遭受自然灾害或者意外事故且经济损失达60%以上的养殖用海可以减免海域使用金。2010年，财政部、国家海洋局发布《无

居民海岛使用金征收使用管理办法》，在已有的无居民海岛使用金免缴项目的基础上，添加了国务院有关部门认定的其他公益事业用岛项目的内容，进一步实现了无居民海岛使用金免缴项目的范围扩大和灵活调整。2018年，《国家海洋局关于海域、无居民海岛有偿使用的意见》提出，国防、军事用海用岛依法免缴使用金，但对于已减免使用金的项目其用途发生改变时应重新履行审批手续。

在海域、无居民海岛使用金减免幅度方面，2005年，《财政部、国家海洋局关于同意烟大铁路轮渡项目烟台端港口工程减缴海域使用金的批复》中提出，同意对烟大铁路轮渡项目烟台端港口工程填海海域131亩按50%减缴海域使用金。2006年，《财政部、国家海洋局关于同意秦皇岛港煤五期工程减缴海域使用金的批复》提出，同意秦皇岛港煤五期工程项目用海的填海部分（68.87公顷）应缴中央的海域使用金减缴50%。2018年，《财政部 国家海洋局关于同意深圳至中山跨江通道项目用海免缴应缴海域使用金的批复》提出，同意该深圳至中山跨江通道项目免缴应缴海域使用金8956.9698万元，免缴年限50年。

表6-6　海域、无居民海岛使用金减免政策

年份	政策名称	发文字号
2001	《中华人民共和国海域使用管理法》	中华人民共和国主席令第六十一号
2005	《财政部、国家海洋局关于同意烟大铁路轮渡项目烟台端港口工程减缴海域使用金的批复》	财综〔2005〕49号
2006	《财政部 国家海洋局关于印发〈海域使用金减免管理办法〉的通知》	财综〔2006〕24号
2006	《财政部、国家海洋局关于同意秦皇岛港煤五期工程减缴海域使用金的批复》	财综〔2006〕32号
2008	《财政部 国家海洋局关于海域使用金减免管理等有关事项的通知》	财综〔2008〕71号
2009	《中华人民共和国海岛保护法》	中华人民共和国主席令第二十二号
2010	《财政部 国家海洋局关于印发〈无居民海岛使用金征收使用管理办法〉的通知》	财综〔2010〕44号
2018	《财政部 国家海洋局关于同意深圳至中山跨江通道项目用海免缴应缴海域使用金的批复》	财综〔2018〕14号
2018	《国家海洋局关于海域、无居民海岛有偿使用的意见》	/

6.2.2 沿海地区典型案例

6.2.2.1 山东省

山东省坚持海域使用金减免政策与实际发展相结合，依据建设项目的产业属性、遭受意外冲击情况等适用不同的使用金减免政策（表6-7）。

2008年，山东省财政厅山东省海洋与渔业厅修订了《山东省海域使用金减免管理暂行办法》，规定对军事用海等四类项目用海免缴海域使用金，对公共设施用海等四类项目用海减免海域使用金，并规定了30%～80%的减缴幅度。2010年，《山东省海洋与渔业厅关于进一步规范海域使用金征收管理的通知》提出，属于国家发展改革委《产业结构调整目录》中鼓励类的战略性新兴产业项目，且无违法用海记录、无滞纳海域使用金记录的，或因人力不可抗拒的自然灾害致使无力全额缴纳海域使用金的，可申请减缴地方留成部分20%的海域使用金；属于国家发展改革委《产业结构调整目录》中鼓励类的一般项目，且无违法用海记录、无滞纳海域使用金记录的，可申请减缴地方留成部分10%的海域使用金。2019年，《山东省海域使用金减免管理办法》出台，明确将省政府公布的省重点建设项目名单中的项目用海也纳入减缴使用金的范畴，且此项目海域使用金减缴幅度最高不超过地方留成部分的20%。同年12月，《关于支持海洋战略性产业发展的财税政策》出台，对遭受严重自然灾害或重大意外事故，经核实经济损失达正常收益60%以上的养殖用海，依法减缴海域使用金，减缴最多不高于两年应缴的海域使用金额度；对非经营性人工鱼礁等公益事业用海，按规定免缴海域使用金。2022年，中共山东省委、山东省人民政府发布《海洋强省建设行动计划》，再次强调对渔港、人工鱼礁等公益事业用海项目，依规减免海域使用金。

表6-7　山东省的海域、无居民海岛使用金减免政策

年份	政策名称	发文字号
2008	《山东省财政厅 山东省海洋与渔业厅关于印发修订后的〈山东省海域使用金减免管理暂行办法〉的通知》	鲁财综〔2008〕84号
2010	《山东省海洋与渔业厅关于进一步规范海域使用金征收管理的通知》	/
2019	《山东省财政厅 山东省海洋局 国家税务总局山东省税务局关于印发〈山东省海域使用金减免管理办法〉的通知》	鲁财综〔2019〕18号

年份	政策名称	发文字号
2019	《山东省财政厅 中共山东省委组织部 山东省改革和发展委员会等16部门关于支持海洋战略性产业发展的财税政策的通知》	鲁财资环〔2019〕17号
2020	《山东省最新用海用岛政策指南》（山东省海洋局印发）	/
2022	《海洋强省建设行动计划》	/

6.2.2.2　海南省

海南省为助力优势海洋产业发展，着重对渔港项目、环岛旅游项目实行海域使用金免缴政策（表6-8）。

海南省财政厅分别在2014年和2016年发布《关于同意免缴万宁市港北一级渔港项目用海海域使用金的公示》和《关于临高县调楼镇黄龙村西侧护岸堤项目减免海域使用金的公示》，同意万宁市港北一级渔港项目和临高县调楼镇黄龙村西侧护岸堤项目免缴海域使用金共计1788918元。2020年，海南省自然资源和规划厅等部门联合发布《关于进一步做好全省水产养殖清退整改工作中渔民转产转业养殖用海审批和海域使用金征收工作的意见》，明确沿海农村集体经济组织成员使用海域从事养殖活动的，按每户50亩以下的用海面积免缴海域使用金。2022年，《海南省财政厅 海南省自然资源和规划厅关于同意海南环岛旅游公路澄迈段建设项目免缴海域使用金的复函》和《海南省财政厅 海南省自然资源和规划厅关于同意临高县新盈中心渔港建设工程防波堤项目免缴海域使用金的复函》认定，海南环岛旅游公路澄迈段建设项目用海和临高县新盈中心渔港建设工程防波堤项目用海属于非经营性公益事业用海，同意两项目在用海期限内依法免缴应缴海域使用金35.001万元和268.6万元。2023年，《海南省财政厅 海南省自然资源和规划厅关于同意琼海市海洋生态保护修复项目—海洋生境修复工程免缴海域使用金的复函》《海南省财政厅 海南省自然资源和规划厅关于同意琼海市潭门海域国家级现代化海洋牧场示范区人工鱼礁项目免缴海域使用金的复函》《海南省财政厅 海南省自然资源和规划厅关于同意澄迈县马袅湾海域国家级现代化海洋牧场示范区人工鱼礁创建项目免缴海域使用金的复函》先后发布，明确该类项目均属于非经营性公益事业用海，在用海期限内可分别依法免缴海域使用金5381.26万元、1442.39万元、1787.03万元。

表6-8 海南省的海域、无居民海岛使用金减免政策

年份	政策名称	发文字号
2014	《关于同意免缴万宁市港北一级渔港项目用海海域使用金的公示》	/
2016	《关于临高县调楼镇黄龙村西侧护岸堤项目减免海域使用金的公示》	/
2020	《海南省自然资源和规划厅 海南省财政厅 海南省农业农村厅 海南省生态环境厅印发〈关于进一步做好全省水产养殖清退整改工作中渔民转产转业养殖用海审批和海域使用金征收工作意见〉的通知》	琼自然资函〔2020〕140号
2020	《海南省财政厅 海南省自然资源和规划厅关于征求〈海南省海域使用金征收标准（征求意见稿）〉意见的函》	琼财综函〔2020〕592号
2021	《海南省财政厅 海南省自然资源和规划厅关于同意海南环岛旅游公路儋州段、东方段、临高段、乐东段、陵水段、文昌段建设项目免缴海域使用金的复函》	琼财综函〔2021〕501号
2022	《海南省财政厅 海南省自然资源和规划厅关于同意海南环岛旅游公路澄迈段建设项目免缴海域使用金的复函》	琼财综函〔2022〕7号
2022	《海南省财政厅 海南省自然资源和规划厅关于同意临高县新盈中心渔港建设工程防波堤项目免缴海域使用金的复函》	琼财综函〔2022〕75号
2023	《海南省财政厅 海南省自然资源和规划厅关于同意琼海市海洋生态保护修复项目—海洋生境修复工程免缴海域使用金的复函》	琼财综函〔2023〕150号
2023	《海南省财政厅 海南省自然资源和规划厅关于同意琼海市潭门海域国家级现代化海洋牧场示范区人工鱼礁项目免缴海域使用金的复函》	琼财综函〔2023〕148号
2023	《海南省财政厅 海南省自然资源和规划厅关于同意澄迈县马枭湾海域国家级现代化海洋牧场示范区人工鱼礁创建项目免缴海域使用金的复函》	琼财综函〔2023〕149号

6.2.2.3 广西壮族自治区

广西壮族自治区重点依照国家层面出台的海域、无居民海岛使用金减免政

策，针对符合公益性用海的项目给予使用金免缴政策（表6-9）。

2017年，《关于对免缴"广西壮族自治区海洋牧场示范区"公益性事业项目海域使用金有关问题的复函》指出，广西海洋牧场示范区项目区用海共106.385公顷，按透水构筑物用海海域使用金每年1.65万元计算，年减免项目区用海的海域使用金175.54万元，按获批项目海域使用证有效期30年计算，项目效益期30年内，该项目共减免海域使用金5266.2万元。2020年，《广西壮族自治区财政厅 广西壮族自治区海洋局关于2017年钦州海洋牧场示范区建设项目免缴海域使用金的批复》《广西壮族自治区财政厅 广西壮族自治区海洋局关于同意蓝色海湾整治百里黄金海岸（针鱼岭大桥—怪石滩段）工程—沙滩整治项目免缴海域使用金的批复》《广西壮族自治区财政厅 广西壮族自治区海洋局关于同意北海市海景大道南段（白虎头至大冠沙）道路工程之冯家江大桥工程项目用海免缴海域使用金的批复》发布，允许钦州市海洋牧场示范区建设项目、蓝色海湾整治百里黄金海岸工程—沙滩整治项目、北海市海景大道南段道路工程之冯家江大桥工程项目免缴海域使用金，同意防城港市蓝色海湾整治百里黄金海岸（针鱼岭大桥—怪石滩段）工程项目用海面积1.9644公顷免缴40年用海期限的海域使用金1445798.4元，其中，应缴中央国库433739.52元，应缴自治区国库289159.68元，应缴市级国库722899.2元。2021年和2022年，《广西壮族自治区财政厅 广西壮族自治区海洋局关于同意防城港市"蓝色海湾"综合整治行动项目临时用海免缴海域使用金的批复》《广西壮族自治区财政厅 广西壮族自治区海洋局关于同意廉州湾大道栈道工程项目免缴海域使用金的批复》先后发布，同意防城港市"蓝色海湾"综合整治行动项目临时用海的用海面积227.5807公顷和廉州湾大道栈道工程项目透水构筑物用海面积0.3553公顷免缴批复用海期限内的海域使用金。贯彻落实国家有关海域使用金的政策规定，助力相关海洋经济项目的建设。

表6-9 广西壮族自治区的海域、无居民海岛使用金减免政策

年份	政策名称	发文字号
2017	《关于对免缴"广西壮族自治区海洋牧场示范区"公益性事业项目海域使用金有关问题的复函》	/
2020	《广西壮族自治区财政厅 广西壮族自治区海洋局关于2017年钦州海洋牧场示范区建设项目免缴海域使用金的批复》	桂财综〔2020〕26号

续表

年份	政策名称	发文字号
2020	《广西壮族自治区财政厅 广西壮族自治区海洋局关于同意蓝色海湾整治百里黄金海岸（针鱼岭大桥—怪石滩段）工程—沙滩整治项目免缴海域使用金的批复》	桂财综〔2020〕43号
2020	《广西壮族自治区财政厅 广西壮族自治区海洋局关于同意北海市海景大道南段（白虎头至大冠沙）道路工程之冯家江大桥工程项目用海免缴海域使用金的批复》	桂财综〔2020〕49号
2021	《广西壮族自治区财政厅 广西壮族自治区海洋局关于同意防城港市"蓝色海湾"综合整治行动项目临时用海免缴海域使用金的批复》	桂财综〔2021〕27号
2022	《广西壮族自治区财政厅 广西壮族自治区海洋局关于同意廉州湾大道栈道工程项目免缴海域使用金的批复》	桂财综〔2022〕15号

6.3 使用金管理政策

6.3.1 海域海岛使用金管理

政策重点：海域海岛使用金管理是指政府从海域海岛使用金的分成、监督到最终使用的一系列管理行为。为加强海域海岛使用金从征收到使用的规范性，促进海域海岛合理开发和可持续利用，政府出台了一系列针对海域海岛使用金从分成、监督到最终使用的一系列管理政策（表6-10）。

典型政策：在海域海岛使用金分成方面，1993年，《国家海域使用管理暂行规定》提出，海域使用金由海洋行政主管部门代收代缴，没有海洋行政主管部门的地区归中央政府和地方政府所有，其收入应全部上缴财政部门。其中，30%上缴中央财政，70%留归地方财政。2007年，《财政部国家海洋局关于加强海域使用金征收管理的通知》提出，地方人民政府管理海域以外以及跨省（自治区、直辖市）管理海域的项目用海缴纳的海域使用金，由国家海洋局负责征收，就地全额缴入中央国库；养殖用海缴纳的海域使用金，由市、县海洋行政主管部门负责征收，就地全额缴入同级地方国库；除上述两类以外的其他用海项目缴纳的海域使用金，由有关海洋行政主管部门负责征收，30%缴入中央国库，70%缴入用海项目所在地的省级地方国库。2010年，《无居民海岛使用金征收使用管理办法》出台，提出无居民海岛使用金属于政府非税收入，由省级以上财政部门负责征收管理，由省级以上海洋主管部门负责具体征收，且无居民海岛使用金实行中央地方分成。其中20%缴入中央国库，80%缴入地方国库。2021年，《关于将国有土地使用权出让收入、矿产资源专项收入、海域使用金、无居民海岛使用金四项政府非税收入划转税务部门征收有关问题的通知》提出，海域使用金、无居民海岛使用金全部划转给税务部门负责征收。

在海域海岛使用金监管方面，2007年，《财政部 国家海洋局关于加强海域使用金征收管理的通知》提出，财政部驻相关地方财政监察专员办事处负责中央海域使用金收入监缴入库工作，确保应缴中央海域使用金收入及时足额解缴入库，对不按规定及时足额缴纳海域使用金的，一律按照其滞纳日期及滞纳金额按日加收1‰的滞纳金。滞纳金随同海域使用金一并缴入相应级次国库。2010年，财政部、国家海洋局发布《无居民海岛使用金征收使用管理办法》，提出各级财政、海洋主管部门应当加强对无居民海岛使用金征收、使用情况的管理，定期或不定期地开展无居民海岛使用金征收、使用情况的专项检查。2018年，《国家海洋局关于海域、无居民海岛有偿使用的意见》提出，对欠缴使用金的海域、无居民海岛使用权人，限期缴纳；限期结束后仍拒不缴纳的，依法收回使用权，并采取失信联合惩戒措施，建立用海用岛"黑名单"等制度，限制其参与新的海域、无居民海岛使用权出让活动。

在海域海岛使用金使用管理方面，1993年，财政部、国家海洋局发布《国家海域使用管理暂行规定》，提出上缴地方财政的海域使用金，作为地方财政的预算固定收入；上缴中央财政的海域使用金，作为中央财政的预算固定收入。上述收入由各级财政统筹安排，主要用于海域开发建设、保护和管理。2010年，财政部、国家海洋局发布《无居民海岛使用金征收使用管理办法》，规定无居民海岛使用金的具体使用范围，包括海岛保护、海岛管理、海岛生态修复和省级以上财政、海洋主管部门确定的其他项目，严禁将无居民海岛使用金项目资金用于支付各种罚款、捐助、赞助、投资等。2021年，《关于将国有土地使用权出让收入、矿产资源专项收入、海域使用金、无居民海岛使用金四项政府非税收入划转税务部门征收有关问题的通知》明确指出，将海域使用金、无居民海岛使用金等政府非税收入划转税务部门。

表6-10 海域、无居民海岛使用金管理政策

年份	政策名称	发文字号
1993	《财政部 国家海洋局关于颁发〈国家海域使用管理暂行规定〉的通知》	财综字〔1993〕73号

年份	政策名称	发文字号
2007	《财政部 国家海洋局关于加强海域使用金征收管理的通知》	财综字〔2007〕10号
2010	《财政部 国家海洋局关于印发〈无居民海岛使用金征收使用管理办法〉的通知》	财综字〔2010〕44号
2018	《国家海洋局关于海域、无居民海岛有偿使用的意见》	/
2021	《关于将国有土地使用权出让收入、矿产资源专项收入、海域使用金、无居民海岛使用金四项政府非税收入划转税务部门征收有关问题的通知》	财综〔2021〕19号

6.3.2 沿海地区典型案例

6.3.2.1 山东省

山东省不断完善海域海岛使用金管理政策（表6-11），明确征收费用入不同层级国库比例，实现专户专用、统一收据等规范化管理。

2003年，山东省海洋局发布《山东省海域使用管理条例》，海域使用金由批准用海的人民政府的海洋行政主管部门负责征收，并按规定上缴财政，专户储存，其收据必须使用省财政部门统一印制的海域使用金专用收据。2007年，《山东省财政厅 山东省海洋与渔业厅关于进一步加强海域使用金征收管理的通知》提出，海域使用金省与市分成的比例为：省级20%、市及市以下50%。市、县两级具体分成比例，按照重点向县（区）倾斜的原则，由各市自行确定，市级分成比例原则上不超过15%。2010年，《山东省财政厅 山东省海洋与渔业厅关于进一步规范海域使用金征收管理的通知》提出，到期未缴付海域使用金的，应下达催缴通知书通知用海项目单位，限期30日内将滞纳金随同海域使用金一并缴入相应级次国库，到期仍未按规定缴纳海域使用金及其滞纳金的，由批准用海的人民政府撤销批准文件，并在当地官方媒体上进行公告。2016年，《山东省海域使用权招标拍卖挂牌出让管理暂行办法》指出，对于海域使用金的出让价款、公示费、公告费、利益相关者补偿费、海域测量费、海域价值评估费等出让前期费用部分缴入本级库，不参与各级分成，剩余部分作为海域使用金按3∶2∶5（中央∶省∶省以下）的分成比例缴入相应级次国库，养殖用海项目海域使用金由市、县两级分成，分成比例按照各市规定执行。2017年，山东省海洋局发布《关于〈加强莱州湾特定区域海域管理的若干意见〉的政策解读》，指出除部分因改变海域用途需上报省海洋与渔业厅重新审批的项目，海域使用金按原征收分成比例执行。

表6-11 山东省的海域、无居民海岛使用金管理政策

年份	政策名称	发文字号
2003	《山东省海域使用管理条例》	/
2007	《山东省财政厅 山东省海洋与渔业厅关于进一步加强海域使用金征收管理的通知》	鲁财综〔2007〕18号
2010	《山东省财政厅 山东省海洋与渔业厅关于进一步规范海域使用金征收管理的通知》	鲁财综〔2010〕94号
2008	《山东省财政厅 山东省海洋与渔业厅关于印发修订后的〈山东省海域使用金减免管理暂行办法〉的通知》	鲁财综〔2008〕84号
2011	《山东省省级海域使用金支出项目管理暂行办法》	/
2016	《山东省海洋与渔业厅 山东省财政厅关于印发〈山东省海域使用权招标拍卖挂牌出让管理暂行办法〉的通知》	鲁海渔〔2016〕103号
2017	《关于〈加强莱州湾特定区域海域管理的若干意见〉的政策解读》	/

6.3.2.2 浙江省

浙江省依据审批机构属性不同，海域、无居民海岛使用金按不同比例缴入中央、省、市、县的国库或纳入一般公共预算（表6-12）。

2009年，《浙江省海域使用金征收管理办法》出台，对海域使用金的征收、分成和使用进行了规定。其中，对养殖用海、高涂围垦养殖用海等不同项目用海类型规定了相应的征收部门和省级、市级、县级的分成比例；海域使用金主要用于海洋保护、管理、开发等相关的各项支出。2020年，《关于加强海域使用金、无居民海岛使用金征收管理意见》发布，分别对海域使用金和无居民海岛使用金的征收、分成和使用进行了规定。其中，国务院、省级、县级政府审批的养殖用海项目海域使用金，全额缴入项目所在地的县级地方国库，中央和省级不参与分成；市级政府审批的养殖用海项目海域使用金，按市级10%、县级90%的比例就地缴入地方国库；其他项目用海缴纳的海域使用金，按项目用海批准权限由同级地方政府海洋行政主管部门负责征收，并按照中央30%、省级10%、市级10%、县级50%的比例就地缴入国库，省级不参与宁波市海域使用金分成；无居民海岛使用金实行中央地方分成，按照中央20%、省级20%、市级10%、县级50%比例分成后缴入国库，省级不参与宁波市无居民海岛使用金分成，无居民海岛使用金纳入一般公共预算。

表6-12 浙江省的海域、无居民海岛使用金管理政策

年份	政策名称	发文字号
2009	《浙江省人民政府关于印发〈浙江省海域使用金征收管理办法〉的通知》	浙政发〔2009〕8号
2011	《浙江省人民政府办公厅关于印发〈浙江省无居民海岛使用金征收使用管理办法〉的通知》	浙政办发〔2011〕123号
2020	《浙江省人民政府办公厅关于加强海域使用金征收管理的意见的政策解读》	浙政办发〔2020〕33号
2020	《浙江省人民政府办公厅关于加强海域使用金、无居民海岛使用金征收管理意见的通知》	浙政办发〔2020〕33号

6.4 围填海项目海域使用金政策

6.4.1 围填海项目海域使用金

政策重点：与"支持转管制"的政府态度相一致，我国围填海海域使用金征收标准早期偏低，后不断提高，最终全面禁止，严格管控围填海活动（表6-13）。

典型政策：1993年，《国家海域使用管理暂行规定》出台，提出海域使用金的征收标准由各地根据具体情况制定，但每年每亩不得低于100元。在这一标准下，各地围填海海域使用金征收标准各异，普遍偏低。2007年，《财政部、国家海洋局关于加强海域使用金征收管理的通知》发布，将填海造地用海的海域使用金大幅度提高，规定填海造地用海使用金最低征收额为每公顷30万元（六等海域建设用海项目），最高征收额将高达195万元（一等海域处置废弃物）；规定了围海用海中的港池、蓄水等用海的使用金最低征收额为每公顷0.15万元（六等海域），最高征收额为每公顷0.75万元，围海用海中的盐业用海和围海养殖用海具体征收标准由各省（自治区、直辖市）制定。同时，明确填海造地用海的海域使用金需要一次性缴纳。2017年，《围填海管控办法》出台，鼓励通过市场化方式出让围填海项目的海域使用权。经营性用海项目有两个或者两个以上用海意向人的，原则上应当通过招标、拍卖等市场化方式出让海域使用权。2018年，《调整海域无居民海岛使用金征收标准》进一步提高了围填海项目海域使用金征收标准。其中，填海造地用海使用金最低征收额为每公顷45万元（六等海域农业填海造地），最高征收额为每公顷2700万元（一等海域城镇建设填海）；将围海用海的用海方式细化为5种，最低征收额为每公顷0.08万元（六等海域盐田用海），最高征收额为每公顷4.76万元（一等海域围海式游乐场用海），

围海养殖用海具体征收标准由各省（自治区、直辖市）制定。2019年，第十九届中央委员会第四次全体会议通过《中共中央关于坚持和完善中国特色社会主义制度 推进国家治理体系和治理能力现代化若干重大问题的决定》，明确提出除国家重大项目外，全面禁止围填海。对于围填海历史遗留问题，自然资源部于2022年发布《自然资源部关于积极做好用地用海要素保障的通知》，再次明确项目用海（含海域使用金缴纳）待填海项目竣工海域使用验收一并审查。2023年，财政部和自然资源部联合发布《财政部 自然资源部关于做好政策性停止围填海项目相关海域使用金退还工作的通知》，明确指出不再继续填海的，根据已填海成陆部分少于批准填海面积的差额，按当时执行的征收标准相应退还海域使用金。

表6-13 围填海项目海域使用金政策

年份	政策名称	发文字号
1993	《关于颁发〈国家海域使用管理暂行规定〉的通知》	〔93〕财综字第73号
2007	《财政部 国家海洋局关于加强海域使用金征收管理的通知》	财综〔2007〕10号
2017	《国家海洋局 国家发展和改革委员会 国土资源部关于印发〈围填海管控办法〉的通知》	国海发〔2017〕9号
2018	《关于印发〈调整海域无居民海岛使用金征收标准〉的通知》	财综〔2018〕15号
2019	《中共中央关于坚持和完善中国特色社会主义制度 推进国家治理体系和治理能力现代化若干重大问题的决定》	/
2022	《自然资源部关于积极做好用地用海要素保障的通知》	自然资发〔2022〕129号
2023	《财政部 自然资源部关于做好政策性停止围填海项目相关海域使用金退还工作的通知》	财综〔2023〕15号

6.4.2 沿海地区典型案例

6.4.2.1 山东省

山东省结合围填海海域使用金国家标准，严控围填海规模，针对不同层级的围填海项目实施不同程度的浮动标准（表6-14）。

2004年，《山东省海域使用金征收使用管理暂行办法》出台，对围填海工程用海的项目类型和地区规定了不同的海域使用金标准。其中，最高征收额为不低于每公顷15万元（在青岛、烟台、威海、日照4市完全改变海域自然属性的填海型项目用海），最低征收额为每公顷不低于1500元（填海、围海工程的保护区用海每年每公顷不低于1500元）。2019年，《关于加强滨海湿地保护严格管控围填海的实施方案》提出，严控新增围填海项目以及严格审查占用自然岸线围填海项目，填海造地用海占用大陆自然岸线的，占用自然岸线的该宗填海按照征收标准的120%征收海域使用金。2021年，《山东省海域使用金征收标准》在国家已确定的海域等别基础上，进一步对山东省沿海35个县（市、区）海域进行定级，对不同海域等别下围填海项目用海的Ⅰ级和Ⅱ级进行了不同程度的上浮，Ⅲ级海域执行国家标准，同时规定围海养殖用海的海域使用金征收标准由各设区的市制定。

表6-14 山东省的围填海项目海域使用金管理政策

年份	政策名称	发文字号
2004	《关于印发〈山东省海域使用金征收使 用管理暂行办法〉的通知》	鲁财〔2004〕33号
2019	《山东省人民政府印发关于加强滨海湿地保护严格管控围填海的实施方案的通知》	鲁政发〔2019〕11号
2020	《山东省最新用海用岛政策指南》（山东省海洋局印发）	/
2021	《山东省财政厅 山东省自然资源厅关于印发〈山东省海域使用金征收标准〉的通知》	鲁财综〔2021〕6号

6.4.2.2 浙江省

浙江省以围填海海域使用金国家标准为核心，结合本地区用海实际情况，实行部分直接遵从国家标准，部分根据海域等级浮动定价（表6-15）。

2006年，《浙江省海域使用金征收管理办法》出台，规定了围海造地用海项目的海域使用金征收标准。其中，改变海域自然属性的城镇及临港工业建设填海工程用海每亩15000～20000元，改变海域自然属性的农业填海用海每亩1000～3000元，且一次性征收。2009年，《浙江省人民政府关于印发浙江省海域使用金征收管理办法的通知》发布，对国家已经规定的围填海海域使用金征收标准执行国家标准。同时，规定在所有海域等别的农业填海造地用海、盐业用海、淤涨型高涂围垦养殖用海分别执行每公顷0.9万元、0.0045万元和0.9万元的标准；根据不同海域等别规定了池塘养殖用海每公顷0.03万～0.12万元的标准。2019年，《浙江省财政厅 浙江省自然资源厅关于调整海域无居民海岛使用金征收标准的通知》发布，在国家已确定的海域等别基础上，进一步对浙江省海域进行定级，对不同海域等级下围填海项目用海的Ⅰ级和Ⅱ级进行了不同程度的上浮，Ⅲ级海域执行国家标准。同时，将国家标准中围海养殖用海进一步具体为池塘养殖用海，规定了每公顷0.03万～0.97万元的征收标准。2022年，浙江省自然资源厅发布《浙江省自然资源厅贯彻落实〈自然资源部关于积极做好用地用海要素保障的通知〉的意见》，对利用已填成陆历史遗留围填海、无新增围填海的项目，需要同时满足项目用海批准、全额缴纳海域使用金及办理海域不动产权登记三项要求方可下发填海竣工验收批复。

表6-15　浙江省的围填海项目海域使用金管理政策

年份	政策名称	发文字号
2006	《关于印发〈浙江省海域使用金征收管理办法〉的通知》	浙政发〔2006〕71号
2009	《浙江省人民政府关于印发浙江省海域使用金征收管理办法的通知》	浙政发〔2009〕8号
2019	《浙江省财政厅 浙江省自然资源厅关于调整海域无居民海岛使用金征收标准的通知》	浙财综〔2019〕21号
2019	《浙江省人民政府关于印发浙江省贯彻落实国家海洋督察围填海专项督察意见整改方案的通知》	浙政函〔2019〕23号
2022	《浙江省自然资源厅贯彻落实〈自然资源部关于积极做好用地用海要素保障的通知〉的意见》	浙自然资函〔2022〕97号

───・ **本章小结** ・───

　　本章系统梳理了征收标准、使用金减免、使用金管理、围填海项目海域使用金政策实施情况。在征收标准方面，国家层面侧重于以非市场化出让方式，以及招标、拍卖等市场化出让方式动态调整海域、无居民海岛使用金征收标准及机制，地方层面则根据不同用岛类型、海域级别、离岸距离等采取不同的征收标准、征收方式。在使用金减免方面，国家层面规定了不同用海项目、不同减免幅度等标准，地方层面则依据不同项目产业属性、发展领域等设立不同的使用金减免政策。在使用金管理方面，国家层面出台了针对海域海岛使用金从分成、监督到最终使用的一系列管理政策，地方层面则明确了征收费用入不同层级国库的比例。在围填海项目使用金方面，国家层面不断提高围填海海域使用金征收标准、严格管控围填海活动；地方层面则以国家标准为核心，结合各地实际，针对不同的围填海项目层级、海域等级等实施不同程度的浮动标准。

【**知识进阶**】

1. 试举例海岛海域使用金政策工具。

2. 海岛海域使用金征收标准有哪些?

3. 海岛海域使用金减免力度如何?

4. 海岛海域使用金管理流程是什么?

5. 我国围填海经历了从海域使用金征收标准不断提高，到最后全面禁止的发展阶段，比较不同阶段的发展背景，分析未来围填海项目使用金该"何去何从"。

6. 结合海岛海域使用金政策发展历程，试谈一谈对海岛海域规范、合理使用的看法。

7　海域海岛使用权流转政策

> 知识导入：海域使用权指的是权利人依照法律规定的程序，经海洋行政主管部门审批和登记后，依法占有使用特定的海域或海岛并获得规定权能的权利。为了深化海域海岛有偿使用制度改革，创新海域海岛资源市场化配置方式，财政部、国家发展改革委及地方有关部门出台了一系列关于海域、无居民海岛的二级交易市场政策，从整体战略角度为明确相应的义务和权利提供制度支持。按照交易方式的不同，我国海域海岛使用权流转可以分为抵押、出租、作价出资（入股）及其他创新型交易。本章通过梳理2005—2023年各级政府部门和机构公布的关于海域、无居民海岛使用权流转的海洋经济相关规范性文件，对我国关于海域、无居民海岛使用权流转的国家及区域性海洋经济政策措施进行分类讨论，以期更好地实现海域海岛的综合利用和可持续性开发。

7.1　抵押政策

7.1.1　海域海岛使用权抵押

政策重点：海域海岛使用权抵押是指贷款申请人以合法有效的海域使用权或者无居民海岛使用权为抵押，向金融机构申请贷款。通常在进行海域海岛使用权抵押时，其附属的用海设施等都一并抵押。为更好地实现海域海岛使用权的流转，我国出台一系列关于促进海域、无居民海岛使用权抵押，鼓励各经济示范区探索抵押贷款新模式的政策文件（表7-1），特别是在养殖权抵押方面。

典型政策：2009年，《国家发展改革委关于印发黄河三角洲高效生态经济区发展规划的通知》提出，要积极稳妥地发展产权交易市场，以实际行动支持海域使用权的抵押融资创新。2011年，《2011年海域使用管理工作要点》明确提出，规范海域使用权流转工作，研究并制定了规范海域使用权抵押的政策措施，积极推进海域使用权抵押贷款。2012年，《全国海洋经济发展"十二五"规划》发布，提出创新海域和无居民海岛使用权流转的管理制度，探索海域使用权抵押贷款等创新模式。2018年，《人民银行 海洋局 发展改革委 工业和信息化部 财政部 银监会 证监会 保监会关于改进和加强海洋经济发展金融服务的指导意见》发布，鼓励银行以及金融机构按照风险可控、商业可持续原则，开展海域、无居民海岛使用权抵押贷款业务。同年，《自然资源部 中国工商银行关于促进海洋经济高质量发展的实施意见》发布，提出构建海洋经济抵质押融资产品体系，创新涉海金融产品，开展海域、岸线、无居民海岛使用权的抵押贷款业务以及其他新型涉海资产抵质押贷款业务。2019年，《中共中央办公厅 国务院办公厅关于统筹推进自然资源资产产权制度改革的指导意见》发布，指出探索海域使用权立体分层设权，加快完善海域使用权出让、转让、抵押、出租、作价出资（入股）等权能。我国有关部门在水域滩涂养殖使用权方面进行了积极探索。在养殖使用权方面，农业部于2010年出台《关于稳定水域滩涂养殖使用权推进水域滩涂养殖发证登记工作的意见》，提出积极与金融、信贷等部门沟通，发挥养殖证的物权抵押功能，解决养殖权人小额贷款困难。2022年，农业农村部发布《对十三届全国人大五次会议第6145号建议的答复摘要》，指出将进一步优化完善包括养殖用海在内的海域使用权确权和抵押制度，采取有效措施，提高不动产登记办事效率；加快推进水域滩涂养殖权、海域使用权确权和流转制度建设，破除确权和抵押贷款难点，助推深远海养殖发展。

表7-1 海域、无居民海岛使用权抵押政策

年份	政策名称	发文字号
2009	《国家发展改革委关于印发黄河三角洲高效生态经济区发展规划的通知》	发改地区〔2009〕3027号
2010	《农业部关于稳定水域滩涂养殖使用权推进水域滩涂养殖发证登记工作的意见》	农渔发〔2010〕25号
2011	《国家海洋局关于印发〈2011年海域使用管理工作要点〉的通知》	国海管字〔2011〕28号
2012	《国务院关于印发全国海洋经济发展"十二五"规划的通知》	国发〔2012〕50号
2014	《中国人民银行办公厅关于做好2014年信贷政策工作的意见》	银办发〔2014〕23号
2014	《发展改革委关于印发青岛西海岸新区总体方案的通知》	发改地区〔2014〕1318号
2018	《人民银行 海洋局 发展改革委 工业和信息化部 财政部 银监会 证监会 保监会关于改进和加强海洋经济发展金融服务的指导意见》	银发〔2018〕7号

年份	政策名称	发文字号
2018	《自然资源部 中国工商银行关于促进海洋经济高质量发展的实施意见》	自然资发〔2018〕63号
2019	《中共中央办公厅 国务院办公厅印发〈关于统筹推进自然资源资产产权制度改革的指导意见〉》	/
2022	《对十三届全国人大五次会议第6145号建议的答复摘要》	农办议〔2022〕285号

7.1.2　沿海地区典型案例

山东省、江苏省、福建省、浙江省等沿海省市根据本地区的海域海岛使用情况颁布了有关海域海岛使用权抵押的相关政策，进一步明确了海域海岛使用权抵押的申请条件、办理程序及要求等，为个人及企业提供了新的融资模式。

7.1.2.1　山东省

山东省的海域海岛使用权抵押政策（表7-2）以明晰海域海岛使用权归属为主。

2010年，《山东省人民政府关于金融支持黄河三角洲高效生态经济区发展的意见》发布，提出要大胆开展担保方式创新，拓宽贷款担保物范围，积极探索海域使用权抵押融资。2011年，山东省金融工作办公室等四部门发布《山东省海域海岛使用权抵押贷款实施意见》，明确了海域使用权抵押贷款工作的范畴、申请条件、办理程序、要求等，并对加强海域海岛使用权抵押贷款配套体系的建设提出了新要求。同年，《山东省人民政府关于加强和改进政府服务促进企业转型升级的意见》和《关于加大金融财税支持力度促进小型微型企业持续健康发展的意见》相继发布，均提出要积极开展海域使用权抵押贷款业务，探索推广新的信贷模式，缓解中小微涉海企业的贷款问题。2013年，为确保水域滩涂养殖权抵押贷款规范、安全运行，人行微山县支行出台《微山湖水域滩涂养殖权抵（质）押贷款管理办法（试行）》，明确了贷款对象和条件、水域滩涂养殖权抵押的具体范围、贷款的具体程序、贷款期限与利率以及监督管理的具体内容。2014年，青岛市海洋与渔业局发布《关于印发青岛市海洋与渔业局海域使用权抵押登记管理办法的通知》，明确规定了海域使用权的抵押应保证权属清晰、按规定缴纳海域使用金等条件，细化抵押合同内容，并规定海域使用权抵押时，其固定附属用海设施也随之抵押。2022年，中共山东省委、山东省人民政府发布《海洋强省建设行动计划》，指出要加强海域海岛使用动态管理，严格管控无居民海岛开发利用，加快完善海域使用权出让、转让、抵押、出租、作价出资（入股）等权能。同年，青岛市海洋发展局发布《关于推进海域使用权抵押贷款工作的意见》，指出要科学评估海域使用权价值，合理确定海域使用权期限，加强融资服务体系建设，构建贷款与征信、担保联动机制，加强海域使用权交易市场建设，推进海域使用权抵押贷款业务顺利开展。为此，2023年，《青岛市海洋发展局关于青岛市政协十四届二次会议第292号提案的协办意见》提出，要积极对接以银行为代表的各类金融机构，鼓励丰富创新涉海金融产品，引导银行不断探索和完善海域使用权抵押融资业务的运作模式，将海域使用权等纳入海洋贷款抵质押品范围。

表7-2　山东省的海域、无居民海岛使用权抵押政策

年份	政策名称	发文字号
2009	《山东省人民政府关于印发〈山东省船舶工业调整振兴规划〉的通知》	鲁政发〔2009〕43号
2009	《山东省人民政府办公厅转发省海洋与渔业厅关于为扩大内需促进经济平稳较快发展做好海洋服务保障工作的意见的通知》	鲁政办发〔2009〕5号
2010	《山东省人民政府关于金融支持黄河三角洲高效生态经济区发展的意见》	鲁政发〔2010〕51号
2011	《山东省海域海岛使用权抵押贷款实施意见》	鲁金办发〔2011〕11号
2011	《山东省人民政府关于加强和改进政府服务促进企业转型升级的意见》	鲁政发〔2011〕37号
2011	《关于加大金融财税支持力度促进小型微型企业持续健康发展的意见》	鲁政发〔2011〕43号
2013	《微山湖水域滩涂养殖权抵（质）押贷款管理办法（试行）》	/
2014	《关于印发青岛市海洋与渔业局海域使用权抵押登记管理办法的通知》	青海渔办〔2014〕86号
2020	《关于促进全省民营经济加快发展的意见》	鲁政发〔2020〕6号
2021	《山东省人民政府办公厅关于印发山东省"十四五"海洋经济发展规划的通知》	鲁政办发〔2021〕120号
2022	《海洋强省建设行动计划》	/
2022	《关于推进海域使用权抵押贷款工作的意见》	青海字〔2022〕14号

年份	政策名称	发文字号
2023	《青岛市海洋发展局关于青岛市政协十四届二次会议第292号提案的协办意见》	/

7.1.2.2 江苏省

江苏省的海域海岛使用权抵押政策（表7-3）以扩大海域海岛使用权抵押贷款规模为主。

2009年，《关于推进海域使用权抵押贷款工作意见》发布，要求积极稳妥推进海域使用权的抵押贷款业务，明确其申请人范围、抵押登记制度等内容，大力培育海域使用权转让、出租、抵押等市场交易体系，逐步建立健全海域使用权流转市场。同年，《江苏省海域使用权抵押登记暂行办法》出台，进一步明确了海域使用权抵押的条件、所需材料、限制条件等，并且指出海域使用权抵押贷款的额度，一般不超过其评估值的60%。2011年，《沿海开发五年推进计划》提出，要扩大海域使用权抵押贷款规模，尽快建立流转平台和评估办法，争取2012年前海域使用权抵押贷款累计发放不低于100亿元，2015年前不低于300亿元。2021年，《江苏省"十四五"金融发展规划》提出，要扩大农村资产抵押担保融资范围，探索开发海域使用权、水面承包经营权等抵质押贷款创新。为响应上级号召，2022年，《南通市"十四五"海洋经济发展规划》指出，要积极拓展产业链融资，鼓励发展以海域使用权、岸线使用权、在建船舶、船网工具指标、海产品仓单等为抵质押担保的贷款产品。同年，南通市自然资源和规划局发布《关于征集南通市金融机构服务海洋经济发展金融产品（第一批）的通知》，提出要重点征集金融机构发行的与促进海洋产业发展相关的金融服务产品，其中包括海域使用权抵押贷款产品等。

表7-3 江苏省的海域、无居民海岛使用权抵押政策

年份	政策名称	发文字号
2009	《省政府办公厅转发省海洋与渔业局等部门〈关于推进海域使用权抵押贷款工作意见〉的通知》	苏政办发〔2009〕103号
2009	《省海洋渔业局关于印发〈江苏省海域使用权抵押登记暂行办法〉的通知》	苏海规〔2009〕1号
2011	《中共江苏省委 江苏省人民政府关于印发〈沿海开发五年推进计划〉的通知》	苏发〔2011〕16号

年份	政策名称	发文字号
2014	《关于加快推进金融改革创新的意见》	苏发〔2014〕17号
2021	《省政府办公厅关于印发江苏省"十四五"金融发展规划的通知》	苏政办发〔2021〕60号
2022	《市政府办公室关于印发南通市"十四五"海洋经济发展规划的通知》	通政办发〔2022〕25号
2022	《关于征集南通市金融机构服务海洋经济发展金融产品（第一批）的通知》	/

7.1.2.3 福建省

福建省的海域海岛使用权抵押政策（表7-4）以推动产品创新为主。

2008年，福建省发展和改革委员会发布《福建省"十一五"经济体制改革专项规划》，明确要积极推进海域使用和内陆水域养殖使用制度改革，建立健全海域使用权和内陆水域养殖使用权的流转机制，探索建立海域使用权抵押贷款机制。2009年，《福建省海洋与渔业厅关于贯彻国务院关于支持福建省加快建设海峡西岸经济区若干意见的实施意见》发布，提出要实施海域资源资产化管理，探索建立海域使用权收储制度，积极开展海域使用权招标拍卖挂牌试点，推进海域使用权的抵押贷款工作。2011年，《福建省人民政府关于扶持农民专业合作社示范社建设的若干意见》发布，指出允许农民专业合作社使用符合法律规定和实际需要的海域使用权等进行抵押贷款，进一步落实了海域海岛使用权的抵押贷款政策。2018年，福建省人民代表大会常务委员会发布《福建省促进中小企业发展条例（2018修正）》，明确指出县级以上地方人民政府应当建立完善中小企业的财产抵押物登记、权属变更等制度，金融机构通过推行海域使用权抵押等担保方式，扩大中小企业贷款担保物范围。为此，2020年，《宁德市海洋与渔业局关于开展海上渔排养殖权抵押备案工作的意见》规定了养殖权抵押备案范围、备案机构、备案方法，对抵押人到期不能清偿债务的情形的处置，同时提出各地可采取先试点后推广的方式，选择部分水产养殖企业开展试点，以积累经验、完善机制后推广。2022年，《福州市"十四五"海洋经济发展专项规划》发布，鼓励金融机构推广涉海保函、供应链金融等产品，拓展海域使用权、在建船舶和知识产权等为抵质押担保的贷款产品。

表7-4 福建省的海域、无居民海岛使用权抵押政策

年份	政策名称	发文字号
2008	《福建省"十一五"经济体制改革专项规划》	/
2009	《福建省海洋与渔业厅关于贯彻国务院支持福建加快建设海峡西岸经济区若干意见的实施意见》	闽海渔〔2009〕273号
2011	《福建省人民政府关于扶持农民专业合作社示范社建设的若干意见》	闽政〔2011〕58号
2012	《福建省人民政府关于支持和促进海洋经济发展九条措施的通知》	闽政〔2012〕43号
2017	《福建省海洋与渔业厅关于推进渔业转方式调结构转型升级发展的实施意见》	闽海渔〔2017〕90号
2018	《福建省促进中小企业发展条例（2018修正）》	福建省人民代表大会常务委员会公告〔13届〕第15号
2020	《宁德市海洋与渔业局关于开展海上渔排养殖权抵押备案工作的意见》	宁海渔〔2020〕77号
2020	《福建省普惠金融改革试验区工作推进小组关于印发宁德市普惠金融改革试验区实施方案的通知》	闽普惠金改〔2020〕1号
2021	《福建省人民政府关于印发〈加快建设"海上福建"推进海洋经济 高质量发展三年行动方案（2021—2023年）〉的通知》	闽政〔2021〕7号
2022	《福州市人民政府关于印发福州市"十四五"海洋经济发展专项规划的通知》	榕政综〔2022〕11号

7.1.2.4 浙江省

浙江省的海域海岛使用权抵押政策（表7-5）以明晰海域海岛使用权抵押贷款的申请条件为主。

2010年，《浙江省人民政府办公厅关于开展海域使用权抵押贷款工作的意见》发布，要求积极开展海域使用权抵押贷款工作，发展以海域使用权资产抵押为核心的金融业务，并规定了海域使用权抵押贷款的申请条件。2014年，《浙江省人民政府办公厅关于鼓励投资发展现代农业的意见》发布，鼓励扩大有效抵（质）押物范围，依法开展海域使用权等抵押贷款。2020年，《浙江省人民政府办公厅关于

加强海域使用金、无居民海岛使用金征收管理的意见》发布，明确了抵押人抵押海域使用权时，应当一次性缴纳抵押期限内的海域使用金，同时，要到不动产登记机构办理登记手续，进一步完善了海域有偿使用制度。2021年，台州市椒江区发展改革局（区粮食物资局）发布《台州市椒江区"十三五"海洋与渔业发展规划》，提出要加快海域使用权物权制度创新，建立海洋评估机制，继续推进海域使用权等抵押融资，推进海域资源市场化配置。2022年，《台州市港航口岸和渔业局关于市六届人大一次会议第三23号建议答复的函》提出，要加强水产养殖产业信贷资金支持力度，探索海域使用权抵押、联合担保等创新金融举措，进一步改善水产养殖产业发展的融资环境。

表7-5　浙江省的海域、无居民海岛使用权抵押政策

年份	政策名称	发文字号
2010	《浙江省人民政府办公厅关于开展海域使用权抵押贷款工作的意见》	浙政办发〔2010〕34号
2014	《浙江省人民政府办公厅关于鼓励投资发展现代农业的意见》	浙政办发〔2014〕63号
2020	《浙江省人民政府办公厅关于加强海域使用金、无居民海岛使用金征收管理的意见》	浙政办发〔2020〕33号
2021	《台州市椒江区"十三五"海洋与渔业发展规划》	/
2022	《台州市港航口岸和渔业局关于市六届人大一次会议第三23号建议答复的函》	/

7.2　出租政策

7.2.1　海域海岛使用权出租

政策重点：海域海岛使用权出租是指海域海岛使用权人作为出租人，将海域海岛使用权出租给他人使用，由承租人向出租人支付租金。海域海岛使用权在进行出租时，其附属的用海设施亦随之出租。为提高海域资源配置效率，我国出台了一系列关于海域、无居民海岛使用权出租的规范性文件（表7-6），主要对海域海岛使用权的租金、出租条件、范围等内容予以明确，不断完善海域海岛使用权出租的权能。

典型政策：针对海域使用权的租金，财政部和国家海洋局于1993年颁布了《国家海域使用管理暂行规定》，明确指出要实行海域有偿使用制度，规定了海域

使用权在进行出租时要收取相应的海域租金，并按照租金收入20%的比例上缴有关部门。针对海域使用权的出租条件，国家海洋局于2006年颁布了《海域使用权管理规定》，对海域使用权转让出租的条件进行了规定，明确指出应满足开发利用海域满一年、缴清海域使用金且实际投资已达计划投资总额20%以上等条件，同时，海域使用权取得时免缴或者减缴海域使用金的，需要补缴海域使用金才可转让出租。2012年，国家海洋局发布《全国海洋功能区划（2011—2020年）》，对我国管辖海域未来十年的开发利用作出安排，规范海域使用权转让出租行为，建立海域价值评估制度，积极培育海域使用权市场。在此基础上，2016年，《全国海岛保护工作"十三五"规划》进一步规范了无居民海岛的有偿使用制度，明确无居民海岛有偿使用范围、条件、程序和权利体系，探索赋予无居民海岛使用权依法转让和出租等权能。2021年，《要素市场化配置综合改革试点总体方案》再次强调统筹陆海资源管理，支持完善海域和无居民海岛有偿使用制度，加强海岸线动态监测。

表7-6 海域、无居民海岛使用权出租政策

年份	政策名称	发文字号
1993	《关于颁发〈国家海域使用管理暂行规定〉的通知》	〔93〕财综字第73号
2006	《关于印发〈海域使用权管理规定〉的通知》	国海发〔2006〕7号
2012	《国务院关于全国海洋功能区划（2011—2020年）的批复》	国函〔2012〕13号
2012	《国务院关于印发〈全国海洋经济发展"十二五"规划〉的通知》	国发〔2012〕50号
2016	《国家海洋局关于印发〈全国海岛保护工作"十三五"规划〉的通知》	国海岛字〔2016〕691号
2017	《国务院关于全民所有自然资源资产有偿使用制度改革的指导意见》	国发〔2016〕82号
2019	《中共中央办公厅、国务院办公厅印发〈关于统筹推进自然资源资产产权制度改革的指导意见〉》	/
2021	《国务院办公厅关于印发要素市场化配置综合改革试点总体方案的通知》	国办发〔2021〕51号

7.2.2 沿海地区典型案例

河北省、江苏省、福建省、广西壮族自治区等沿海地区根据本地区的海域海岛使用情况颁布了有关海域、无居民海岛使用权出租的相关政策，主要包括出租时的

租金加征事项、监督管理，着力健全海域海岛滩涂资源的产权、收储和交易制度。

7.2.2.1 河北省

河北省的海域海岛使用权出租政策（表7-7）以监督管理政策为主。

2007年，《河北省财政厅 河北省海洋局关于加强海域使用金征收管理有关事项的通知》明确提出，转让海域使用权按照转让所得增值额的40%加征海域转让金，转让海域的海域设施重置费，需要通过资产评估确定，出租海域使用权按照超出海域使用金标准部分租金收入的20%加征海域租金。2017年，《河北省人民政府关于全民所有自然资源资产有偿使用制度改革的实施意见》明确，要完善海域海岛有偿使用分级、分类管理制度，不断规范海域使用权出租行为，完善海域使用权转让、出租等权能。2020年，河北省人民代表大会常务委员会发布《河北省海域使用管理条例（2020修正）》，指出海域使用权人在批准的海域使用年限内，可以依法进行继承、转让、出租海域使用权等行为，完善海域使用权的二级流转市场。

表7-7 河北省的海域、无居民海岛使用权出租政策

年份	政策名称	发文字号
2007	《河北省财政厅 河北省海洋局关于加强海域使用金征收管理有关事项的通知》	冀财综〔2007〕66号
2017	《河北省人民政府关于全民所有自然资源资产有偿使用制度改革的实施意见》	冀政发〔2017〕11号
2020	《河北省海域使用管理条例（2020修正）》	河北省第十三届人民代表大会常务委员会公告第59号

7.2.2.2 江苏省

江苏省的海域海岛使用权出租政策（表7-8）以出租租金规定为主。

2007年的《江苏省海域使用金征收管理办法》和2018年的《江苏省海域和无居民海岛使用金征收管理办法》均明确提出海域使用权转让按转让增值额的30%缴纳海域转让金，海域使用权出租按租金收入的20%缴纳海域租金。2015年，《江苏省政府办公厅关于促进农村产权流转交易市场健康发展的实施意见》提出，要加快建设包括海域使用权在内的农村产权流转交易市场，对于海域使用权的出租等流转交易行为进行进一步规范，并强化其监督管理。2021年，《江苏省"十四五"自然资源保护和利用规划》明确提出，要探索海域使用权立体分层设权，着力强化海域使用权转让、出租等权能，健全海域海岛滩涂资源的产权制度。

表7-8 江苏省的海域、无居民海岛使用权出租政策

年份	政策名称	发文字号
2007	《省财政厅省海洋渔业局关于印发〈江苏省海域使用金征收管理办法〉的通知》	苏财综〔2007〕48号
2015	《江苏省政府办公厅关于促进农村产权流转交易市场健康发展的实施意见》	苏政办发〔2015〕13号
2018	《江苏省财政厅 江苏省海洋渔业局关于印发〈江苏省海域和无居民海岛使用金征收管理办法〉的通知》	苏财规〔2018〕13号
2021	《省政府办公厅关于印发江苏省"十四五"自然资源保护和利用规划的通知》	苏政办发〔2021〕41号

7.2.2.3 福建省

福建省的海域海岛使用权出租政策（表7-9）以健全海域海岛资源收储和交易制度为主。

2007年，《福建省海域使用金征收配套管理办法》出台，对于海域使用金作出了一系列的规定，指出海域使用权进行出租时，海域租金按租金收入的20%计征。2016年，《福建省海域使用管理条例》明确，海域使用权在使用期限内可以依法转让、出租，对减缴、免缴海域使用金的项目用海，转让海域使用权的，应当依法补缴海域使用金；出租海域使用权的，应当按照国家和省的规定缴纳一定比例的出租收益。2021年，《福建省"十四五"海洋强省建设专项规划》提出，要完善海域、无居民海岛有偿使用制度，健全海域海岛资源收储和交易制度，推进海域使用权出租等改革创新，探索其市场化交易机制。

表7-9 福建省的海域、无居民海岛使用权出租政策

年份	政策名称	发文字号
2007	《福建省人民政府办公厅关于印发福建省海域使用金征收配套管理办法的通知》	闽政办〔2007〕153号
2016	《福建省海域使用管理条例》	/
2021	《福建省人民政府办公厅关于印发福建省"十四五"海洋强省建设专项规划的通知》	闽政办〔2021〕62号

7.2.2.4 广西壮族自治区

广西壮族自治区的海域海岛使用权出租政策（表7-10）以健全海域、无居民

海岛资源资产产权体系为主。

2008年，广西壮族自治区人民政府出台了《广西壮族自治区海域使用管理办法》，明确以有偿方式取得的海域使用权在使用年限内可以依法转让、出租、抵押、作价入股和继承，但海域使用金未缴清的除外。2019年，《广西壮族自治区海域、无居民海岛有偿使用的实施意见》提出，加快完善海域使用权出让、转让、抵押、出租、作价出资（入股）等权能，探索无居民海岛使用权转让、抵押、出租等权能，旨在健全海域、无居民海岛资源资产产权体系。2021年，广西壮族自治区海洋局、广西壮族自治区发展和改革委员会发布《广西海洋经济发展"十四五"规划》，指出要完善海域使用权转让、抵押、出租、作价出资等权能。

表7-10　广西壮族自治区的海域、无居民海岛使用权出租政策

年份	政策名称	发文字号
2008	《广西壮族自治区海域使用管理办法》	广西壮族自治区人民政府令第41号
2019	《广西壮族自治区海洋局关于印发〈广西壮族自治区海域、无居民海岛有偿使用的实施意见〉的通知》	广西壮族自治区十三届人民政府第40次常务会议审议通过
2021	《广西海洋经济发展"十四五"规划》	/

7.3　作价出资（入股）政策

7.3.1　海域海岛使用权作价出资（入股）

政策重点：海域海岛使用权作价出资（入股）是指以海域或无居民海岛作为资产作价后，以出资入股的形式投入企业中换取一定的股权，从而把原有海域使用权的经营收益转化为投资收益。为切实维护海域、无居民海岛国家所有者和使用权人的合法权益，提升海域海岛使用价值，促进海域、无居民海岛使用权市场化配置，我国出台了一系列政策（表7-11）探索推进海域海岛使用权作价出资（入股）。

典型政策：2006年，国家海洋局出台《海域使用权管理规定》，明确作价入股情形的海域使用权可以依法转让，旨在规范海域使用权管理，保障海域使用权人的合法权益。此后，部分沿海地区开始尝试利用海域、海岛使用权进行作价出资。比如2011年，厦门腾龙特种树脂有限公司以11.71公顷海域使用权作价288万元，成为福建省以海域使用权进行出资登记的首例。但由于缺乏明确的政策规定，海域海岛使用权在作价出资（入股）过程中发展并不完善。2017年，《国务院关于全民所有

自然资源资产有偿使用制度改革的指导意见》出台，提出完善海域使用权作价出资（入股）等权能，逐步提高经营性用海市场化出让比例。2019年，中共中央办公厅联合国务院办公厅印发《关于统筹推进自然资源资产产权制度改革的指导意见》，提出要加快完善海域使用权作价出资（入股）权能。至此，完备海域、海岛使用权作价出资（入股）管理实施规定被提上日程。2021年，《国务院办公厅关于鼓励和支持社会资本参与生态保护修复的意见》提出，社会资本投资修复并依法获得的土地、海域使用权等相关权益，在完成修复任务后，可依法依规流转并获得相应收益。

表7-11　海域、无居民海岛使用权作价出资（入股）政策

年份	政策名称	发文字号
2006	《关于印发〈海域使用权管理规定〉的通知》	国海发〔2006〕7号
2017	《国务院关于全民所有自然资源资产有偿使用制度改革的指导意见》	国发〔2016〕82号
2018	《国家海洋局关于海域、无居民海岛有偿使用的意见》	/
2019	《关于统筹推进自然资源资产产权制度改革的指导意见》	/
2021	《国务院办公厅关于鼓励和支持社会资本参与生态保护修复的意见》	国办发〔2021〕40号

7.3.2　沿海地区典型案例

在中央指导下，辽宁省、福建省、江苏省、浙江省等沿海地区结合当地海域、海岛资源的实际情况，逐步推进海域、海岛使用权作价出资（入股）的制度建设，内容涵盖规范使用权作价入股条件、鼓励海域使用权出资入股公司等，旨在扩大海域使用权的作价出资权能，深化使用权作价出资（入股）改革创新。

7.3.2.1　辽宁省

辽宁省的海域海岛使用权作价出资（入股）政策（表7-12）以规范使用权作价入股条件为主。

2005年，辽宁省人民政府出台《辽宁省海域使用管理办法》，规定了海域使用权作价入股的条件，包括使用年限范围门槛以及向有关部门备案要求。2011年，辽宁省工商行政管理局、辽宁省海洋与渔业厅联合出台《辽宁省海域使用权出资登记管理办法（试行）》，明确在辽宁全省范围内凡取得海域使用权证书的投资人，均可在公司设立或者增资扩股时作价出资，积极进行海洋领域自然资源资产的制度创

新。2022年，大连市自然资源局颁布《大连市海洋经济发展"十四五"规划》，指出要逐步推动海域资源配置市场化、管理精细化、使用有偿化，推进海洋资源资产产权制度改革，落实海域、无居民海岛统一确权登记，健全公众参与机制，形成海洋资源科学开发的长效机制。2022年，《营口市自然资源"十四五"规划》发布，提出逐步完善海域使用金制度，落实全民所有自然资源资产划拨、出让、租赁、作价出资政策。

表7-12　辽宁省的海域、无居民海岛使用权作价出资（入股）政策

年份	政策名称	发文字号
2005	《辽宁省海域使用管理办法》	辽宁省人民政府令第179号
2011	《辽宁省海域使用权出资登记管理办法（试行）》	/
2022	《大连市海洋经济发展"十四五"规划》	大政办发〔2021〕33号
2022	《营口市人民政府办公室关于印发营口市自然资源"十四五"规划的通知》	营政办发〔2022〕27号

7.3.2.2　福建省

福建省的海域海岛使用权作价出资（入股）政策（表7-13）以不断探索、改革创新为主旋律。

2012年，福建省漳州市监察局等部门出台《关于深化拓展海域资源市场化配置工作的意见》，要求科学制定海域使用补偿标准和措施，对"失海"渔民可采取货币补偿、海域置换、作价入股等方式，维护渔民合法权益，促进海域和谐有效使用。2018年，《福建省自然资源产权制度改革实施方案》指出，探索完善海域、无居民海岛使用权作价出资（入股）等权能。在该政策指引下，同年，《厦门市自然资源产权制度改革实施方案》发布，在适度扩大海域海岛资源产权权能方面提到，探索完善海域、无居民海岛使用权作价出资（入股）权能。2021年，《加快建设"海上福建"推进海洋经济高质量发展三年行动方案（2021—2023年）》发布，提出深化自然资源资产产权制度改革，推进海域、无居民海岛使用权作价出资（入股）等改革创新，探索海域使用权立体分层设权。随后，漳州台商投资区管委会出台了《漳州台商投资区推进海洋经济高质量发展三年工作方案（2021—2023年）》，也明确指出要探索推进海域使用权作价出资（入股）等海域海岛管理领域创新。

表7-13　福建省的海域、无居民海岛使用权作价出资（入股）政策

年份	政策名称	发文字号
2012	《漳州市人民政府办公室转发市监察局等部门关于深化拓展海域资源市场化配置工作的意见的通知》	漳政办〔2012〕70号
2018	《福建省人民政府办公厅关于印发福建省自然资源产权制度改革实施方案的通知》	闽政办〔2018〕60号
2018	《厦门市人民政府办公厅关于印发厦门市自然资源产权制度改革实施方案的通知》	厦府办〔2018〕209号
2021	《福建省人民政府关于印发〈加快建设"海上福建"推进海洋经济高质量发展三年行动方案（2021—2023年）〉的通知》	闽政〔2021〕7号
2021	《漳州台商投资区推进海洋经济高质量发展三年工作方案（2021—2023年）》	漳政综〔2021〕75号
2021	《宁德市人民政府关于印发〈加快建设"海上宁德"推进海洋经济高质量发展三年行动方案（2021—2023年）〉的通知》	宁政文〔2021〕165号

7.3.2.3　江苏省

江苏省的海域海岛使用权作价出资（入股）政策（表7-14）以扩大海域使用权的作价出资权能为主。

2010年，《江苏省2010年经济体制改革要点》明确指出，通过鼓励开展公司股权出资登记，积极探索海域使用权等出资登记的新型模式，不断优化企业发展环境。2021年，《江苏省"十四五"自然资源保护和利用规划》发布，要求扩大海域使用权的作价出资权能，依法明确水域滩涂养殖权利权能，允许权利流转。2021年，连云港市人民政府办公室发布《连云港市"十四五"自然资源保护与利用规划》，提出要探索海域使用权立体分层设权，着力强化海域使用权出让、转让、抵押、出租、作价出资（入股）等权能。2022年，连云港市自然资源和规划局发布《连云港市"十四五"海洋经济发展规划》，提出要探索海域使用权出让、转让、抵押、出租、作价出资（入股）等权能，探索无居民海岛使用权转让、出租等权能。

表7-14 江苏省的海域、无居民海岛使用权作价出资（入股）政策

年份	政策名称	发文字号
2010	《省政府办公厅关于转发省发展改革委江苏省2010年经济体制改革要点的通知》	苏政办发〔2010〕74号
2021	《省政府办公厅关于印发江苏省"十四五"自然资源保护和利用规划的通知》	苏政办发〔2021〕41号
2021	《连云港市"十四五"自然资源保护与利用规划》	/
2022	《连云港市"十四五"海洋经济发展规划》	/

7.3.2.4 浙江省

浙江省的海域海岛使用权作价出资（入股）政策（表7-15）以鼓励海域使用权出资入股公司为主。

2012年，《浙江省人民政府办公厅关于促进小型微型企业再创新优势的若干意见》发布，鼓励以海域使用权等多种出资方式投资创办小微企业，试点海域使用权出资方式，非货币出资金额最高可占公司注册资本的70%。随后，浙江省市场监督管理局发布《关于支持温州金融综合改革试验区建设的若干意见》，明确指出在温州开放海域使用权出资政策，允许投资人以持有的海域使用权出资入股公司，并支持温州市局与海洋渔业部门联合出台海域使用权出资登记管理办法，率先开展海域使用权出资登记。同年，舟山市工商局和市海洋与渔业局联合发布《舟山市海域使用权出资公司登记管理暂行办法》，明确规定在舟山市区域内取得的《海域使用权证书》可在公司设立或增资扩股时作价出资，最高可抵注册资本的70%，此举在全省属首创。2020年，象山县人民政府出台《象山县海域分层确权管理办法（试行）》，提出海域使用权人可以在法律许可的范围内将海域使用权转让、出租、抵押和作价入股，以最大化地实现对特定海域的收益。2021年，《宁波市海洋经济发展"十四五"规划》发布，指出要建立健全海域海岛价格评估程序和方法，加强海域海岛使用权价格评估体系建设，规范使用权出让一级市场。

表7-15 浙江省的海域、无居民海岛使用权作价出资（入股）政策

年份	政策名称	发文字号
2012	《浙江省人民政府办公厅关于促进小型微型企业再创新优势的若干意见》	浙政办发〔2012〕47号

续表

年份	政策名称	发文字号
2012	《关于支持温州金融综合改革试验区建设的若干意见》	浙工商综〔2012〕16号
2012	《舟山市海域使用权出资公司登记管理暂行办法》	/
2017	《关于印发苍南县海域开发建设管理办法（试行）的通知》	/
2020	《象山县海域分层确权管理办法（试行）》	象政发〔2020〕198号
2021	《宁波市人民政府关于印发宁波市海洋经济发展"十四五"规划的通知》	/

7.4 其他创新型交易政策

7.4.1 海域海岛使用权的其他创新型交易

政策重点：海域海岛使用权的其他创新型交易主要包括建设、培育海洋产权交易中心和交易市场等方面，采用多种模式创新海洋管理体制，推进海洋要素资源市场化配置，发挥服务海洋经济的金融平台作用，助力海洋经济创新发展。为进一步盘活海洋资源，我国出台了一系列政策探索海域海岛使用权交易的新模式（表7-16），包括创设海洋产权交易中心、发展和培育海域使用权二级交易市场等内容，旨在推进海洋产权的界定和明晰，规范海洋产权交易的规范运作。

典型政策：2011年，《山东半岛蓝色经济区发展规划》提出，在山东半岛蓝色经济区创设海洋产权交易中心，进一步促进海域使用权依法有序流转。2014年，《青岛西海岸新区总体方案》提出，搭建海域使用权交易平台，逐步推行海域使用权招拍挂制度，探索建立海域使用权二级市场。同年，国家海洋局出台《进一步支持福建海洋经济发展和生态省建设的若干意见》，出台多条措施深入推进海域海岛资源市场化配置工作，鼓励和支持福建建设海洋产权交易中心，以福建省涉海企业的实际投融资需求为导向，创新金融产品。2019年，《自然资源部关于实施海砂采矿权和海域使用权"两权合一"招拍挂出让的通知》提出，要全面实施海砂采矿权和海域使用权"两权合一"招标拍卖挂牌出让制度。2021年，《要素市场化配置综合改革试点总体方案》指出，要探索推进海域一级市场开发和二级市场流转，探索海域使用权立体分层设权。2023年，《自然资源部关于进一步做好用地用海要素保障的通知》指出，要进一步完善海砂采矿权和海域使用权"两权合一"招标拍卖挂牌出让制度，鼓励探索采矿权和建设用地使用权组合供应方式。

表7-16　关于海域、无居民海岛使用权的其他创新型交易政策

年份	政策名称	发文字号
2011	《国家发展改革委关于印发〈山东半岛蓝色经济区发展规划〉的通知》	发改地区〔2011〕49号
2014	《国家发展改革委关于印发〈青岛西海岸新区总体方案〉的通知》	发改地区〔2014〕1318号
2014	《进一步支持福建海洋经济发展和生态省建设的若干意见》	国海发〔2014〕12号
2019	《自然资源部关于实施海砂采矿权和海域使用权"两权合一"招拍挂出让的通知》	自然资规〔2019〕5号
2021	《国务院办公厅关于印发要素市场化配置综合改革试点总体方案的通知》	国办发〔2021〕51号
2023	《自然资源部关于进一步做好用地用海要素保障的通知》	自然资发〔2023〕89号

7.4.2　沿海地区典型案例

在中央指导下，我国各沿海地区基于各自海洋和金融特色，有针对性、差异性、重点性地创新不同的海域、无居民海岛使用权二级市场交易工具，例如，山东省加快布局和建设海洋产权交易中心，江苏省优先创建地区性海洋产权交易平台，浙江省积极培育海洋产权交易市场等。

7.4.2.1　山东省

山东省关于海域海岛使用权的其他创新型交易政策（表7-17）以加快布局和建设海洋产权交易中心为主。

2011年，《山东半岛蓝色经济区改革发展试点工作方案》明确提出，在烟台筹建海洋产权交易中心。2012—2013年，《关于2012年深化经济体制改革重点工作的意见》和《山东省海洋产业发展指导目录（试行）》相继出台，提出要加快布局和建设海洋产权交易中心、海洋产权交易服务平台。2020年，《山东省人民政府关于加快胶东经济圈一体化发展的指导意见》出台，明确提出要完善资源要素交易平台，规范发展烟台海洋产权交易中心，并且支持青岛国际海洋产权交易中心试点开展国际范围船舶交易。2021年，《山东省"十四五"海洋经济发展规划》提出，要

开展海域使用权等抵质押贷款业务，鼓励发展船舶、海工装备、仓储设施融资租赁，加快建设地方海洋自然资源资产使用权的二级交易市场。

表7-17 山东省关于海域、无居民海岛使用权的其他创新型交易政策

年份	政策名称	发文字号
2011	《山东省人民政府关于印发山东半岛蓝色经济区改革发展试点工作方案的通知》	鲁政发〔2011〕5号
2012	《山东省人民政府批转省发展改革委关于2012年深化经济体制改革重点工作的意见的通知》	鲁政发〔2012〕20号
2013	《山东省发展和改革委员会关于印发〈山东省海洋产业发展指导目录（试行）〉的通知》	鲁发改蓝色经济〔2013〕29号
2020	《山东省人民政府关于加快胶东经济圈一体化发展的指导意见》	鲁政发〔2020〕2号
2021	《山东省人民政府办公厅关于印发山东省"十四五"海洋经济发展规划的通知》	鲁政办字〔2021〕120号
2021	《威海市"十四五"海洋经济发展规划》	/

7.4.2.2 江苏省

江苏省关于海域海岛使用权的其他创新型交易政策（表7-18）以优先创建地区性海洋产权交易平台为主。

2011年，《江苏省"十二五"海洋经济发展规划》提出，要大力推进海域使用权抵押贷款制度，促进海域使用权有序流转，设立海域使用权交易中心。2017年，《江苏省"十三五"海洋经济发展规划》提出，要创新海域使用权抵押融资，鼓励条件成熟的地区优先创建地区性海洋产权交易平台。2021年，《江苏省"十四五"海洋经济发展规划》要求，探索开展海域使用权招拍挂试点。

表7-18 江苏省关于海域、无居民海岛使用权的其他创新型交易政策

年份	政策名称	发文字号
2011	《省政府办公厅关于印发江苏省"十二五"海洋经济发展规划的通知》	苏政办发〔2011〕94号
2017	《省政府办公厅关于印发江苏省"十三五"海洋经济发展规划的通知》	苏政办发〔2017〕10号
2021	《江苏省"十四五"海洋经济发展规划》	/
2021	《连云港市"十四五"自然资源保护与利用规划》	/

7.4.2.3 浙江省

浙江省关于海域海岛使用权的其他创新型交易政策（表7-19）以积极培育海洋产权交易市场为主。

2017年，《浙江省海洋生态建设示范区创建实施方案》明确提出，要强化海洋管理创新，健全海洋综合管理体系，培育海洋产权交易市场，研究完善海域使用金的动态调整。同年，《浙江省人民政府关于加快建设海洋强省国际强港的若干意见》发布，提出要培育海洋产权交易市场，推进海域资源市场化配置，建立资源开发利用管理机制，加强海洋资源的节约集约利用。2022年，《浙江省自然资源厅关于推进海域使用权立体分层设权的通知》提出，探索实施海域使用权立体分层设权，逐步完善海域资产产权制度，提高海域资源利用效率。2023年，《浙江省自然资源厅印发关于加强自然资源要素保障促进经济稳进提质若干政策措施的通知》提出，推进海域使用权立体分层设权，支持开展低效用海有机更新，在符合规划用途、管制要求的前提下，允许依据功能分宗设权，优先保障海洋经济重大项目和临港产业。

表7-19 浙江省关于海域、无居民海岛使用权的其他创新型交易政策

年份	政策名称	发文字号
2017	《省政府办公厅关于印发浙江省海洋生态建设示范区创建实施方案的通知》	浙政办发〔2017〕28号
2017	《浙江省人民政府关于加快建设海洋强省国际强港的若干意见》	浙政发〔2017〕44号
2022	《浙江省自然资源厅关于推进海域使用权立体分层设权的通知》	浙自然资规〔2022〕3号
2023	《浙江省自然资源厅印发关于加强自然资源要素保障促进经济稳进提质若干政策措施的通知》	浙自然资规〔2023〕2号

综上所述，关于抵押、出租、作价入股海域、无居民海岛使用权的二级交易市场政策在持续发展，但相关支持政策内容较为匮乏，主要包括海域海岛使用权抵押担保的规范性，海域海岛使用权出租的租金及其加征事项，以及海域海岛使用权作价入股（出资）的相关配置制度。搭建海洋资源产权交易市场及探索交易品种和模式等创新性举措，还停留在鼓励和摸索阶段，缺少具体实践案例。但不难发现，基于海域海岛使用权交易中心的证券化创新型交易工具，是提高海洋资源配置效率的有效途径和重要方向。未来，结合各自区域金融和海洋特色，重点发展海洋资源管

理平台，形成独具特色的海洋资源交易平台，积极进行海洋产权产品和交易模式的创新，避免同质化竞争，将是全国海洋资源配置管理的最优状态，也必将是未来各省市重点关注的海洋经济支持政策。

————• 本章小结 •————

本章从抵押、出租、作价出资（入股）等方面梳理了海域海岛使用权流转政策。从国家层面来看，现有政策在养殖权抵押范围、出租内容、使用权市场配置和交易建设等方面不断明确和完善。在此背景下，地方政府进一步鼓励培育产权交易，落实健全了海域海岛资源流转制度，同时，深化了使用权作价出资（入股）改革创新，不断推进海域海岛使用权界定和明晰。

【知识进阶】

1. 试谈一谈海域海岛使用权流转政策的主要目标是什么。

2. 海域海岛使用权可以通过哪些方式进行流转？

3. 除传统的流转、抵押、出租和作价出资政策外，还有哪些创新型交易政策可以促进海域海岛使用权的交易？

4. 试分析海域海岛使用权作价出资政策在海洋产业投资中的作用。

5. 在推进海域海岛使用权抵押、出租等交易政策时，如何防范潜在的市场风险。

8 其他金融政策

知识导入：海洋产业的发展需要大量的资金支持，而直接融资模式逐渐无法满足其快速发展的资金需求。同时，伴随着金融产品和服务创新，金融助力海洋产业高质量发展的种类和方式趋于多元化，服务质效不断提高。近年来，一系列政策不断提及基金、债券、股权、租赁等关键词，提出要综合运用多种方式为海洋经济发展注入金融"活水"。针对当前这些金融支持方式标准不完备统一、支持力度不足、产品和服务不完善等问题，国家和地方出台了一系列政策和举措，推动多种金融工具和模式精准有力地支持海洋经济高质量发展。按照金融支持方式的不同，现有其他金融政策可以分为基金、债券、租赁、股权融资。因此，本章通过梳理各级政府部门和机构公布的关于其他金融政策的海洋经济相关规范性文件，对我国关于涉海金融的国家及区域性海洋经济政策措施进行分类讨论，旨在更好地激发金融政策在海洋经济发展中发挥更大、更充分的作用。

8.1 涉海基金政策

基金，广义上是指为了某种目的而设立的具有一定数量的资金，主要包括信托投资基金、公积金、保险基金、退休基金、各种基金会的基金等。在狭义层面上，基金是指具有特定目的和用途的资金。海洋基金则是为了推动海洋产业发展而设立的一定数量的资金。海洋基金可以分为投资类基金和补偿担保类基金两种类型，政府通过与商业银行等金融机构的合作，发挥政府新兴产业创业投资资金的引导作用，充分运用市场机制，带动社会资金投向战略性新兴产业中处于创业早中期阶段的创新型企业，有利于推动海洋产业结构升级。2022年6月，我国在联合国海洋大会期间发布《蓝色伙伴关系原则》，发起设立"蓝色伙伴关系基金"，积极践行"海洋命运共同体"理念。2023年，在全面贯彻落实党的二十大精神的开局之年，沿海各省（市）涉海基金政策密集出台，以助力海洋经济高质量发展。

本节将对1994—2023年我国各级政府部门和机构公布的具有代表性的涉海基金的政策文件进行梳理和分析，基于此，从海洋投资类、补偿引导类基金两个维度，探究基金作为金融服务体系中的重要组成部分，明晰涉海基金对海洋经济发展的推进作用，以期为建立海洋经济高质量发展的金融政策支持体系提供参考。

8.1.1 海洋投资类基金政策

海洋产业的发展需要大量的资金支持，而直接融资模式逐渐无法满足其快速发展的资金需求。投入高、风险大、回收周期长既是海洋产业的特点，也是其快速发展的制约性因素。近年来，为支持海洋产业高质量发展，我国沿海地区陆续开始发展海洋投资类基金。海洋投资类基金是指将社会上不确定的多数投资者不等额的资金集中起来，交由专门的投资机构对海洋类企业进行分散投资，获得的收益由投资者按出资比例分享，并承担相应风险的一种集合投资信托制度。

本部分内容将从海洋产业投资基金以及私募股权投资基金和创业投资基金两个角度，分别对我国海洋投资类基金的相关政策（表8-1）进行梳理和讨论。

8.1.1.1 海洋产业投资基金

政策重点：海洋产业投资基金是以多元化投融资模式为依托，通过持有涉海产业的股权或债权，为涉海经济提供直接融资支持。海洋产业投资基金作为对财政拨款、银行信贷、发行债券等传统涉海融资方式的创新，得到了沿海地区政府的高度重视，并被视为海洋与金融融合发展的热点和推动海洋产业转型升级的重要手段。

典型政策：2012年，国务院印发了《全国海洋经济发展"十二五"规划》，提出鼓励和引导民间资本参与海洋产业发展，探索建立促进海洋产业发展的专项基金。2017年，国家发展改革委、国家海洋局印发了《全国海洋经济发展"十三五"规划》，再次提出要设立海洋产业发展基金，推动商业性投资基金和社会资本共同参与国际海洋经济合作。2018年，《人民银行 海洋局 发展改革委 工业和信息化部 财政部 银监会 保监会关于改进和加强海洋经济发展金融服务的指导意见》和《自然资源部 中国工商银行关于促进海洋经济高质量发展的实施意见》先后提出，鼓励保险资金投资设立海洋产业投资基金，沿海各省、市工商银行要积极配合当地海洋主管部门设立地方海洋产业基金、推荐理财资金投资海洋产业基金。随后，山东省、福建省、深圳市等各沿海省市积极响应国家政策号召，先后发起设立了山东省陆海联动发展基金、福建省海洋经济产业投资基金、海洋新兴产业基地基础设施投资基金等海洋产业母基金，全力服务于各省海洋经济高质量发展。

8.1.1.2 私募股权投资基金和创业投资基金

政策重点：私募股权投资基金是指投资于非上市企业的专业股权投资基金，一般是在企业成熟扩展期进行投资。创业投资基金则是一类特殊的股权投资基金，是指主要投资于未上市企业种子期和初创期的股权投资基金。私募股权投资基金及创业投资基金作为最具活力的民间资本之一，是中小科创企业成长的助推器，逐步得到国家及各沿海省市的重视，并对其给予鼓励和引导，进而助力海洋产业转型升级。

典型政策：2012年，《全国海洋经济发展"十二五"规划》开始明确鼓励各类创业投资基金投资小型微型海洋科技企业。2018年，《人民银行 海洋局 发展改革委 工业和信息化部 财政部 银监会 证监会 保监会关于改进和加强海洋经济发展金融服务的指导意见》再次提出，要积极引入创业投资基金、私募股权基金，发展壮大中国海洋发展基金会，积极发挥基金会在支持海洋经济发展方面的作用。2022年，在"培育一批'专精特新'中小企业"的重要指示精神下，一大批海洋创业投资基金纷纷成立，其中，福建省海洋经济产业投资基金子基金"福建专精一号创业投资基金"完成对睿云联的独家A轮投资，成为助力涉海企业发展的新兴力量；2023年，中国海洋发展基金会粤港澳大湾区生态文明建设专项基金在深圳成立，助力粤港澳大湾区和深圳全球海洋中心城市建设。

表8-1 海洋投资类基金政策

年份	政策名称	发文字号
2012	《国务院关于印发全国海洋经济发展"十二五"规划的通知》	国发〔2012〕50号
2017	《国家发展改革委 国家海洋局关于印发全国海洋经济发展"十三五"规划的通知》	发改地区〔2017〕861号
2018	《人民银行 海洋局 发展改革委 工业和信息化部 财政部 银监会 证监会 保监会关于改进和加强海洋经济发展金融服务的指导意见》	银发〔2018〕7号
2018	《自然资源部 中国工商银行关于促进海洋经济高质量发展的实施意见》	自然资发〔2018〕63号

8.1.1.3 沿海地区典型案例

（1）山东省

山东省在规划海洋投资类基金政策（表8-2）方面起步较早，主要以海洋产业投资基金为主，如蓝色经济区产业投资基金、现代海洋产业基金。

2011年，中共山东省委发布《山东半岛蓝色经济区发展规划》，提出要通过市场化运作，设立蓝色经济区产业投资基金，以加强对海洋经济的金融扶持力度。2018年，《山东海洋强省建设行动方案》再次提出要在省新旧动能转换引导基金下设立现代海洋产业基金，发挥蓝色经济区产业投资基金等相关引导基金作用，重点支持海洋科技创新与新兴产业发展。同年，《中国人民银行济南分行 山东省海洋与渔业厅 山东省发改委 山东省经信委 山东省财政厅 山东省金融办 山东银监局 山东证监局 山东保监局关于改进和加强海洋强省建设金融服务的意见》明确提出，鼓励保险资金在山东投资设立海洋产业投资基金。2020年，《中共日照市委 日照市人民政府关于支持海洋新兴产业发展的意见》提出，要加大政府投资基金对海洋产业的支持力度，设立首期规模1亿元的市级直投基金，依托投资基金项目库，对海洋产业项目择优给予投资支持，并加快推进省、市、县合作的海洋项目基金落地，探索涉海资金股权投资试点，推动有关海洋产业项目尽快投产。围绕"打造引领型现代海洋城市"核心主线，2022年，山东省委、省政府发布《山东省黄河流域生态保护和高质量发展规划》，提出要用好黄河流域生态保护和高质量发展基金、专项奖补资金、引导资金等。同年，《青岛市支持海洋经济高质量发展15条政策》和《关于加快打造引领型现代海洋城市助力海洋强国建设的意见》相继出台，指出要发挥海洋投资基金的作用，用足用好已设立的现代海洋投资基金群，根据项目储备情况探索设立新的海洋投资基金，推动青岛市海洋产业项目做大做强，并以基金平台引导全国资源进入青岛，助推海洋产业发展。

表8-2 山东省的海洋投资类基金政策

年份	政策名称	发文字号
2011	《国务院关于〈山东半岛蓝色经济区发展规划〉的批复》	国函〔2011〕1号
2018	《山东海洋强省建设行动方案》	鲁发〔2018〕21号
2018	《中国人民银行济南分行 山东省海洋与渔业厅 山东省发改委山东省经信委 山东省财政厅 山东省金融办 山东银监局 山东证监局 山东保监局关于改进和加强海洋强省建设金融服务的意见》	济银发〔2018〕88号
2020	《中共日照市委 日照市人民政府 关于支持海洋新兴产业发展的意见》	日发〔2020〕7号
2022	《山东省黄河流域生态保护和高质量发展规划》	/
2022	《青岛市人民政府办公厅关于印发青岛市支持海洋经济高质量发展15条政策的通知》	青政办字〔2022〕5号

续表

年份	政策名称	发文字号
2022	《关于加快打造引领型现代海洋城市助力海洋强国建设的意见》	青发〔2022〕4号

（2）江苏省

江苏省的海洋投资类基金政策（表8-3）主要以鼓励、引导设立海洋产业投资基金为主，如江苏沿海新兴产业投资基金。

2016年，《中共江苏省委 江苏省人民政府关于新一轮支持沿海发展的若干意见》指出，要运用市场化、企业化运作方式，推动设立江苏沿海发展投资基金，引导各类金融机构、多种所有制企业和社会资本参与设立江苏沿海发展专项投资基金，充分发挥江苏沿海产业投资基金的作用，确保较高比例投资于沿海地区相关海洋产业。为响应相关政策，2016年12月2日，江苏沿海新兴产业投资基金成立。这是江苏省"一带一路"系列专项基金中创立的第二只基金，投资方向包括医疗医药、节能环保、新材料等海洋新兴产业，基金总规模30亿元，首期规模3亿元的基金率先在南通市通州区落地。2017年，《江苏省"十三五"海洋经济发展规划》发布，再次提出要发展海洋产业投资基金、创投基金、天使基金、成果转化基金等海洋投资基金，打造江苏海洋特色金融创新发展示范区。2021年，《江苏省"十四五"海洋经济发展规划》提出，要推进设立海洋产业子基金，加快推进海洋制造业、海洋新兴产业、现代海洋服务业高质量发展。2022年，连云港市人民政府印发《连云港市"十四五"海洋经济发展规划》，提出发展和引进股权投资基金投入海洋经济领域，鼓励通过信托业务募集民间资金，为中小型海洋企业提供信托贷款支持。2022年，南京市首次编制《南京市海洋经济发展规划》，提出要统筹各类涉海财政资金，研究设立与省配套的海洋产业发展基金，提升海洋经济发展支撑保障能力。同年，《江苏省"十四五"船舶与海洋工程装备产业发展规划》发布，提出要充分发挥省政府投资基金的引导作用，加大基金对高技术船舶、海洋工程装备、豪华邮轮等相关产业链的投资力度。

表8-3 江苏省的海洋投资类基金政策

年份	政策名称	发文字号
2016	《中共江苏省委 江苏省人民政府关于新一轮支持沿海发展的若干意见》	苏发〔2016〕28号

续表

年份	政策名称	发文字号
2017	《省政府办公厅关于印发江苏省"十三五"海洋经济发展规划的通知》	苏政办发〔2017〕16号
2021	《江苏省"十四五"海洋经济发展规划》	/
2022	《连云港市"十四五"海洋经济发展规划》	/
2022	《南京市"十四五"海洋经济发展规划》	/
2022	《江苏省"十四五"船舶与海洋工程装备产业发展规划》	苏工信国防〔2022〕129号

（3）福建省

福建省密集出台有关海洋投资类基金的政策文件（表8-4），以鼓励、发展创业投资基金为主，如福建省现代蓝色产业创投基金。

为响应《全国海洋经济发展"十二五"规划》提出的鼓励各类创业投资基金投资小型微型海洋企业的措施，福建省现代蓝色产业创投基金于2013年6月2日挂牌成立。福建省政府计划在2013—2015年，每年投入省级财政资金5000万元参股设立福建省首期现代蓝色产业创投基金，首期募集资金不低于2亿元。该基金采取创业投资、阶段参股和跟进投资等方式进行股权投资，主要投向福建海洋经济发展相关产业，其中总额的60%以上投向处于初创期或成长期的海洋企业。2014年，《2014年全省海洋经济工作要点》发布，指出完成首期省现代蓝色产业创投基金组建并投入运作，适时筹建第二期蓝色产业创投基金的计划。2021年，《福建省"十四五"海洋强省建设专项规划》发布，旨在鼓励社会资本以市场化方式建立运营"海上福建"建设投资基金，完善海洋项目投融资机制。同年，《加快建设"海上福建"推进海洋经济高质量发展三年行动方案（2021—2023年）》发布，对建设"海上福建"的路径进一步细化落实，提出要鼓励引导省属企业和社会力量积极参与海洋资源开发和涉海项目建设，鼓励社会资本以市场化方式参与建立运营"海上福建"建设投资基金。为贯彻落实国家和省委省政府决策部署，2022年，福建省海洋与渔业局发布《福建省"十四五"渔业发展专项规划》，指出要通过项目补助、贷款贴息、地方政府专项债券、投资基金等形式，加大项目实施和支撑力度，全方位推进渔业高质量发展超越。

表8-4　福建省的海洋投资类基金政策

年份	政策名称	发文字号
2014	《福建省人民政府2014年全省海洋经济工作要点》	闽政文〔2014〕53号
2015	《福建省人民政府办公厅2015年全省海洋经济工作要点》	闽政办〔2015〕38号
2016	《福建省人民政府办公厅2016年全省海洋经济工作要点》	闽政办〔2016〕86号
2016	《福建省人民政府办公厅关于印发福建省"十三五"海洋经济发展专项规划的通知》	闽政办〔2016〕80号
2021	《福建省人民政府办公厅关于印发福建省"十四五"海洋强省建设专项规划的通知》	闽政办〔2021〕62号
2021	《福建省人民政府关于印发加快建设"海上福建"推进海洋经济高质量发展三年行动方案（2021—2023年）的通知》	闽政〔2021〕7号
2022	《福建省海洋与渔业局关于印发福建省"十四五"渔业发展专项规划的通知》	闽海渔〔2022〕46号

（4）海南省

海南省关于海洋经济的投资类基金政策比较全面，对海洋产业投资基金和私募股权投资基金均有涉及。

2013年，中共海南省委、海南省人民政府发布《省委省政府关于加快建设海洋强省的决定》，要求鼓励金融创新，设立海洋经济发展专项基金，积极搭建投融资平台，引导社会资本投入南海资源开发，扩宽直接融资的渠道。同年，《海南省人民政府办公厅关于金融支持海洋经济发展的指导意见》发布，提出要支持设立服务海洋经济的信托投资基金、股权投资基金、产业投资基金和风险投资基金，鼓励各类投资基金投资于小型微型海洋科技企业。2016年，《三亚市海洋经济发展"十三五"规划》再次指出，支持企业上市融资、发行债券、创建产业发展基金。2021年，海南省人民政府办公厅发布《海南省海洋经济发展"十四五"规划》，提出支持社会资本设立服务海洋经济的信托投资基金、股权投资基金、产业投资基金和风险投资基金，鼓励各类投资基金投资小型微型海洋科技企业。2022年，三亚市人民政府响应海南省政府的政策号召，发布《三亚市海洋经济发展"十四五"规划（2021—2025年）》，提出大力发展和引进股权投资基金投入海洋经济领域，积极对接上级海洋产业发展基金政策扶持方向，扩大海洋产业投资引导基金规模，引导鼓励各类创投（风投）企业投资三亚涉海企业和产业项目。2023年，为进一步推进海洋渔业的高质量发展,《加快渔业转型升级促进海南渔业高质量发展若干措施》发布,明确指出要发挥海南自由贸易港建设投资基金作用和探索运用PPP项目模式,引导社会资本谋划建设一批渔业基础设施项目。

表8-5　海南省的海洋投资类基金政策

年份	政策名称	发文字号
2013	《省委省政府关于加快建设海洋强省的决定》	/
2013	《海南省人民政府办公厅关于金融支持海洋经济发展的指导意见》	琼府办〔2013〕22号
2016	《三亚市人民政府关于印发三亚市海洋经济发展"十三五"规划的通知》	三府〔2016〕117号
2021	《海南省海洋经济发展"十四五"规划(2021—2025年)》	/
2022	《三亚市人民政府关于印发三亚市海洋经济发展"十四五"规划的通知》	三府〔2022〕86号
2023	《海南省人民政府办公厅关于印发加快渔业转型升级促进海南渔业高质量发展若干措施》	琼府办〔2023〕8号

8.1.2　海洋补偿引导类基金政策

海洋补偿引导类基金是指通过政府和国家政策性银行合作储蓄的专项资金,用于合理补偿银行业金融机构给涉海企业贷款时发生的风险,或用来吸引其他投资主体的出资,探索建立政府、银行和各类社会资本共同参与、共担风险机制和可持续的合作模式,从而解决涉海企业贷款难、贷款贵的问题,主要包括海洋风险补偿基金和海洋产业引导基金。

本部分内容从海洋风险补偿基金、海洋产业引导基金两个角度,分别对我国海洋补偿引导类基金的相关政策(表8-6)进行梳理和讨论。

8.1.2.1　海洋风险补偿基金

政策重点: 海洋风险补偿基金是用来对银行业金融机构发放的中小涉海企业贷款进行风险补偿的专项资金。海洋风险补偿基金通过风险分担的方式大幅提高涉海企业贷款代偿容忍度,引导合作银行将信贷资金投向涉海资金需求的中小微企业。

典型政策: 海洋风险补偿基金先后出现于2017年颁布的《全国海洋经济发展"十三五"规划》和2018年出台的《关于促进海洋经济高质量发展的实施意见》中,这两项政策文件均指出要推动沿海各省、市建立针对涉海企业的融资风险补偿基金,鼓励各担保机构按规定开展海洋产业相关业务,帮助海洋经济重点产业和企业发展壮大。2021年，中共中央办公厅等印发《关于深化生态保护补偿制度改革的意见》，不仅指出要完善市场交易机制、加快建设碳排放权交易市场，还强调了要发挥财税政策调节功能，发挥海洋等自然资源资产收益管理制度的调节作用。

8.1.2.2 海洋产业引导基金

政策重点：海洋产业引导基金又称海洋创业引导基金，是指由政府出资，并吸引有关地方政府、金融、投资机构和社会资本。海洋产业引导基金是不以营利为目的，而是以股权或债权等方式投资于新设海洋创业投资基金，旨在支持海洋创业企业发展的专项资金。该引导基金的资金来源一般是财政资金和国家政策性银行。

典型政策：2017年，《全国海洋经济发展"十三五"规划》指出，要支持有条件的地区建立各类投资主体广泛参与的海洋产业引导基金，鼓励和引导金融资金和民间资本进入海洋领域，拓展涉海企业融资渠道。2018年，《国家海洋局 中国农业发展银行关于农业政策性金融促进海洋经济发展的实施意见》出台，再次强调要鼓励地方政府建立海洋产业引导基金，开展投贷联动支持涉海企业。2022年，《"十四五"海洋生态环境保护规划》发布，提出要建立政府、企业、社会多元化资金投入机制，鼓励社会资本积极探索建立海洋生态环境保护基金，以拓宽海洋生态环境治理的融资渠道。

表8-6 海洋补偿引导类基金政策

年份	政策名称	发文字号
2017	《国家发展改革委 国家海洋局关于印发全国海洋经济发展"十三五"规划的通知》	发改地区〔2017〕861号
2018	《人民银行 海洋局 发展改革委 工业和信息化部 财政部 银监会 证监会 保监会关于改进和加强海洋经济发展金融服务的指导意见》	银发〔2018〕7号
2018	《自然资源部 中国工商银行关于促进海洋经济高质量发展的实施意见》	自然资发〔2018〕63号
2018	《国家海洋局 中国农业发展银行关于农业政策性金融促进海洋经济发展的实施意见》	国海规字〔2018〕45号
2021	《中共中央办公厅 国务院办公厅〈关于深化生态保护补偿制度改革的意见〉》	/
2022	《生态环境部 国家发展和改革委员会 自然资源部 交通运输部 农业农村部 中国海警局关于印发"十四五"海洋生态环境保护规划的通知》	环海洋〔2022〕4号

8.1.2.3 沿海地区典型案例

（1）福建省

福建省的海洋补偿引导类基金发展较为全面（表8-7），海洋产业引导基金与海洋风险补偿基金发展均较好，其中，以莆田市的海洋渔业授信专项风险补偿基金、厦门市的海洋产业创业投资引导基金为典型。

海洋风险补偿基金运用方面，2014年，为实际解决海洋渔业的企业和养殖户的融资问题，福建省莆田市设立了规模为3亿元的海洋渔业授信专项风险补偿基金，同时，与市农商行签订莆田市海洋牧场成长贷款合作框架协议，开展6亿元的海洋牧场成长基金筹备工作，扶持设立南日鲍行业发展基金，专项支持南日岛海洋牧场建设。在海洋渔业授信专项风险补偿基金与海洋牧场成长基金的帮助下，银行已向养殖户发放贷款5000多万元。海洋产业引导基金运用方面，福建省厦门市于2015年12月底宣布设立海洋产业创业投资引导基金。该基金规模原则上不低于1亿元，除省、市财政出资的5000万元之外，还募集社会资本。基金将重点投资海洋工程装备制造业、海洋生物医药业、海水综合利用业、现代海洋服务业等海洋战略性新兴产业，投资比例为福建省内海洋企业不低于60%，力争达到80%。2020年和2021年，厦门市人民政府印发了《促进海洋经济高质量发展的若干措施》和《加快建设"海洋强市"推进海洋经济高质量发展三年行动方案（2021—2023年）》，指出要积极对接上级海洋产业发展基金政策扶持方向，扩大海洋产业投资引导基金规模，并发挥其重要支撑作用，完善供给引导型的现代海洋金融支撑体系。2022年，《福建省人民政府关于支持莆田市践行木兰溪治理理念建设绿色高质量发展先行市的意见》强调，要深化"海上莆田"建设，支持省内金融机构对接莆田12条产业链，支持政策性银行、商业银行在莆田投放基金，培育壮大湾区经济。

表8-7　福建省的海洋补偿引导类基金政策

年份	政策名称	发文字号
2016	《中国（福建）自由贸易试验区厦门片区管理委员会关于印发〈中国（福建）自由贸易试验区厦门片区产业引导基金管理暂行办法〉的通知》	夏自贸委〔2019〕21号
2019	《厦门市人民政府关于印发厦门近岸海域水环境污染治理方案的通知》	夏府办〔2015〕67号
2020	《厦门市人民政府关于印发促进海洋经济高质量发展的若干措施的通知》	夏府规〔2020〕14号

续表

年份	政策名称	发文字号
2021	《厦门市人民政府关于印发加快建设"海洋强市"推进海洋经济高质量发展三年行动方案（2021—2023年）的通知》	夏府〔2021〕193号
2022	《福建省人民政府关于支持莆田市践行木兰溪治理理念建设绿色高质量发展先行市的意见》	闽政〔2022〕29号

（2）山东省

山东省对海洋补偿引导类基金的主要应用是海洋产业引导基金（表8-8），如东营市级政府投资的海洋产业引导基金成功参股设立了该市的首支海洋产业基金。

2018年，《山东海洋强省建设行动方案》提出，要在省新旧动能转换引导基金下设立现代海洋产业引导基金，发挥蓝色经济区产业投资基金、"海上粮仓"等相关引导基金作用，重点支持海洋科技创新与新兴产业发展。2018年，《中国人民银行济南分行 山东省海洋与渔业厅 山东省发改委 山东省经信委 山东省财政厅 山东省金融办 山东银监局 山东证监局 山东保监局关于改进和加强海洋强省建设金融服务的意见》中指出，要充分发挥政府引导基金作用，如发挥蓝色经济区产业投资基金等相关政府引导基金作用，引导更多社会资本向海洋产业聚集，重点支持海洋经济重点产业、海洋经济科技创新、海洋经济公共服务平台和涉海基础设施等领域项目建设。2020年，山东省人民政府印发了《关于支持八大发展战略的财政政策》的通知，提出要支持海洋强省建设，完善海洋强省建设财政投入保障机制。对现代海洋产业相关基金，省级引导基金最高出资30%，省市县三级最高出资50%，重点支持现代海洋产业优选项目。同年6月，为贯彻实施经略海洋战略和山东省委、省政府关于海洋强省建设部署要求，东营市级政府投资引导基金参股设立了东营市首支海洋产业基金，该基金总规模3000万元，专项投资于牧渔归陆上海洋牧场建设，助力东营市海洋产业高质量发展。2021年，在《山东省"十四五"海洋经济发展规划》的指引下，山东省新动能基金公司联合山东港口集团、招商局资本，发起设立海洋产业基金，认缴规模100亿元重点投资陆海统筹产业项目，为建设山东半岛世界级港口群提供资金支持。2022年，青岛市为加快打造引领型现代海洋城市，发布《青岛市深化新旧动能转换推动绿色低碳高质量发展三年行动计划（2023—2025年）》，强调要创新投融资机制，充分发挥新旧动能转换引导基金带动作用。

表8-8 山东省的海洋补偿引导类基金政策

年份	政策名称	发文字号
2018	《山东海洋强省建设行动方案》	鲁发〔2018〕21号
2018	《中国人民银行济南分行 山东省海洋与渔业厅 山东省发改委 山东省经信委 山东省财政厅 山东省金融办 山东银监局 山东证监局 山东保监局关于改进和加强海洋强省建设金融服务的意见》	济银发〔2018〕88号
2020	《山东省人民政府印发关于支持八大发展战略的财政政策的通知》	鲁政字〔2020〕221号
2021	《山东省人民政府办公厅关于印发山东省"十四五"海洋经济发展规划的通知》	鲁政办字〔2021〕120号
2022	《青岛市深化新旧动能转换推动绿色低碳高质量发展三年行动计划（2023—2025年）》	青发〔2022〕26号

（3）天津市

天津市海洋补偿引导类基金应用较为典型（表8-9），成立了天津海洋经济发展引导基金领导小组，设立了天津市海洋经济发展引导基金。

为推动天津海洋经济发展引导基金设立工作，促进天津海洋经济科学发展示范区建设，2017年，《天津市滨海新区人民政府办公室关于成立天津海洋经济发展引导基金领导小组的通知》发布。2018年12月12日，以"新时代·新技术·新产业"为主题的2018中国海水资源利用技术产业发展高峰论坛在天津市隆重召开，论坛期间举办了天津市海洋经济发展引导基金签约仪式。基金主要投资于海洋经济创新发展区域示范储备项目以及海洋战略性新兴产业项目，重点推动海水淡化与综合利用、海洋高端装备等产业，扩大产业规模，延伸产业链条，形成产业集聚，提高核心竞争力，引导扶持海洋经济企业走向资本市场，实现金融资本与海洋经济发展的高效融合。2019年，天津市发展改革委、市规划和自然资源局联合印发《天津临港海洋经济发展示范区建设总体方案》，正式启动临港海洋经济发展示范区建设。临港经济发展示范区的建设将推动完成设立天津临港产业投资引导基金，加快天津海洋经济发展引导基金设立进程。2021年，天津市人民政府办公厅印发了《天津市海洋经济发展"十四五"规划》，指出要引导社会资本投入，加强与国内外金融机构合作，研究设立海洋产业基金，重点引育海洋装备和海水淡化龙头企业，营造区域产业生态。2023年，天津滨海新区人民政府办公室印发了《天津市滨海新区海洋产业规划（2021—2025）》，提出要探索设立海洋产业发展专项资金和海洋产业投资基金，加大对新兴海洋产业和优势海洋产业发展的支持力度。

表8-9　天津市的海洋补偿引导类基金政策

年份	政策名称	发文字号
2017	《天津市滨海新区人民政府办公室关于成立天津海洋经济发展引导基金领导小组的通知》	津滨政办发〔2017〕11号
2019	《天津临港海洋经济发展示范区建设总体方案》	/
2021	《天津市人民政府办公厅关于印发天津市海洋经济发展"十四五"规划的通知》	津政办发〔2021〕25号
2023	《天津市滨海新区人民政府办公室关于印发天津市滨海新区海洋产业规划（2021—2025）的通知》	津滨政办发〔2023〕8号

（4）浙江省

浙江省对海洋补偿引导类基金的应用同样以海洋产业引导基金为主（表8-10），如舟山群岛新区海洋产业集聚区产业引导基金。

2017年，浙江省舟山市人民政府办公室发布《舟山市"十三五"金融业发展规划》，指出要加强政府引导作用，设立海洋基础设施建设基金，引导产业基金积极投资海洋基础设施建设，鼓励社会投资参与舟山海洋基础设施建设。2017年，舟山市人民政府出台了《浙江舟山群岛新区海洋产业集聚区产业引导基金管理暂行办法》，规范了浙江舟山群岛新区海洋产业集聚区产业引导基金的设立和运作，指出该引导基金旨在引导社会资本加大对舟山海洋产业集聚区范围内航运物流、口岸进出口、保税物流、加工增值、服务外包、大宗商品交易等高端临港装备产业、绿色石化装备产业、航空装备及配套产业、汽车装备及配套产业、海洋新能源、新材料产业、国际贸易服务、金融服务和高端服务业，以及区内重点产业协同发展的舟山市企业的投资。2021年，舟山市人民政府发布了《舟山市推进海洋经济高质量发展当好海洋强省建设主力军行动计划（2021—2025年）》，指出要发挥政府产业基金导向作用，激发民间投资活力，加强PPP项目投资和建设管理。在此基础上，为加快推进新时期远洋渔业高质量发展，2022年12月28日，《舟山远洋渔业高质量发展三年攻坚行动方案（2023—2025年）》发布，明确提出设立远洋渔业产业发展风险基金，应对涉外、安全等突发事件和远洋水产品市场波动等风险。

表8-10　浙江省的海洋补偿引导类基金政策

年份	政策名称	发文字号
2017	《关于印发〈舟山市"十三五"金融业发展规划〉的通知》	舟政办发〔2017〕3号
2017	《舟山市人民政府关于印发〈浙江舟山群岛新区海洋产业集聚区产业引导基金管理暂行办法〉的通知》	舟政发〔2017〕45号
2021	《舟山市人民政府关于印发舟山市推进海洋经济高质量发展当好海洋强省建设主力军行动计划（2021—2025年）的通知》	舟政发〔2021〕26号
2022	《舟山市人民政府办公室关于印发舟山远洋渔业高质量发展三年攻坚行动方案（2023—2025年）的通知》	舟政办发〔2022〕82号

8.2　海洋债券政策

债券是政府、企业、银行等债务人为筹集资金，按照法定程序发行并向债权人承诺于指定日期还本付息的有价证券。按发行主体划分，债券分为政府债券、金融债券、公司债券和企业债券。海洋债券，或称涉海债券，是创新全球海洋治理模式、拓宽海洋经济融资渠道的重要工具，有助于引导各类社会资金，支持海洋产业融资。根据世界银行集团国际金融公司（IFC）于2022年6月发布的《蓝色金融指引》（中文版），蓝色债券是指符合国际资本市场协会（ICMA）发布的《绿色债券原则》，且所募集资金专门用于为有助于海洋保护或改善水管理的活动提供资金或再融资的固定收益工具。为使涉海企业获得多层次的金融资本市场支持，我国对处于不同发展阶段的涉海企业进行积极引导，鼓励涉海企业发行企业债券、公司债券、非金融企业债务融资工具等，对海洋项目发行资产支持证券。

当前，海洋债券主要集中于公司债券和企业债券两个方面。尽管金融市场上专门的海洋债券产品仍处于探索阶段，数量相对较少，亦没有专门的政策文件，但近年来部分国家海洋经济相关政策中均涉及债券融资。本节将从企业发行债券和区域典型政策两方面，分别对我国海洋债券的相关政策工具（表8-11）进行梳理和讨论。

8.2.1　企业债

政策重点：企业债是指境内具有法人资格的企业，依照法定程序发行、约定在一定期限内还本付息的有价证券。企业债一般是由中央政府部门所属机构、国有独资企业或股份企业发行，最终由国家发展改委核准。我国制定了一系列投融资政策以鼓励和引导民间资本参与海洋产业发展，支持涉海企业进行债券融资，扩大直接融资比例，尽快形成多元化的投融资机制。

典型政策：2013年，《国务院关于促进海洋渔业持续健康发展的若干意见》出台，支持符合条件的海洋渔业企业上市融资和发行债券。2017年，为促进经济结构调整优化和发展方式转型升级，提高绿色债券评估认证质量，中国人民银行与证监会联合发布《绿色债券评估认证行为指引（暂行）》，正式将绿色债券评估认证行为纳入监管和自律框架。蓝色债券是绿色债券在海洋产业的拓展，旨在通过公募、私募的方式向投资者筹集资金，专门用于蓝色经济、海洋可持续发展等领域。2018年，《人民银行 海洋局 发展改革委 工业和信息化部 财政部 银监会 证监会 保监会关于改进和加强海洋经济发展金融服务的指导意见》《国家海洋局 中国农业发展银行关于农业政策性金融促进海洋经济发展的实施意见》等文件出台，使蓝色金融成为我国推动海洋经济高质量发展的重要引擎。2019年，《中国银保监会关于推动银行业和保险业高质量发展的指导意见》出台，提出探索蓝色债券，为我国蓝色债券市场发展指明了方向。2020年9月以来，中国银行、兴业银行等中资金融机构开始在国际资本市场上发行境外蓝色债券。10月22日，中广核风电有限公司2020年度第一期绿色中期票据发行，所筹资金将全部用于发行人风电业务。11月5日，中电投融和融资租赁有限公司发行了2020年度绿能第一期绿色资产支持商业票据，首次将资产支持商业票据（ABCP）与绿色债券相融合，为16家小微企业提供融资支持，在节能减排、能源可持续发展等方面发挥效应。2022年，在"十四五"规划提出的"推进海洋经济发展，加快建设海洋强国"的目标指引下，深交所按照证监会统一部署，积极发挥交易所债券市场功能，于3月4日和7日成功发行招商局通商融资租赁有限公司和中广核风电有限公司首批两单专项服务海洋经济发展的绿色债券，规模合计达30亿元，助力海上风电项目建设，为推动可再生资源开发利用和海洋资源可持续利用提供直接融资支持。2023年4月，租赁行业全国首单蓝色债券——中广核国际融资租赁有限公司2023年度第一期绿色中期票据（蓝色债券）在银行间市场成功上市，为实现对海洋资源的进一步合理开发利用提供了有力支持。

表8-11 海洋经济债券政策

年份	政策名称	发文字号
2013	《国务院关于促进海洋渔业持续健康发展的若干意见》	国发〔2013〕11号

续表

年份	政策名称	发文字号
2015	《公司债券发行与交易管理办法》	中国证券监督管理委员会令第232号
2017	《国家发展改委办公厅关于在企业债券领域进一步防范风险加强监管和服务实体经济有关工作的通知》	发改办财金〔2017〕1358号
2017	《绿色债券评估认证行为指引（暂行）》	中国证券监督管理委员会公告〔2017〕第20号
2018	《国家发展改革委关于支持优质企业直接融资进一步增强企业债券服务实体经济能力的通知》	发改办财金〔2018〕1806号
2018	《人民银行 海洋局 发展改革委 工业和信息化部 财政部 银监会 证监会 保监会关于改进和加强海洋经济发展金融服务的指导意见》	银发〔2018〕7号
2018	《国家海洋局 中国农业发展银行关于农业政策性金融促进海洋经济发展的实施意见》	国海规字〔2018〕45号
2019	《关于开展到期违约债券转让业务有关事宜》	中国人民银行公告〔2019〕第24号
2019	《中国银保监会关于推动银行业和保险业高质量发展的指导意见》	银保监发〔2019〕52号
2019	《粤港澳大湾区发展规划纲要》	/
2021	《国家发展改革委关于青岛西海岸新区海洋控股集团有限公司发行公司债券注册的通知》	发改企业债券〔2021〕180号

8.2.2 沿海地区典型案例

8.2.2.1 山东省

山东省支持涉海重点企业通过发行企业债券或短期融资券等形式直接融资，降低融资成本（表8-12）。

2007年的《中共山东省委 山东省人民政府关于大力发展海洋经济建设海洋强省的决定》和2009年的《中共山东省委 山东省人民政府关于打造山东半岛蓝色经济区的指导意见》均提出，要强化对海洋产业的金融支持，支持涉海重点企业通过发行企业债券或短期融资券等形式直接融资。2011年发布的《山东半岛蓝色经济区发展规划》提出，不仅要继续支持符合条件的企业发行企业债券融资，还要积极引进全国性证券公司，支持区内证券公司做大做强，为引导发展海洋企业债券业务创造条件。2011年的《山东省人民政府关于金融支持山东半岛蓝色经济区发展的意见》和2016年的《山东省"十三五"海洋经济发展规划》均提出，要积极推动区域内企业发行短期融资券、中期票据和中小企业集合票据，同时，各金融机构要加强合作，为区内大型企业和重点项目提供资产证券化、银行间债券承销等金融服务。更具体地，2016年，《关于支持海洋战略性产业发展的财税政策的通知》指出，对符合条件的国有、民营海洋企业发行债务融资工具、企业债、公司债，分别按照不超过当年累计发行金额的0.01%、0.02%进行奖励；对提供承销、担保增信和风险缓释服务的金融机构，按规定给予一定奖励。2021年，《山东省"十四五"海洋经济发展规划》提出，鼓励金融机构开展海洋绿色信贷业务、蓝色债券试点，创新开发性金融、政策性金融业务。同年，中共青岛市委办公厅、青岛市人民政府办公厅发布《青岛市营商环境优化提升行动方案》，明确指出要创新开展涉海金融服务、海洋绿色信贷，做好蓝色债券示范，持续改善涉海企业融资环境。2022年，青岛水务集团成功发行当年银行间市场首单蓝色债券，为企业的海水淡化业务提供多元资金支持。

表8-12　山东省的海洋经济债券政策

年份	政策名称	发文字号
2007	《中共山东省委 山东省人民政府关于大力发展海洋经济建设海洋强省的决定》	鲁发〔2007〕13号
2009	《中共山东省委 山东省人民政府关于打造山东半岛蓝色经济区的指导意见》	鲁发〔2009〕15号
2011	《国家发展改革委关于印发〈山东半岛蓝色经济区发展规划〉的通知》	发改地区〔2011〕49号
2011	《山东省人民政府关于金融支持山东半岛蓝色经济区发展的意见》	鲁政发〔2011〕50号
2016	《山东省"十三五"海洋经济发展规划》	/
2018	《中国人民银行济南分行 山东省海洋与渔业厅 山东省发改委 山东省经信委 山东省财政厅 山东省金融办 山东银监局 山东证监局 山东保监局关于改进和加强海洋强省建设金融服务的意见》	济银发〔2018〕88号
2019	《山东省财政厅 中共山东省委组织部 山东省发展和改革委员会等16部门印发关于支持海洋战略性产业发展的财税政策的通知》	鲁财资环〔2019〕17号

续表

年份	政策名称	发文字号
2020	《山东省人民政府办公厅关于加快发展海水淡化与综合利用产业的意见》	鲁政办字〔2020〕104号
2021	《山东省人民政府办公厅关于印发山东省"十四五"海洋经济发展规划的通知》	鲁政办字〔2021〕120号
2021	《关于印发〈青岛市营商环境优化提升行动方案〉的通知》	青办发〔2021〕9号
2022	《关于助力青岛市打造引领型现代海洋城市加快推进海洋强市建设的实施方案》	/

8.2.2.2 浙江省

浙江省支持符合条件的涉海非金融企业发行债券、短期融资券和中期票据等债务融资工具（表8-13）。

1994年，为促进海洋开发，《浙江省海洋开发规划纲要（1993—2010）》发布，但其中提到的资金支持政策大都与银行信贷等间接融资渠道有关，并未有涉及债券等直接融资渠道的政策措施。直到2011年，《浙江海洋经济发展示范区规划》《浙江省人民政府办公厅关于印发浙江海洋经济发展试点工作方案的通知》发布，前者明确提出支持金融租赁公司进入银行间市场拆借资金和发行债券，支持符合条件的涉海非金融企业发行短期融资债券和中期票据等债务融资工具；后者则提出要扩展涉海企业直接融资渠道，支持符合条件的涉海企业上市或发行债券融资。同年，《中共杭州市委、杭州市人民政府关于加快发展海洋经济的意见》发布，指出要畅通直接融资通道，支持符合条件的企业发行债券、短期融资券和中期票据，组织符合条件的涉海中小企业申请发行中小企业集合债券和集合票据。2016年，《浙江省人民政府办公厅关于印发浙江省海洋港口发展"十三五"规划的通知》发布，指出要继续拓宽直接融资渠道，支持涉海涉港企业通过股票上市、发行企业债券、中期票据融资等模式筹措项目建设资金，同时推进省海港集团资产证券化。2021年11月17日，浙江省能源集团有限公司公开发行浙江省首单5亿元蓝色债券，为新能源产业发展注入了新的资本动能。

表8-13　浙江省的海洋经济债券政策

年份	政策名称	发文字号
1994	《浙江省人民政府关于印发〈浙江省海洋开发规划纲要（1993—2010）〉的通知》	浙政〔1994〕12号
2011	《浙江海洋经济发展示范区规划》	发改地区〔2011〕500号
2011	《浙江省人民政府办公厅关于印发浙江海洋经济发展试点工作方案的通知》	浙政办发〔2011〕30号
2011	《中共杭州市委、杭州市人民政府关于加快发展海洋经济的意见》	市委〔2011〕16号
2016	《浙江省人民政府办公厅关于印发浙江省海洋港口发展"十三五"规划的通知》	浙政办发〔2016〕42号

8.2.2.3　福建省

福建省积极推动涉海企业发行债券、股票上市以及通过银行间债券市场融资，发展可转债推动国有涉海企业改革（表8-14）。

与其他沿海省市相比，福建省较早地开始了对海洋经济债券相关政策的探索。1998年，《福建省人民政府关于贯彻〈中共福建省委关于进一步加快发展海洋经济的决定〉的实施意见的通知》发布；2002年，《福建省人民政府关于加强海洋经济工作的若干意见》发布。两项政策文件中均提到要对海洋产业有关的基础设施建设项目优先安排债券发行。2014年，《国家海洋局关于进一步支持福建海洋经济发展和生态省建设的若干意见》指出，要支持涉海企业发行债券、上市，拓宽企业融资渠道。在这些政策支持下，2012年至今，已有福建腾新、东山海魁两家涉海企业在境内外成功上市，各获100万元的资金奖励。2014—2016年，福建省人民政府在连续三年的全省海洋经济工作要点中均提到了海洋经济债券政策，总体可以概括为继续推动涉海企业发行债券、股票上市以及通过银行间债券市场融资，加大涉海项目和重点企业的发债推介力度，推动各级政府建立发债发展基金，提高海洋产业直接融资比重。另外，2010年，《福建省人民政府关于科学有序做好填海造地工作的若干意见》指出，支持投资人通过发行企业债券直接融资等方式，为填海造地提供资金保障。2020年，福建省海洋与渔业局等发布《福建省实施渔港建设三年行动计划（2020—2022年）》，指出探索通过"工程包"打包若干个有经营效益的后方陆域项目，创造条件申请"地方政府专项债券"资金。2021年，加快建设"海上福建"推进海洋经济高质量发展，福建省人民政府陆续发布《加快建设"海上福建"推进海洋经济高质量发展三年行动方案（2021—2023年）》《福建省"十四五"海洋强省建设专项规划》，强调要积极利用地方政府专项债券支持符合条件的海洋项目建设，并支持符合条件的海洋企业发行债券、上市融资和再融资。2022年，福建省投资开发集团有限责任公司2022年面向专业投资者公开发行绿色公司债券（第一期）（蓝色债券）成功发行，这也是省属国企的首单蓝色债券，将助力打造福建省海上牧场和闽投深海养殖品牌，为福建省做强做优做大海洋经济作出贡献。

表8-14 福建省的海洋经济债券政策

年份	政策名称	发文字号
1998	《福建省人民政府关于贯彻〈中共福建省委关于进一步加快发展海洋经济的决定〉的实施意见的通知》	闽政〔1998〕30号
2002	《福建省人民政府关于加强海洋经济工作的若干意见》	闽政文〔2002〕114号
2016	《福建省人民政府关于科学有序做好填海造地工作的若干意见》	闽政〔2010〕11号
2014	《国家海洋局关于进一步支持福建海洋经济发展和生态省建设的若干意见》	国海发〔2014〕12号
2014	《福建省人民政府关于印发2014年全省海洋经济工作要点的通知》	闽政文〔2014〕53号
2015	《福建省人民政府办公厅关于印发2015年全省海洋经济工作要点的通知》	闽政办〔2015〕38号
2016	《福建省人民政府办公厅关于印发2016年全省海洋经济工作要点的通知》	闽政办〔2016〕86号
2020	《福建省海洋与渔业局关于扎实做好"六稳"工作落实"六保"任务的工作措施》	闽海渔〔2020〕32号
2020	《福建省海洋与渔业局 福建省发展和改革委员会 福建省财政厅关于印发〈福建省实施渔港建设三年行动计划（2020—2022年）〉的通知》	闽海渔〔2020〕24号
2021	《福建省人民政府关于印发加快建设"海上福建"推进海洋经济高质量发展三年行动方案（2021—2023年）的通知》	闽政〔2021〕7号
2021	《福建省人民政府办公厅关于印发〈福建省"十四五"海洋强省建设专项规划〉的通知》	闽政办〔2021〕62号

8.2.2.4 广东省

广东省大力支持符合条件的涉海企业发行企业债、公司债、短期融资券和境内外发行海洋开发债券等债务融资工具，推进粤港澳海洋开发金融合作（表8-15）。

广东省对于海洋经济债券相关政策的探索起步较晚。广东省人民政府办公厅分别于2001年和2007年印发了《广东省海洋产业"十五"计划》《广东省海洋经济发展"十一五"规划》，均提及银行信贷、财政支持等措施，但未曾涉及债券工具推进海洋经济发展的相关政策措施。2011年，国务院批复《广东海洋经济综合试验区发展规划》，首次提出要支持符合条件的涉海企业发行企业债、公司债、短期融资券和中期票据等债务融资工具，推动符合条件的涉海企业在境内发行股票融资，同时要推进粤港澳海洋开发金融合作，探索在境内外发行海洋开发债券。2012年的《广东省海洋经济发展"十二五"规划》和2017年的《广东省海洋经济发展"十三五"规划》，均提及支持有条件的企业通过发行股票、公司债券、短期融资券、境内外海洋开发债券等多种方式筹集资金。2017年，中国工商银行广东省分行协助海洋经济领域内相关企业在银行间债券市场发行5亿元债券，有效拓展企业融资渠道。2021年，《广东省海洋经济发展"十四五"规划》发布，指出加强粤港澳海洋金融合作，探索在境内外发行企业海洋开发债券。2022年深圳银保监局等四部门联合印发的《深圳银行业保险业推动蓝色金融发展的指导意见》和2023年深圳市规划和自然资源局印发的《深圳市海洋发展规划（2023—2035年）》均指出要推动深圳银行业保险业加大创新力度，高质量发展蓝色金融，着力引导吸引各类资本加大对涉海企业股权投资；支持优质涉海企业在境内外发行蓝色债券。

表8-15 广东省的海洋经济债券政策

年份	政策名称	发文字号
2001	《印发广东省海洋产业"十五"计划的通知》	粤府办〔2001〕48号
2007	《广东省人民政府办公厅印发广东省海洋经济发展"十一五"规划的通知》	粤府办〔2007〕93号
2011	《国务院关于广东海洋经济综合试验区发展规划的批复》	国函〔2011〕81号
2012	《印发广东省海洋经济发展"十二五"规划的通知》	粤府办〔2012〕26号
2017	《广东省海洋经济发展"十三五"规划》	/
2021	《广东省人民政府办公厅关于印发广东省海洋经济发展"十四五"规划的通知》	粤府办〔2021〕33号

年份	政策名称	发文字号
2022	《中国银行保险监督管理委员会深圳监管局 中国人民银行深圳市中心支行 深圳市规划和自然资源局 深圳市地方金融监督管理局关于印发深圳银行业保险业推动蓝色金融发展的指导意见的通知》	/
2023	《深圳市海洋发展规划（2023—2035年）》	/

8.3 海洋租赁政策

租赁是指在约定的期间内，出租人将资产使用权让与承租人以获取租金的行为。租赁是一种以一定费用借贷实物的经济行为，出租人将自己所拥有的某种物品交承租人使用，承租人由此获得在一段时期内使用该物品的权利，但物品的所有权仍保留在出租人手中。承租人为其所获得的使用权需向出租人支付一定的费用（租金）。由于海洋产业融资期限长，且具有一定风险，租赁能够减轻企业的财务负担，尤以融资租赁具有代表性，特别是经营性租赁具有表外融资、调节资产负债表的功能，同时，出租人会将从国家获得的优惠税款以降低租金等方式让渡给承租人。

本节将从融资租赁和区域典型政策两方面，分别对海洋租赁相关政策工具（表8-16）进行梳理和讨论。

8.3.1 融资租赁

政策重点：融资性租赁又称金融租赁，是指租赁的当事人约定，由出租人根据承租人的决定，向承租人选定的第三者（供货人）购买承租人选定的设备，以承租人支付租金为条件，将该物件的使用权转让给承租人，并在一个不间断的长期租赁期间内，出租人通过收取租金的方式，收回全部或大部分投资。在海洋产业领域常见于船舶融资，其中，船舶融资租赁是国外较为普遍的船舶融资方式。目前，我国海洋融资租赁相关政策重点是发展航运金融，支持金融机构和航运公司设立金融租赁公司，探索设立新兴融资租赁市场。

典型政策：2015年，《国务院办公厅关于加快融资租赁业发展的指导意见》和《国务院办公厅关于促进金融租赁行业健康发展的指导意见》发布，均指出要加快重点领域新兴产业融资租赁发展，拓宽中小微企业融资渠道，有效服务实体经济。同时，探索发展海洋高端装备制造、海洋新能源、海洋节能环保等新兴融资租赁市场，满足高端技术发展需要。在此基础上，2018年，《自然资源部 中国工商银行关于促进海洋经济高质量发展的实施意见》发布，提及支持符合条件的金融机构和海洋工程装备企业、大型船舶企业依法依规按程序发起设立金融租赁公司。同年，海洋局等八部门联合发布《海洋工程装备制造业持续健康发展行动计划（2017—2020年）》，鼓励油气开发企业、油田服务公司、海洋工程装备制造企业、金融机构和保险公司等加强合作，积极引入多方资本，创新商业模式，发挥各方优势，通过开展基金投资、融资租赁等业务，建立利益共享、风险共担机制，推动海洋工程装备交付运营。2022年，《金融租赁公司项目公司管理办法》出台，提出要进一步健全完善金融租赁业务监管规制，完善市场基础，增长业务规模，有力支持"一带一路""走出去"等融资租赁需求。

表8-16 海洋经济租赁政策

年份	政策名称	发文字号
2015	《国务院办公厅关于加快融资租赁业发展的指导意见》	国办发〔2015〕68号
2015	《国务院办公厅关于促进金融租赁行业健康发展的指导意见》	国办发〔2015〕69号
2016	《农业部关于印发〈全国渔业发展第十三个五年规划〉的通知》	农渔发〔2016〕36号
2017	《国家发展改革委 国家海洋局关于印发全国海洋经济发展"十三五"规划的通知》	发改地区〔2017〕861号
2018	《自然资源部 中国工商银行关于促进海洋经济高质量发展的实施意见》	自然资发〔2018〕63号
2018	《工业和信息化部、发展改革委、科技部、财政部、人民银行、国资委、银监会、海洋局关于印发海洋工程装备制造业持续健康发展行动计划（2017—2020年）的通知》	工信部联装〔2017〕298号
2020	《中国银保监会办公厅关于印发金融租赁公司监管评级办法（试行）的通知》	/
2022	《中国银保监会办公厅关于印发金融租赁公司项目公司管理办法的通知》	银保监办发〔2021〕143号

8.3.2 沿海地区典型案例

8.3.2.1 山东省

山东省大力支持发展涉海融资租赁业，拓展海洋工程装备、高端专业设备等领域租赁品种和经营范围，鼓励金融机构设立金融租赁公司为海洋产业提供融资租赁服务（表8-17）。

2004年，为加强和规范海域使用金的征收使用管理，维护国家海域所有权的经济利益，山东省财政厅、山东省海洋与渔业厅出台《山东省海域使用金征收使用管理暂行办法》，对海域租金进行了规定。同时，为了促进海洋经济发展，一系列金融租赁相关政策相继出台。对近海渔业每座基站铁塔网络资源租赁费用补助4万元/年。2007年，《中共山东省委 山东省人民政府关于大力发展海洋经济建设海洋强省的决定》指出，改革政府投资的渔港等基础设施管理体制和经营机制，通过拍卖、租赁、入股等形式，盘活资产，改善管理，提高效益。2018年，中共山东省委、山东省人民政府发布《山东海洋强省建设行动方案》，明确表示加快发展金融租赁公司等非银行金融机构和证券公司；做强航运服务，建设青岛国际航运服务中心，加快发展航运金融、船舶和航运经纪、海事仲裁、船舶租赁、船舶交易、电商服务等中高端航运服务业。与此同时，为了实现经济持续发展，2015年，山东省人民政府发布《水污染防治行动计划》，指出要积极推动设立融资担保基金，推进环保设备融资租赁业务发展。作为山东省海洋经济发展前沿城市，青岛市也于2019年发布《青岛西海岸新区关于支持海洋产业强链补链的若干政策》，指出若融资租赁企业为区内海洋领域企业提供船舶、海工装备及重大专用生产设备等租赁业务融资，按照当年提供租赁业务融资总额的1%给予补贴。2021年，《山东省"十四五"海洋经济发展规划》发布，鼓励发展船舶、海工装备、仓储设施融资租赁；完善港航配套设施，支持大型港航企业通过兼并、重组、租赁、合作等方式整合资源。2022年，胶州市海洋发展服务中心印发《关于助力青岛市打造引领型现代海洋城市加快推进海洋强市建设的实施方案》，指出要组建现代金融产业招商队伍，大力引进涉海保险、融资租赁、创投风投等金融机构。

表8-17 山东省的海洋经济租赁政策

年份	政策名称	发文字号
2004	《山东省财政厅、山东省海洋与渔业厅关于印发〈山东省海域使用金征收使用管理暂行办法〉的通知》	鲁财综〔2004〕33号
2007	《中共山东省委 山东省人民政府关于大力发展海洋经济建设海洋强省的决定》	鲁发〔2007〕13号

年份	政策名称	发文字号
2015	《山东省人民政府关于印发山东省落实〈水污染防治行动计划〉实施方案的通知》	鲁政发〔2015〕31号
2016	《山东省财政厅 山东省海洋与渔业厅关于贯彻落实财政部农业部调整国内渔业捕捞和养殖业油价补贴政策促进渔业持续健康发展的意见》	鲁财建〔2016〕9号
2018	《山东海洋强省建设行动方案》	鲁发〔2018〕21号
2019	《青岛西海岸新区关于支持海洋产业强链补链的若干政策》	青西新管发〔2019〕54号
2021	《山东省人民政府办公厅关于印发山东省"十四五"海洋经济发展规划的通知》	鲁政办字〔2021〕120号
2022	《关于助力青岛市打造引领型现代海洋城市加快推进海洋强市建设的实施方案》	/

8.3.2.2 海南省

海南省积极拓展融资租赁业务，大力引进融资租赁公司，带动游艇产业、水上飞机、船舶制造业、海洋工程装备业发展（表8-18）。

2013年，《海南省人民政府办公厅关于金融支持海洋经济发展的指导意见》出台，指出要根据涉海企业设备投资特点，积极开展直接租赁、售后回租等融资租赁业务，重点支持海洋工程装备业、船舶修造业、水上飞机制造业等临港工业和港口码头建设的设备投资，引进吸收成长性好、成套性强、产业关联度高的关键设备，提高海洋产业技术含量。银行业金融机构要积极利用集团内金融租赁公司为本省海洋产业提供融资租赁服务。完善地方法人金融机构，支持设立服务海洋经济的地方性融资租赁公司和融资担保公司等机构。2017年，《海南省加快融资租赁业发展实施方案》指出，要支持省内国有大中型企业、民营企业和外资企业通过合作、兼并重组、增资扩股等形式，与省外有实力的融资租赁公司在海南省设立分公司或分支机构；支持设立专门面向中小微企业的融资租赁公司，鼓励发展面向个人创新创业的融资租赁服务；加大招商力度，引入国内外投资商在海南省设立融资租赁公司。2021年，海南省人民政府办公厅印发《海南省海洋经济发展"十四五"规划（2021—2025年）》，重点发展港航物流和以船舶融资租赁、航运保险、海事仲裁、航运咨询和航运信息服务为重点的现代航运服务业。同年，为更好地促进游艇租赁业持续健康发展，海南省交通运输厅印发《海南省游艇租赁管理办法（试行）实施细则》，进一步加强海南省游艇租赁行业管理，规范游艇租赁经营行为，维护游艇租赁市场秩序，培育游艇旅游消费新业态。

表8-18　海南省的海洋经济租赁政策

年份	政策名称	发文字号
2013	《海南省人民政府办公厅关于金融支持海洋经济发展的指导意见》	琼府办〔2013〕22号
2016	《三亚市人民政府关于印发三亚市海洋经济发展"十三五"规划的通知》	三府〔2016〕117号
2017	《海南省人民政府办公厅关于印发海南省加快融资租赁业发展实施方案的通知》	琼府办〔2017〕184号
2021	《海南省海洋经济发展"十四五"规划（2021—2025年）》	/
2021	《海南省交通运输厅关于印发〈海南省游艇租赁管理办法（试行）实施细则〉的通知》	琼交规字〔2021〕413号

8.3.2.3　福建省

福建省积极发展融资租赁业务，拓展海洋经济融资渠道，破解中小企业融资难题（表8-19）。

2009年，《中共福建省委 福建省人民政府关于加快建设海洋经济强省的若干意见》出台，指出要积极发展与国际航运相配套的贸易、金融、船舶租赁、船舶燃油服务，提高港口综合服务功能。2012年，福建省人民政府办公厅发布《关于支持和促进海洋经济发展九条措施的通知》，鼓励海洋企业利用融资租赁实现设备升级改造和融资。2015年，《福建省海洋与渔业厅关于加快我省水产品加工产业转型升级的意见》出台，鼓励水产品加工企业与风投公司、租赁公司、财务公司联手加大发行企业债券和企业股票，降低金融集中风险。为了明确渔港投资企业合法权益，2020年，福建省人民政府出台了《关于进一步加快渔港建设的若干意见》，建议渔港非公益性部分设施可以通过自主经营或招商、租赁等形式授权其他经济实体经营。2021年，《福建省"十四五"海洋强省建设专项规划》发布，鼓励开发性和政策性金融机构，对海洋基础设施建设等项目给予融资租赁、融资贴息等支持。2022年，福建省海洋与渔业局发布《福建省"十四五"渔业发展专项规划》，支持省属企业牵头组建全省深海养殖装备租赁公司，助力养殖业向深海型、集约型、高端型转变。

表8-19 福建省的海洋经济租赁政策

年份	政策名称	发文字号
2009	《中共福建省委 福建省人民政府关于加快建设海洋经济强省的若干意见》	闽委发〔2006〕14号
2012	《关于支持和促进海洋经济发展九条措施的通知》	闽政〔2012〕43号
2015	《福建省海洋与渔业厅关于加快我省水产品加工产业转型升级的意见》	闽海渔〔2015〕225号
2017	《关于推进渔业转方式调结构转型升级发展的实施意见》	闽海渔〔2017〕90号
2020	《关于进一步加快渔港建设的若干意见》	闽政〔2020〕2号
2021	《福建省人民政府办公厅关于印发福建省"十四五"海洋强省建设专项规划的通知》	闽政办〔2021〕62号
2022	《福建省海洋与渔业局关于印发福建省"十四五"渔业发展专项规划的通知》	闽海渔〔2022〕46号

8.3.2.4 江苏省

江苏省大力支持符合条件的海洋工程装备企业、大型船舶企业依法按程序发起设立金融租赁公司,大力发展融资租赁(表8-20)。

2002年,江苏省人民政府发布《江苏省"十五"海洋经济发展专项规划》,要求营造良好的创业环境,激发科技、管理人员的积极性,支持科技人员创办、承包、租赁各种海洋经济实体。在此基础上,2016年,《中共江苏省委 江苏省人民政府关于新一轮支持沿海发展的若干意见》提出,对工业用地鼓励采取长期租赁、先租后让、租让结合、弹性出让等方式供应。此外,江苏省人民政府于2017年和2019年先后发布了《江苏省"十三五"海洋经济发展规划》和《江苏省海洋经济促进条例》,均提及创新海洋特色金融发展机制,发展船舶融资租赁、航运保险等非银行金融产品,开发服务海洋经济发展的金融保险产品;鼓励成立涉海融资租赁公司,建设江苏沿海地区海洋融资租赁中心。2021年,江苏省自然资源厅、江苏省发展和改革委员会印发《江苏省"十四五"海洋经济发展规划》,鼓励符合条件的省内优质涉海企业发起设立财务公司、融资租赁公司,支持并吸引国内外大型保险机构在沿海地区设立航运保险机构,发展船舶融资租赁、航运保险等业务。聚焦船舶与海洋工程装备产业,江苏省工业和信息化厅于2022年发布具体规划,指出要积极推进产融结合,推动船舶融资租赁业务发展,扩宽发展空间。

表8-20　江苏省的海洋经济租赁政策

年份	政策名称	发文字号
2002	《江苏省"十五"海洋经济发展专项规划》	/
2007	《江苏省"十一五"海洋经济发展专项规划》	苏发改区域发〔2007〕1259号
2014	《省政府关于推进现代渔业建设的意见》	苏政发〔2014〕13号
2015	《关于印发2015年全省海洋与渔业工作要点的通知》	苏海办〔2015〕2号
2016	《中共江苏省委　江苏省人民政府关于新一轮支持沿海发展的若干意见》	苏发〔2016〕28号
2017	《江苏省政府办公厅关于印发江苏省"十三五"海洋经济发展规划的通知》	苏政办发〔2017〕16号
2019	《江苏省海洋经济促进条例》	江苏省人大常委会公告第17号
2021	《江苏省"十四五"海洋经济发展规划》	/
2022	《江苏省工业和信息化厅关于印发〈江苏省"十四五"船舶与海洋工程装备产业发展规划〉的通知》	苏工信国防〔2022〕129号

8.4　海洋股权融资政策

由于海洋产业一般生产周期长且风险巨大，海洋产业发展的资金需求巨大。股权融资可以较好地满足企业的资金需求，所获得的资金，企业无须还本付息，新股东将与老股东同样分享企业的盈利与增长，发展前景光明。近年来，我国海洋产业股权融资增长迅速，已成为支持海洋产业发展的重要融资渠道。

本节将从股权融资和区域典型政策的角度，分别对海洋股权融资的相关政策工具（表8-21）进行梳理和讨论。

8.4.1　股权融资

政策重点：股权融资是指企业的股东愿意让出部分企业所有权，通过企业增资的方式引进新的股东，同时使总股本增加的融资方式。其目的是加强金融市场建设，推动发展股权融资，支持跨国股权融资，拓宽海洋经济融资渠道，完善海洋金融服务体系，为涉海企业提供专业化、个性化服务。

典型政策：在资金需求方面，2012年，《全国海洋经济发展"十二五"规划》发布，提出要积极支持符合条件的涉海企业以发行股票、公司债券等多种方式筹集资金。2017年,《加快推进津冀港口协同发展工作方案(2017—2020年)》发布,建议以国有港口企业资源整合为重点,发挥国有骨干港口企业的作用,通过资产划拨、股权投资、合资合作等方式,推动国有资产不同管理层级的国有港口企业整合,提高经营集约化水平,避免同质化过度竞争。2018年,《人民银行 海洋局 发展改革委 工业和信息化部 财政部 银监会 证监会 保监会关于改进和加强海洋经济发展金融服务的指导意见》出台,指出要积极发展各类所有制航运服务企业,在自由贸易试验区稳步推进外商独资船舶管理公司、控股合资海运公司等试点,进一步探索国际航运发展综合试验区示范政策。2018年,《自然资源部 中国工商银行关于促进海洋经济高质量发展的实施意见》也指出,要通过股权投资、重组并购贷款、债券发行等投资银行手段积极支持涉海企业科技研发和产业整合,提升企业竞争力。在资金供给方面,2016年,农业部印发《全国渔业发展第十三个五年规划》,提出支持社会资本通过参股等形式,参与海洋油气资源勘探开发;加强国际港口间合作,支持大型港航企业实施国际化发展战略,结合市场需求,通过收购、参股、租赁等方式,参与海外港口管理、航道维护、海上救助,为远洋渔业、远洋运输、海外资源开发等提供商业服务。2021年,《中华人民共和国国民经济和社会发展第十四个五年规划和2035年远景目标纲要》发布,将积极拓展海洋经济发展空间作为单独的一章列入规划,并提出要优化扶持政策,细化用地用海、银行信贷、股权融资、税费减免等配套政策,吸引更多资本投入。

表8-21 海洋股权融资政策

年份	政策名称	发文字号
2012	《国务院关于印发全国海洋经济发展"十二五"规划的通知》	国发〔2012〕50号
2016	《农业部关于印发〈全国渔业发展第十三个五年规划〉的通知》	农渔发〔2016〕36号
2017	《交通运输部办公厅 天津市人民政府办公厅 河北省人民政府办公厅关于印发加快推进津冀港口协同发展工作方案(2017—2020年)的通知》	交办水〔2017〕101号
2018	《人民银行 海洋局 发展改革委 工业和信息化部 财政部 银监会 证监会 保监会关于改进和加强海洋经济发展金融服务的指导意见》	银发〔2018〕7号
2018	《自然资源部 中国工商银行关于促进海洋经济高质量发展的实施意见》	自然资发〔2018〕63号

续表

年份	政策名称	发文字号
2021	《第十三届全国人民代表大会第四次会议关于国民经济和社会发展第十四个五年规划和2035年远景目标纲要的决议》	2021年3月11日第十三届全国人民代表大会第四次会议通过

8.4.2 沿海地区典型案例

8.4.2.1 山东省

山东省大力支持海洋领域民营企业通过参股控股建立现代企业制度，积极支持涉海高新技术企业利用股权融资，加快自主知识产权项目研发（表8-22）。

2006年，《山东省海洋经济"十一五"发展规划》指出，要大力发展民营科技企业，鼓励科技人员下海经商，以技术入股、成果转让、合作开发等形式领办企业；积极引导、鼓励企业进行股份制改造，通过股票上市、发行债券、经营权和资产转让、联合兼并等方式，盘活存量资产，优化增量资产。2019年的《关于支持海洋战略性产业发展的财税政策的通知》和2020年的《关于支持八大发展战略的财政政策》均指出，要聚焦海洋领域"瞪羚""独角兽"等高成长性企业，对其实施的重大技术成果转化和产业转型升级项目，探索采取股权投资方式择优给予支持。2019年，为落实《山东海洋强省建设行动方案》部署，青岛市发布《新旧动能转换"海洋攻势"作战方案（2019—2022年）》，实施中小涉海企业培育计划，推进涉海企业"小升规、规转股、股上市"，对符合条件的企业依规给予奖励。2021年，山东省人民政府办公厅印发《山东省"十四五"海洋经济发展规划》，鼓励发展创业投资，创新海洋科技成果产业化应用激励机制，采取科研资助、股权投资等方式，支持海洋科技成果转化。2022年，山东省财政厅发布了财政支持推动海洋经济发展政策措施，指出要综合运用税费减免、股权投资、生态补偿等政策工具，多措并举引导蓝色产业升级，采取股权投资等方式，支持海洋战略性产业重大技术改造项目和智能化技术改造项目。

表8-22 山东省的海洋股权融资政策

年份	政策名称	发文字号
2006	《山东省人民政府关于印发山东省海洋经济"十一五"发展规划的通知》	鲁政发〔2006〕75号
2018	《山东海洋强省建设行动方案》	鲁发〔2018〕21号

续表

年份	政策名称	发文字号
2019	《山东省财政厅 中共山东省委组织部 山东省发展和改革委员会等16部门印发关于支持海洋战略性产业发展的财税政策的通知》	鲁财资环〔2019〕17号
2019	《青岛市新旧动能转换"海洋攻势"作战方案（2019—2022年）》	青厅字〔2019〕70号
2020	《山东省人民政府印发关于支持八大发展战略的财政政策的通知》	鲁政字〔2020〕221号
2020	《省农业农村厅 省财政厅关于推荐2020年财政资金股权投资改革支持海洋牧场建设企业名单的通知》	/
2021	《山东省人民政府关于印发山东省"十四五"海洋经济发展规划的通知》	鲁政办字〔2021〕120号

8.4.2.2　福建省

福建省大力推动涉海企业通过股票上市融资，引导各类股权投资投向海洋新兴产业和现代海洋服务业项目（表8-23）。

1998年，《福建省人民政府关于贯彻〈中共福建省委关于进一步加快发展海洋经济的决定〉的实施意见的通知》发布，鼓励社会力量采取股份制和股份合作制等多种形式，多渠道筹集资金，增加对海洋开发的投入。通过自我积累和兼并、参股、控股、收购、资产授权等形式，组建一批海洋集团企业。在此基础上，2016年，《福建省"十三五"海洋经济发展专项规划》发布，提出要完善渔港投资、建设和管理体制，探索开展渔港共建试点，鼓励民间资本以独资、控股、参股等形式参与渔港项目建设与经营管理，提高渔港建设、管理和服务水平。同年发布的《福建省人民政府关于促进海洋渔业持续健康发展十二条措施的通知》也提出，支持龙头企业技术更新改造、规模扩张和上市融资；培育一批引领海洋渔业行业发展的领军企业，鼓励通过兼并、重组、收购、控股等方式组建海洋渔业企业集团；对成功上市的海洋渔业企业给予100万元的一次性奖励。2020年，《厦门市人民政府关于印发促进海洋经济高质量发展的若干措施的通知》中提出，大力发展和引进股权投资基金投入海洋经济领域，对符合条件的相关股权投资基金提供政策扶持。2021年，福建省发布《加快建设"海上福建"推进海洋经济高质量发展三年行动方案（2021—2023年）》，要求既要完善海洋项目投融资机制，也要支持符合条件的海洋企业上市融资和再融资。同年,《福建省"十四五"海洋强省建设专项规划》提出,要拓宽直接融资渠道,充分利用股权融资和债务融资等工具,鼓励涉海企业开展直接融资,促进金融业与海洋产业的融合发展。

表8-23　福建省的海洋股权融资政策

年份	政策名称	发文字号
1998	《福建省人民政府关于贯彻〈中共福建省委关于进一步加快发展海洋经济的决定〉的实施意见的通知》	闽政〔1998〕30号
2012	《福建省人民政府关于支持和促进海洋经济发展九条措施的通知》	闽政〔2012〕43号
2016	《福建省人民政府办公厅关于印发福建省"十三五"海洋经济发展专项规划的通知》	闽政办〔2016〕80号
2016	《福建省人民政府关于促进海洋渔业持续健康发展十二条措施的通知》	闽政〔2013〕43号
2017	《福建省海洋与渔业厅关于印发福建省加强国内渔船管控实施海洋渔业资源总量管理实施方案的通知》	闽海渔〔2017〕184号
2020	《厦门市人民政府关于印发促进海洋经济高质量发展的若干措施的通知》	厦府规〔2020〕14号
2021	《福建省人民政府关于印发加快建设"海上福建"推进海洋经济高质 量发展三年行动方案(2021—2023年)的通知》	闽政〔2021〕7号
2021	《福建省人民政府办公厅关于印发福建省"十四五"海洋强省建设专项规划的通知》	闽政办〔2021〕62号

8.4.2.3　海南省

海南省积极发展股权融资,推动员工入股,鼓励企业在境内外发行股票融资,拓宽企业投资项目的融资渠道(表8-24)。

2011年,海南省海洋与渔业厅发布《海南省"十二五"海洋经济发展规划》,要求大力推行股份制和股份合作制,支持和鼓励海洋开发的优势企业通过股票上市等形式直接融资,拓宽融资渠道。2013年,《海南省人民政府办公厅关于金融支持海洋经济发展的指导意见》发布,提出开展区域性股权交易市场试点,为涉海企业提供产权、股权交易服务;大力引进一批符合三亚海洋高新技术产业发展方向的高新技术企业,支持本地企业与内地高新技术企业在三亚市联合创办海洋高新技术公司,鼓励拥有自主知识产权的专家学者以技术入股或其他方式在三亚创办海洋高新技术公司。同年，中共海南省委发布《省委省政府关于加快建设海洋强省的决定》，支持符合条件的涉海企业在境内外发行股票上市融资。2021年，海南省人民政府印发了《海南省海洋经济发展"十四五"规划（2021—2025年）》，指出要支持重点涉海企业上市融资；在海洋医药与生物制品、港口、船舶、海洋工程等领域选择一批骨干企业，支持开展私募股权融资、私募债券融资和股权质押融资。

表8-24　海南省的海洋股权融资政策

年份	政策名称	发文字号
2011	《海南省"十二五"海洋经济发展规划》	/
2013	《海南省人民政府办公厅关于金融支持海洋经济发展的指导意见》	琼府办〔2013〕22号
2013	《省委省政府关于加快建设海洋强省的决定》	/
2015	《海南省人民政府关于加快发展现代金融服务业的若干意见》	琼府〔2015〕92号
2018	《海南省海洋与渔业厅印发〈关于促进水产养殖业绿色发展的指导意见〉的函》	琼海渔函〔2018〕32号
2021	《海南省海洋经济发展"十四五"规划（2021—2025年）》	/

8.4.2.4　江苏省

江苏省鼓励社会力量采取股份制和股份合作制等形式，多渠道筹集资金，增加对海洋开发的投入（表8-25）。

1996年，中共江苏省委和江苏省人民政府联合发布《关于加快发展江苏海洋经济的若干意见》，建议积极推行股份合作制，以风险共担、利益共享的运行机制为基础，广泛吸纳国家、集体、个人以及大专院校和科研单位等投资入股。2019年，江苏省人民政府发布《江苏省海洋经济促进条例》，要求县级以上地方人民政府应当优化财政资金引导机制，综合运用股权投资、贷款贴息、风险补偿、奖励等方式，激励海洋科技创新，培育海洋特色品牌，支持列入国家、省鼓励发展的海洋产业项目，促进海洋产业结构优化升级；推动银行、保险、信托等金融机构与股权投资、担保机构建立海洋投贷保联盟，拓展涉海企业融资渠道。2021年，江苏省自然资源厅、江苏省发展和改革委员会印发《江苏省"十四五"海洋经济发展规划》，指出要推动银行、保险、信托等金融机构与风险投资、股权投资、担保机构等建立战略合作，成立海洋投贷联盟。2022年，南京市规划和自然资源局印发《南京市

"十四五"海洋经济发展规划》，要求大力促进海洋金融服务业，通过银行等与股权投资建立战略合作，推动金融与海洋产业的深度融合。

表8-25　江苏省的海洋股权融资政策

年份	政策名称	发文字号
1996	《关于加快发展江苏海洋经济的若干意见》	苏发〔1996〕5号
2015	《关于印发2015年全省海洋与渔业工作要点的通知》	苏海办〔2015〕2号
2016	《中共江苏省委、江苏省人民政府关于新一轮支持沿海发展的若干意见》	苏发〔2016〕28号
2019	《江苏省海洋经济促进条例》	江苏省人大常委会公告第17号
2021	《江苏省"十四五"海洋经济发展规划》	/
2022	《南京市"十四五"海洋经济发展规划》	/

──────・本章小结・──────

本章从基金、债券、租赁、股权融资等方面梳理了其他涉海金融政策。涉海基金政策方面，我国沿海地区陆续发展了海洋产业投资类基金和海洋引导类基金，有效地推动了海洋产业转型和培育初创期涉海企业。海洋债券政策方面，借鉴绿色债券的发展基础，我国鼓励海洋项目发行资产支持证券，对处于不同发展阶段的涉海企业积极引导。海洋租赁政策方面，当前我国政策侧重于船舶融资租赁的进一步完善。海洋股权融资政策方面，主要涉及完善股权融资的渠道和服务体系。总之，针对各个金融支持方式的特征，政策正有的放矢地推进其在海洋领域方面的应用和衔接。

【知识进阶】

1. 试列举目前海洋债券政策的实施存在的挑战，应如何优化以更好地服务海洋经济发展？

2. 分析海洋投资类基金和海洋补偿引导类基金的优、缺点。

3. 我国海洋租赁政策在促进海洋经济发展方面有哪些具体措施？

4. 海洋股权融资政策在激活海洋企业创新活力方面有哪些积极作用？

5. 如何通过综合运用涉海基金、海洋债券、海洋租赁和海洋股权融资政策，构建多元化的海洋投融资体系？

涉海财政金融工具创新篇

前八章从财政政策、货币与金融政策、对外贸易以及海岛海域使用权政策等方面对我国涉海金融政策进行了归纳。归纳发现：我国海洋经济发展政策支持尚未形成完整的体系，目前还存在较多问题。财政政策方面，对海洋经济的调节促进作用力度不够，存在种类较少、税收不规范、财补量小面广、绿色投资发展缓慢等问题。金融政策方面，金融支持海洋经济的能力还相对较弱，存在融资渠道较窄、海洋金融创新滞后、海洋金融资源分布不均衡等现象。在对外贸易政策实施过程中，存在目前我国涉海开放政策覆盖领域还不够全面，沿海各地发展水平以及港口布局不同，外商政策难以同步，地方政府引资成本过高等一系列问题。海域、无居民海岛使用权政策在实施过程中，存在市场化出让目录不清晰、使用权权能及其交易模式单一、海洋产权交易平台缺失等问题。这一系列问题的存在，不利于实现海洋经济高质量发展。本书基于当前我国国民经济的政策支持体系，提出我国海洋经济政策支持体系的总体框架（图9-1）。

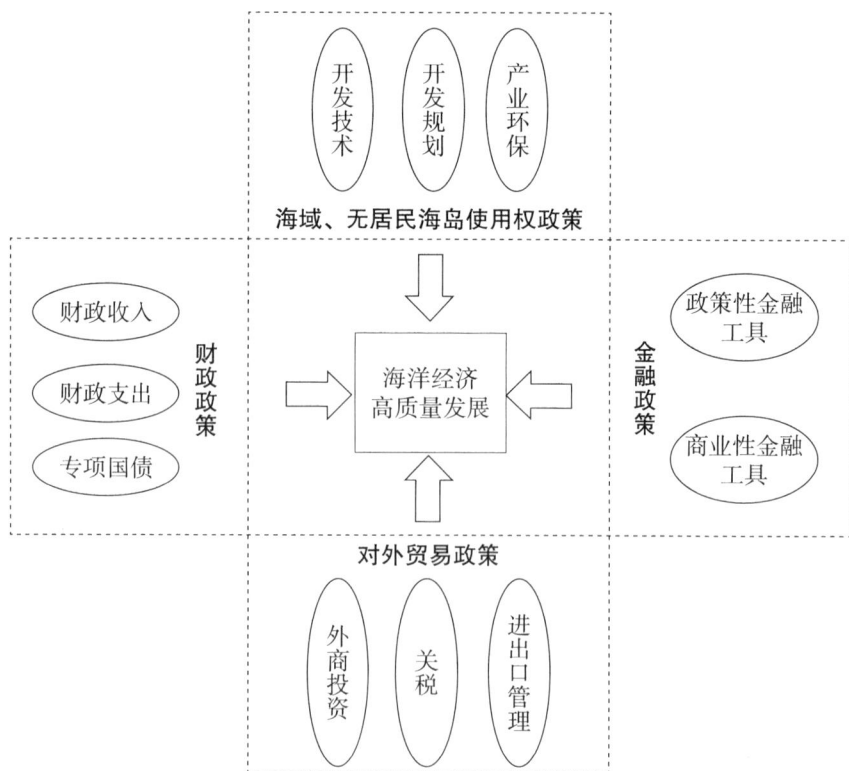

图9-1 我国海洋经济政策支持体系总体框架

9　涉海财政政策工具创新

> 知识导入：我国海洋经济的培育和发展是一个长期、持续的过程，高投入、高风险的特征十分突出，面对国外强势竞争对手，成长艰难，需要强有力的系统性的财政政策支持。针对海洋经济政策目前存在的政策工具单一、海洋特色项目发展盲目等问题，参考国民经济的财政支持政策，本书构建了涉海财政政策工具体系（图9-2）。

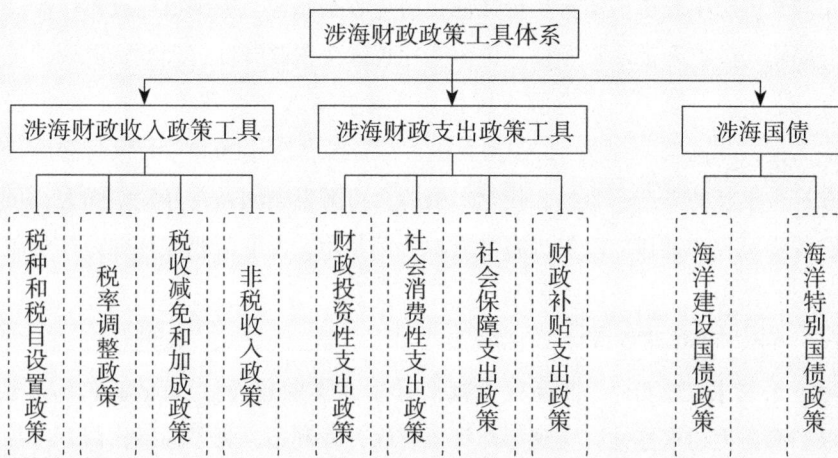

图9-2　涉海财政政策工具体系

9.1　涉海财政收入政策工具

财政收入政策是对税收政策和非税收入政策的统称。其中，税收收入又涉及税种和税目设置、税率调整、税收减免和加成等政策。目前，我国涉海财政收入政策主要分为税收减免与加成政策、非税收入政策两类，缺乏针对海洋相关税种和税目的设置、有针对性的税率调整政策。同时，涉海相关税收减免和加成政策的实施范围仍然较小，进一步完善涉海财政收入政策体系迫在眉睫。

9.1.1　税种和税目设置政策

9.1.1.1　涉海主要纳税类目设置

目前，我国共有18个税种，已有12个完成立法，按照税种性质大致可分为货物和劳务税、财产和行为税、所得税。其中，增值税、企业所得税、消费税、个人所得税收入是税收主要来源（2022年占税收收入比例依次为29.2%、26.2%、10%、9%，合计占比86.44%）。海洋经济作为国民经济的一部分，其发展与国民经济同步。海洋经济对税收的贡献，不仅体现在增值税、企业所得税、消费税、个人所得税收入方面，还体现在车船税、船舶吨税、资源税等方面。

9.1.1.2　海洋领域资源税的类目拓展

2010年6月起，我国资源税从价计征改革开始实施。2011年暂行条例修正稿就明确资源税按照从价定率或者从量定额的办法计算征收。在此前对原油、天然气、煤炭、稀土、钨、钼6个品目成功实施资源税改革的基础上，2016年7月1日起，我国全面推开资源税改革，实行从价计征，清理收费基金，突破目前仅对矿产品和盐征税的局限，试点开征水资源税，进一步完善绿色税收制度，理顺资源税费关系。2019年8月26日，第十三届全国人民代表大会常务委员会第十二次会议审议通过《中华人民共和国资源税法》，作为我国首部资源税法于2020年9月1日起施行。海洋领域蕴含丰富的矿产、生物、化学等资源，可开发空间及待开发空间大，可扩大海洋领域资源税的类目，以促进海洋资源合理利用，发挥税收杠杆在海洋资源开发利用方面的作用。

9.1.1.3　海洋环境保护税的类目拓展

习近平总书记指出："要高度重视海洋生态文明建设，加强海洋环境污染防治，保护海洋生物多样性，实现海洋资源有序开发利用，为子孙后代留下一片碧海蓝天。"2018年1月1日，《中华人民共和国环境保护税法》和《海洋工程环境保护税申报征收办法》施行。近年来，受陆源污染、石油污染以及过度捕捞的影响，海洋生态环境破坏严重，可从应税污染物、计税依据、征收管理等方面，对海洋工程、近海石油污染、过度捕捞等行为的海洋环境保护税征收进行规范，从而促使纳税人在生产经营中改良工序，减少污染物排放，提高"质效"。

9.1.2　税率调整政策

9.1.2.1　环境保护税的差异性税率设置

关于海洋工程项目的环境保护税征收对象，主要涉及海洋勘探、运输等直接影响海洋生态的企业。陆域排污企业排放的污水、固体废弃物也会对海洋生态产生间接影响。可在对海洋环境产生直接影响的企业设置环境保护税基础上，对造成间接影响的企业增设低税率环境保护税，以达到遏制污染的目的。同时，可根据排污企业影响海洋生态的程度、科技创新能力、水质变化程度，在不同地域采取灵活、分阶段的动态税率。

9.1.2.2　海洋环保企业所得税优惠税率设置

根据《企业所得税优惠目录》，我国自2014年起对深圳前海深港现代服务业合作区、渔业项目等企业实施所得税税率优惠。2022年，深圳市税务局发布《前海深港现代服务业合作区企业所得税优惠政策操作指引》，明确了享受优惠具体方式、留存资料清单、争议解决程序等，为企业享受政策提供优质便捷的办税服务。遵循各产值等级企业公平享受税收优惠的原则，可对各产值等级的海洋环保企业执行不同的优惠税率政策。例如，年产值在300万元以下的企业，税收减按98%；年产值300万～600万元的企业，税收减按95%，年产值在600万元以上的企业税收减按90%，以降低海洋环保产业的资本成本。

9.1.3　税收减免和加成政策

9.1.3.1　海洋新兴产业项目税收减免

2019年，山东省提出企业从事远洋捕捞、海水养殖、符合条件的海水淡化和海洋能发电项目的所得，免征、减征所得税。2022年，深圳市新出台的组合式税费支持政策，为盐田港提供1800多万的留抵税额，推进智慧港口人工智能实验室建设。海洋新兴产业作为我国"十四五"发展重点，需要在全国层面对海洋生物制药、海洋新材料、跨海大桥、现代化港口码头等高端海洋项目领域企业，给予所得税、增值税等税收减免及优惠政策，抓住行业发展时机，帮助企业降低研发成本，促进海洋新兴产业的发展。

9.1.3.2　涉海小微企业普惠性税收减免

2021年，国家税务总局发布《关于实施小微企业和个体工商户所得税优惠政策的公告》，对小型微利企业年应纳税所得额不超过100万元的部分，在《财政部税务总局关于实施小微企业普惠性税收减免政策的通知》第二条规定的优惠政策基础上，再减半征收企业所得税。2022年，财政部国家税务总局发布《关于进一步实施小微企业所得税优惠政策的公告》，对小型微利企业年应纳税所得额超过100万元但不超过300万元的部分，减按25%计入应纳税所得额，按20%的税率缴纳企业所得税。涉海小微企业是海洋经济发展的重要基础，是助推海洋产业转型升级的重要力量。可从企业所得税、个人所得税、增值税、消费税、关税等多个税种入手，形成全方位的税收减免优惠政策。例如，对月销售额10万元以下的小规模海洋企业（按季纳税，季度销售额未超过30万元），免征增值税。

9.1.3.3 涉海项目税收优惠方式创新

2020年，《关于积极应对新冠肺炎疫情加快恢复农业生产确保重要农产品稳产保供的若干措施》出台，对农业企业因疫情影响不能按期缴纳税款的，经税务机关批准，可以延期缴纳税款。2022年，广东省发布《海洋经济领域研发费用加计扣除税收优惠政策指引（2022年版）》，帮助企业用足、用好研究开发费用加计扣除政策。涉海项目税收优惠方式可以在税额优惠、税率优惠等直接优惠方式的基础上，充分运用海洋项目延期纳税、海洋资产投资抵免、再投资退税等间接税收优惠方式，根据优惠对象和目的的不同及时调整优惠方式，使得海洋经济领域的税收减免及优惠方式落到实处。国家税务总局锦州市经济技术开发区税务局利用"征纳互动智能平台"为锦州港等重点税源企业提供"一对一"定制服务，确保税惠政策精准直达市场主体，新的组合式税费支持政策仅2023年上半年减免税费5107万元，助力辖区内涉海企业稳健发展。

9.1.4 非税收入政策

9.1.4.1 海域使用金减免

2019年，山东省颁布《山东省海域使用金减免管理办法》，指出满足条件的遭受严重自然灾害养殖用海等项目可依法减缴海域使用金。2022年，海南省儋州市起草完成了《儋州市渔业用海审批及减免海域使用金管理办法》，规定沿海当地农村集体经济组织成员使用海域从事养殖活动的，按每户50亩以下的用海面积免缴海域使用金；遭受自然灾害或者意外事故，经当地镇政府认定并报儋州市人民政府核实经济损失达正常收益60%以上的养殖用海，可以减免或免缴海域使用金。关于海域使用金的减免管理，可从用海范围、不同使用期限的征收标准等方面进行详细规定，采取25%和50%等的计征标准。不同地区可根据地方特色和海洋发展重点，依据使用用途采取不同的海域使用金征收管理。例如，上海、天津、江苏、广西可对符合条件的海洋牧场示范区、海洋工程项目的海域使用金采取减免政策。

9.1.4.2 违规罚款的类目拓展

2021年，司法部根据《中华人民共和国海上交通安全法》《中华人民共和国海洋环境保护法》《中华人民共和国行政处罚法》及其他有关法律、行政法规，制定了《中华人民共和国海上海事行政处罚规定》，以规范海上海事行政处罚行为，保护当事人的合法权益，保障和监督海上海事行政管理，维护海上交通秩序，防治船舶污染水域。除此之外，海洋工程、近海石油污染、过度捕捞等涉海活动同样会对海洋环境造成严重破坏。可根据海洋活动的频繁性、污染及破坏程度，对不符合有关条例和规范的经济行为在10万元至30万元之间设置违规罚款标准，增强违规罚款的威慑力和灵活性。

9.1.4.3　行政事业性收费的类目设置

2015年以来，政府先后针对涉水企业行政事业费、港口建设费采取了免缴、减缴等措施，同时推进了水资源费、海洋工程污水排污费的费改税改革。2018年，财政部、国家发展改革、环境保护部、国家海洋局四部门联合发布《关于停征排污费等行政事业性收费有关事项的通知》，规定自2018年1月1日起，在全国范围内统一停征排污费和海洋工程污水排污费。海域有效利用和高新海洋产业的发展涉及海洋废弃物倾倒费、专利费、海域占用等方面，可根据高新海洋产业实际需要，减免征收海洋相关专利费，同时推进海洋废弃物倾倒处理相关费改税，强化海洋环境管理，促进海域有效利用。

9.2　涉海财政支出政策工具

目前，我国涉海财政支出政策主要包括财政投资性支出政策、社会保障支出政策、财政补贴支出政策三个方面。实际上，财政支出政策体系是对涉及财政投资性支出、社会消费性支出、社会保障支出和财政补贴支出方面政策的统称，完善的财政支出政策不仅能在战略层面上对海洋经济的发展思路和框架提供合理的引导，还能够为海洋经济的健康稳定发展提供支持和保障。关于涉海财政支出政策体系，一方面，需要对现行的财政投资性支出、社会保障支出和财政补贴支出等政策体系进行完善和更新；另一方面，应补充并添加关于海洋经济的社会消费性支出政策。

9.2.1　财政投资性支出政策

9.2.1.1　海洋信息化新型基础设施投资支出

目前，我国财政对海洋基建的重点投资集中于沿海港口现代化建设、海洋生态工程建设等。全球海洋国家综合国力的竞争越来越多地依赖于是否具备国际领先的海洋信息化水平，因此，应加大对承载海洋信息化设备的"天、空、陆、海、潜（水下）"平台基础装备的投资建设，包括海洋卫星、岸岛信息平台、无人艇、综合电子试验船、锚泊浮台、水下浮沉平台等，逐步建设从近海到中远海的集信息感知、传送、服务、应用于一体的全球海洋综合信息化新型基础设施体系。

9.2.1.2　涉海高新技术先导产业投资支出

2009—2023年，我国相继出台了多个文件，对海水利用、海洋可再生能源、海洋能利用等产业的投资建设进行了规划和部署。涉海高新技术产业还涉及诸多内容，如海洋医药、海底锰、潮汐发电。可分别成立涉海高新技术先导产业投资专项资金，用于重点实验室、科研项目、产业化示范项目、综合开发利用技术研究与试验、标准及支撑服务体系建设等方面的支出。

9.2.1.3 船舶垄断行业过剩产能化解支出

我国相继推出《国务院关于化解产能严重过剩矛盾的指导意见（2013）》《船舶工业深化结构调整加快转型升级行动计划（2016—2020年）》等政策，明确提出"淘汰和退出落后产能""促进兼并重组，通过产能置换、退城进郊、改造升级等方式主动压减过剩产能"等具体要求。2018年，在政府指导下，钢铁、煤炭国有及国有控股企业积极开展过剩产能化解工作。我国船舶产能利用率仅为75%，也存在产能过剩的现象。可对船舶去产能项目中的报废拆除、有偿转让等方式处置的设备、厂房、土地使用权、原材料等各类资产形成的损失进行财政平衡，同时加大对船舶产品结构调整优化的国有企业投资，挖掘船舶装备的国内需求潜力。

9.2.2 社会消费性支出政策

9.2.2.1 渔业扶贫的消费性支出

2020年，农业农村部办公厅印发《2020年渔业扶贫和援藏援疆行动方案》，重点支持云南、甘肃、广西和重庆等省（区、市），深入推进渔业产业扶贫。渔民作为国家精准扶贫对象之一，可通过政府公共采购渔民产品，突出国家对于海洋养殖产业的扶持导向，加大对绿色海洋产品的政策扶持力度。2023年，江苏省、广东省相继下达《2023年中央直达资金（耕地建设与利用、农业产业发展渔业发展支出方向）的通知》《2023年中央农业产业发展资金（渔业发展支出）的通知》，支持渔业高质量发展，推进渔业扶贫。

9.2.2.2 涉海教育基地建设支出

2022年，平潭综合实验区国家安全教育基地海洋安全宣教馆正式揭牌启用，该基地由平潭综合实验区与自然资源部海岛研究中心联手打造，是平潭首个中央与地方共建的国家安全教育基地。可建立涉海教育基地建设资金，用于海洋科普、海洋文化、野生动物保护宣传、海洋环境保护等涉海教育基地的免费开放补贴、基地建设、教育项目合作等方面的支出，为社会提供基本海洋公共文化服务。

9.2.2.3 海底打捞文物支出

2023年，财政部发布《关于下达2023年国家文物保护资金预算的通知》，以加强文物保护工作，改善文物保护条件。海洋打捞文物具有独特的文物价值和历史价值，对我国的古代造船史、航运史有着非常重要的意义。可成立海洋沉船打捞基金，用于海底文物打捞设备购买或租用、工作人员工资、文物维修保护、文物安防、可移动文物保护等支出，支持国家重点海底文物打捞项目。

9.2.2.4 地方海洋科技发展支出

2022年，财政部发布《关于提前下达2023年中央引导地方科技发展资金预算的通知》，以提升区域科技创新能力。可通过补贴、基金、PPP等财政支出形式，统筹扶持沿海地区自由探索类基础研究、海洋科技创新基地建设、海洋科技成果转移转化和沿海地区创新体系建设等方面，充分调动地方的积极性和主动性。

9.2.3 社会保障支出政策

9.2.3.1 政策性补贴农业保险类目拓展

近年来，我国政府先后对农村社会养老保险、城镇居民基本医疗保险等险种设置了相应的补助支出政策。渔业作为农业中风险系数较高的一大产业，需要更为完善的保险系统予以支持和发展。可加强对海洋风暴潮巨灾保险、沿海水产养殖中渔排保险和内陆地区淡水养殖保险等水产养殖方面保险的补贴投入，充分利用财政性资金杠杆，进一步探索拓展水产养殖保险险种和范围，减轻水产养殖产业从业风险。

9.2.3.2 渔民社会救助拓展

当前，我国针对渔民的社会救助体系以低保救助、医疗救助、教育救助和救灾救援为主，多为财政救济。针对禁捕退捕等特殊渔民群体，需要多元化的救济途径、救济主体的设置和参与，以支持其基本生活兜底保障工作的顺利开展。可对不能及时办理低保、再失业的生活困难渔民家庭，给予临时救助；增加渔民低保家庭旧房改造补贴；搭建"渔民救济爱心平台"，采取"一对一"帮扶方式，对接社会捐赠和社会互助。逐步构成以渔民最低生活保证为基础，以医疗救助、乡村五保供养、暂时救助、救灾救援、住房救助、教育救助等专项救助为辅，以慈善救助和社会互助为补充的社会救助体系。

9.2.4 财政补贴支出政策

9.2.4.1 新能源船舶价格补贴

2018年，《深圳市绿色低碳港口建设补贴资金管理暂行办法》规定，船舶安装使用尾气净化设施，新增天然气、电力等清洁能源动力船舶可获补贴。其中，新增天然气或电力等清洁能源动力的深圳籍船舶，按船舶发动机成本的30%予以补贴，每艘船最高补贴额度不超过1500万元。可按纯电动、混合电池和燃料电池等能源类型设置补贴标准，在此基础上按照电池电量进行进一步细分，分别设置中央和地方补贴上限，其中地方财政补贴不得超过中央财政单车补贴额的50%。同时构建新能源船舶补贴累退机制，逐年降低补贴额度，逐年提高享受补贴的车辆标准，促进新能源船舶产业健康发展。2023年，福建省工信厅等部门印发《全面推进"电动福建"建设的实施意见（2023—2025年）》，把推动电动船舶全产业链发展作为"电动福建"建设的重要抓手。对引进的央属高水平电动船舶研发设计机构，设立分公司的一次性奖励200万元，设立子公司的一次性奖励300万元。支持电动船舶关键核心装备研制，对电动船舶电池动力推进系统生产企业按交付电池动力推进系统金额的20%给予补助（不含省示范项目），单套系统补助最高200万元。对电动船舶示范项目（含新建和改造），在交付且运行一定里程后，按交付船舶电池动力（含氢燃料电池）总成价格的40%给予补助，单船补助最高1000万元（其中省首批次示范项目按60%给予补助，单船补助最高1500万元）。4A级及以上景区和城市内河新增船舶全部使用新能源船舶，争取两年内现有高能耗高排放老旧船舶基本更新改用新能源船舶。

9.2.4.2　涉海中小微企业灾后贷款贴息

2022年，大连市政府工作报告强调"大连将强力打造东北亚海洋强市"，鼓励银行业金融机构深入海岛、乡村、农户，多渠道采集信用信息，为海水养殖企业和农户建立信用档案，为符合条件的新型农业经营主体提供200万元以内的信用贷款支持。涉海中小微企业，除了要面对这种全球性自然灾害以外，还要承受来自海洋自然灾害的威胁。可针对受灾涉海中小微企业采取贷款贴息，涉海中小企业受灾期间获得银行等金融机构的新增贷款，按实际支付利息的20%给予总额最高20万元的贴息支持，贴息期限不超过6个月，精准、快速解决涉海中小微企业实际困难，帮助涉海中小微企业复工复产。

9.2.4.3　极地深海探索项目的企业亏损补贴

党的十八大作出"建设海洋强国"的战略部署，党的十九大报告和党的二十大报告进一步明确部署"加快建设海洋强国"。海洋领域，深海、极地正在成为新的国际竞争领域。可对专门生产深海、极地海洋探索重点装备设施的企业技术改造，对开展极地深海探索的企业、组织的费用和亏损进行补贴。例如，对用于生产重点装备物资的设备，按不超过设备实际投资的50%予以资助，单个企业最高不超过2000万元。鼓励深海、极地海洋物资生产企业的技术改造投资，提高优质企业和组织团队参与极地海洋探索的积极性。

9.3 涉海国债

海洋产业作为重要的一大产业门类，存在巨大的资金需求，而当前涉海基础设施建设、海洋资源开发等方面资金缺口大，发行海洋经济国债是缓解资金压力的有效途径。目前，我国关于海洋经济的债券大多集中在企业层面，针对海洋经济建设的国家债券还未正式发行。因此，从长远来看，需要在借鉴现有国家债券发行体系基础上，建立海洋经济国债发行政策体系，以加快转变海洋经济发展方式，调整海洋产业结构，修补和维系生态环境，助力于建设资源节约型和环境友好型社会。按照促进涉海基础设施建设现代化建设、海洋资源可持续利用、海洋保护、海洋灾后重建等投资目的，分别构建海洋建设国债和海洋特别国债，明确其发行条件、发行标准和资金用途。

9.3.1 海洋建设国债政策

9.3.1.1 涉海长期建设国债发行

1998年，为克服亚洲金融危机不利影响、扩大内需、维持经济增长，财政部首次发行十年期附息国债。后续每年均有长期建设国债发行，资金主要投向基础设施建设、企业技术改造、西部开发、生态建设等领域。海洋经济高质量发展离不开涉海基础设施现代化建设。可采取发行海洋经济长期建设国债的方式，为海洋经济现代化基础设施建设提供充足资金。央行等监管机构可考虑制定相应的正向激励措施，比如，在货币政策、信贷政策、具体监管指标等方面向海洋长期建设债券投资者倾斜，提高投资者投资海洋建设债券的积极性，从而实现发行及投资的良性循环。

9.3.1.2 涉海专项建设国债发行

2022年，海南省首次发行海南自贸港专项债券30.25亿元，主要用于支持海口江东新区和三亚崖州湾科技城园区等重点园区建设，为海南自贸港建设提供有力的低成本资金支撑。海洋资源和环境的可持续开发和利用是当前我国经济发展改革中的重要内容。可构建海洋专项国债发行体系的国家标准，丰富发行方式和渠道。可建立海洋经济特色金融机构试点，加强涉海专项建设国债项目的组织与实施。通过发行涉海健康产业专项债券、渔业转型升级教育培训产业专项债券，海洋旅游产业专项债券、海洋环境保护工程产业专项债券，促进海洋经济的可持续发展。

9.3.2 海洋特别国债政策

2020年，我国连续发行四期抗疫特别国债，对我国国民经济复苏产生了积极的影响。在海洋领域，台风、海啸等重大海洋灾害也会对当地经济造成巨大损失。可借助特别国债发行为灾后重建、安置灾民等灾后经济复苏建设工作提供强有力的财力支撑。容许商业银行用存款准备金购买特别国债，对参与海洋经济特别国债的金融机构给予一定的税收优惠政策支持；建立针对特别国债的特殊调整机制，坚持动态调整、提高效率，畅通上下级部门之间的沟通渠道。用好特别国债，更有力地完成灾后重建等任务，集中力量办大事，缓解财政压力。

·本章小结·

本章从涉海财政收入工具、涉海财政支出工具、涉海国债发行工具三个方面梳理了涉海财政支持工具创新政策。针对当前现实困境和痛点，发现现有政策需要在以下方面重点发力：首先，合理扩大海洋经济相关税收减免和加成政策的实施范围；其次，完善和更新现行的财政投资性支出、社会保障支出和财政补贴支出等政策体系，补充和添加关于海洋经济的社会消费性支出政策；最后，明确海洋建设国债和海洋特别国债的发行条件、发行标准和资金用途。

【知识进阶】

1. 试解释税种和税目的设置对于涉海财政收入工具的重要性。

2. 描述非税收入政策在涉海财政收入中的角色，并讨论其与传统税收的不同及优势。

3. 考虑财政投资性支出和社会消费性支出在涉海经济中的作用，哪一种支出更有助于长期的海洋经济发展？请解释你的观点。

4. 举例说明政府如何通过财政补贴支出支持海洋经济发展。

5. 海洋建设国债与海洋特别国债有何不同？讨论这两种债券在支持海洋项目方面的不同优势和限制。

10 涉海金融工具创新

知识导入：解决资金不足问题是推动海洋经济发展的首要问题。应采取积极有效的措施，发挥政策性金融工具的优势。一方面，按照国家宏观经济政策和产业政策及区域发展政策，逐步完善筹融资机制，对涉海金融机构给予政策倾斜，合理调整信贷结构；另一方面，金融机构要在国家政策的引导下，完善涉海企业金融工具支持体系，有效防范和化解金融风险，最终实现政府投资、信贷市场、资本市场运作等多元化融资策略，为海洋经济发展提供雄厚的资金保障。针对前文指出的我国海洋经济发展中金融政策存在的问题，结合国民经济中货币政策发展的经验，本书从政策性金融工具支持和商业性金融工具支持政策两方面对涉海金融工具支持政策体系进行了完善（图10-1），以期统筹海洋经济发展资源要素，优化供给型货币政策工具的内部结构，平衡各种政策工具的使用频率，促进海洋经济高质量发展。

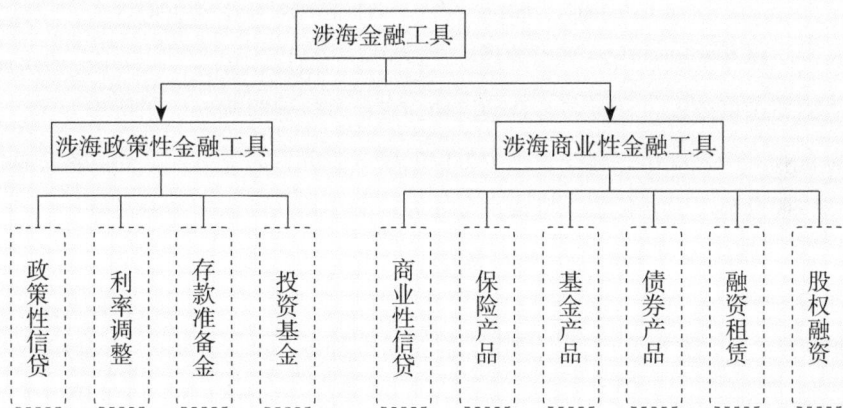

图10-1 涉海金融工具

10.1 涉海政策性金融工具

涉海政策性金融工具主要包括政策性信贷、利率调整、存款准备金与投资基金四大类。目前，各类涉海金融工具均存在一定的优化空间：相较于国民货币政策体系，当前政策性信贷支持中的涉海资产抵押品制度尚不完善，发展范围受限，再贴现、再贷款服务范围较狭窄，贷款风险体系尚需加强，且优惠力度有限；利率调整

225

政策中存贷款基准利率向海洋产业的倾斜力度有待加大，且市场化须进一步推进；存款准备金政策中差别准备金导向效果不明显，风险准备金制度尚处空白状态；投资基金政策中风险补偿基金相对匮乏，且灾害损失和海洋开发规模的扩大使得灾害保险基金和海洋生态补偿基金发展面临挑战。因此，亟须建立健全与海洋经济发展相适应的政策性金融支持体系，提高海洋经济投融资水平。

10.1.1　政策性信贷

10.1.1.1　涉海资源资产质押贷款

我国海洋空间资源抵押市场快速发展，江苏、广西、山东等沿海地区相继出台海域海岛使用权抵押登记办法，为海洋经济发展提供融资支持。然而，当前海域使用权、收益权的政策法规约束较多。对此，首先，应稳妥推动在建船舶、远洋船舶抵押贷款，推广渔船抵押贷款。其次，鼓励商业性银行按照"风险可控、商业可持续"的原则，开展海域、无居民海岛使用权抵押贷款业务。最后，发展出口退税托管账户、水产品仓单及码头、船坞、船台等涉海资产抵质押贷款业务。

10.1.1.2　涉海再贴现、再贷款

现阶段，我国海洋再贴现、再贷款政策应用范围集中于渔业和水产养殖业，服务范围较小，支持力度较弱。对此，首先，应实施差异化涉海再贷款、再贴现利率。其次，提高金融机构对涉海再贷款、再贴现的使用积极性。一方面，借助再贷款、再贴现优惠政策，鼓励各类金融机构通过信贷、保险和融资租赁等方式合作，为涉海企业提供大规模、高频率与全方位的融资服务；另一方面，建立再贷款使用第三方质押机制，引导各金融机构重点加大对海洋新兴产业的金融支持。

10.1.1.3　涉海重大项目的PPP模式贷款

涉海PPP模式的引入能够有效引导社会资本参与涉海公共服务领域，但目前PPP融资方式进入海洋基础设施建设尚属于初级阶段。对此，首先，可按照"政府引导、企业运作、市场机制"的建设方式，加快在海洋经济示范区基础设施建设、渔港建设、海水淡化和综合利用与海洋生物医药等领域规范推广PPP模式。其次，加大对PPP项目的金融支持力度，鼓励金融机构在依法合规、风险可控的前提下，运用投贷联动模式为涉海重大项目的PPP模式发放贷款，组团助力海洋经济建设。

10.1.1.4　涉海助保金贷款

海洋助保金贷款规模不断扩大，但支持范围还存在局限，企业上缴的助保金贷款利率偏高。对此，首先，可考虑将远洋渔业企业纳入海洋产业助保金贷款政府风险补偿资金的支持范围，同时鼓励银行加快现代涉海中小企业助保金贷款发放进

度。其次，增加"助保金池"中政府风险补偿资金的比例，助力涉海企业贷款增信，推动将更多的涉海中小企业纳入银行金融服务范围，促使更多的金融资本流向海洋实体经济。

10.1.2 利率调整

10.1.2.1 涉海存贷款基准利率

涉海存贷款基准利率的高低影响着涉海企业融资成本的高低，但目前我国存贷款基准利率并未能显著降低涉海企业的融资成本。为更好地落实存贷款基准利率下调政策，首先，政府应加大在银行与企业之间的协调力度，引导银行降低对涉海企业贷款的利率成本，更好地发挥利率在引导资金流向、实现资源优化配置方面的作用。其次，应激励银行加大对涉海企业基建投资的信用支持力度，从而减轻企业的还款压力，强有力地支持实体经济发展。

10.1.2.2 涉海贷款基础利率

2019年8月，贷款基础利率新的集中报价和发布机制正式运行，进入市场化定价阶段。目前，我国海洋产业仍需政策引导和扶持来降低融资成本。对此，首先，建议政府利用贷款利率的机制作用，设定具有一定浮动性的涉海贷款利率，引导金融机构充分考虑涉海企业经营规模与风险程度。其次，针对不同的海洋经济相关企业或海洋开发项目提供差异化贷款利率，达到增强资金吸引能力，推动海洋产业向前发展的目的。

10.1.2.3 海洋产业优惠利率

目前，我国优惠利率政策已成功应用于民贸民品企业贷款、个人住房贷款以及疫情相关重点企业贷款等方面，但在海洋产业贷款方面的应用较少。对此，在海洋经济方面，可以制定专为海洋产业发展提供的贷款优惠利率政策，引导银行业金融机构的信贷投向和结构。例如，海洋新兴产业呈现出周期长、风险大、资金需求大等特征，在一定程度上需要政府从战略的角度进行资金支持，通过降低资金成本助力海洋新兴产业的发展。

10.1.3 存款准备金

10.1.3.1 涉海领域的定向降准

定向降准属于金融支持实体经济的正向激励举措，与全面降准相比，它更具有针对性。近年来我国实施的定向降准主要是为将金融资源更好地投放到三农、小微企业等薄弱环节。然而，结合海洋特色的差别存款准备金动态调整政策应用还较少。对此，首先，应依据海洋在我国双循环发展格局的重要作用，适当采用差别存款准备金制度，引导金融机构资金定向流入海洋经济领域或需要政策扶持的海洋产业。其次，保持流动性合理充裕，为涉海领域的定向降准营造适宜的货币金融环境，以此引导金融机构积极运用降准资金，加大对涉海企业的支持力度。

10.1.3.2 涉海风险准备金

风险准备金是金融市场有效应对风险、维护正常运转的财务保障。涉海风险准备金的设立能有效分散涉海企业在投资、经营和研发中的风险，但目前我国涉海风险准备金体系尚不健全，所能发挥的作用较弱。对此，在海洋经济发展过程中，首先，可借鉴国民经济中的外汇风险准备金和投资风险准备金等，建立海洋巨灾保险大灾风险准备金制度，完善海洋再保险体系。其次，针对深远海海洋科技研发，尝试发挥风险准备金对于涉海企业的研发投入、业务拓展的激励效应，建立完善涉海企业的风险补偿工具，推动海洋科技的发展。

10.1.4 投资基金

10.1.4.1 海洋融资风险补偿基金

海洋融资风险补偿基金有利于平衡银行风险和降低企业融资成本，但目前我国缺乏相对完善的机制。对此，首先，鼓励政府支持的担保机构按规定开展海洋产业相关业务，推动建立涉海领域风险补偿基金，并对不确定性较高的项目建立相应的损失补偿机制，帮助海洋经济重点产业和企业发展壮大。其次，探索涉海企业风险补偿新模式，对风险补偿基金和担保机构认可的名单内涉海企业，政府以及银行安排专项信贷，初步推进海洋融资风险补偿试点工作。

10.1.4.2 海洋灾害保险基金

近年来，随着全球气候恶化，我国海洋灾害强度呈上升趋势，灾害脆弱性呈增大趋势，海洋经济损失呈增加趋势，海洋灾害保险基金却因融资渠道发展缓慢。对此，首先，应由中央和地方财政拨付一定的启动资金，并通过财政年度救灾资金结余划转，保险公司无大灾年份巨灾保险报废结余滚存，以及保险费率补贴、巨灾基金支持和税收优惠等政策措施，引导保险公司积极参与海洋巨灾保险体系建设，尽快设立全国巨灾保险基金。其次，可借鉴北京政策性农业保险制度，由企业、保险公司、再保险公司和政府巨灾风险补偿四个层次组成"多方参与、风险共担、多层分散"的海洋巨灾保险风险分散体系。

10.1.4.3 海洋生态补偿基金

我国各沿海城市为支持和推动当地经济快速发展，海洋开发规模日益扩大，导致我国海洋生态环境受损愈发严重，这给我国海洋生态补偿基金造成不小压力和挑战。对此，首先，应合理确定生态补偿的范围、对象和内容，对限制发展区域给予相应生态补偿。其次，前期由国家或地方财政投入，建立海洋生态补偿基金，组成海洋生态补偿基金管理机构；同时，接受海洋管理部门和公众监督，以形成"政府引导、市场推进、社会参与"的发展路径。最后，建立"海洋生态补偿额度储备库"，同时，海洋生态补偿基金管理机构建立补偿资金账户，提出生态补偿额度值，通知用海单位及时缴纳补偿基金，持续利用收取的补偿基金，依次开展修复海域的修复工作。

10.2　涉海商业性金融工具

优化涉海金融产品与服务，加快构筑多层次的商业性金融资源配置体系，有利于促进海洋产业结构升级。当前，海洋商业性金融支持工具主要包含商业性信贷、保险产品、基金产品、债券交易、融资租赁和股权融资，其中，商业信贷政策中贷款抵押物和海洋产业结合度偏低、融资方式较为传统；组合保险较为匮乏，航运保险模式尚需创新；基金专业化程度不够、投资受限，生态基金资金募集困难；海洋债券企业债发行困难，公司债尚处起步阶段，开发债券品种较少；租赁业务渠道较为狭窄，业务模式简单；股权融资基金支持力度不够，可转债产品较为匮乏。因此，针对商业性金融工具的不足，本书在商业性金融产品与服务政策工具设置上分别给出了相应建议。

10.2.1　商业性信贷

10.2.1.1　涉海传统信用贷款

商业信贷资金支持在海洋经济发展中起到重要的基础性和关键性作用。目前，我国商业银行在对海洋经济支持方面仍处于初级发展阶段，提供信贷资金的方式仍以单一的传统信用贷款为主，参与方式和形式缺乏创新。海洋经济涉及众多行业，不同海洋产业的特点决定了其对资金需求数额与方式的不同，例如，具有季节性的渔业，在捕捞旺季资金需求旺盛，具有较强的季节性资金需求规律。商业银行应针对海洋产业或企业的不同资金需求模式，"量体裁衣"设计信贷产品，在信贷产品多样化的同时加快贷款审批速度。此外，应持续强化线上海洋融资专项工作机制，引导相关企业在线便捷办理贷款等金融服务。

10.2.1.2　涉海抵押质押贷款

商业银行通过对涉海抵质押贷款业务的创新推广，对海洋基础设施、产业链企业、渔民等不同主体，给予针对性支持。然而，当前我国涉海抵质押贷款业务中可质押物品比较单一，信贷管理和评审制度有待完善。随着质押权在海洋经济相关企业融资方面的作用日益凸显，商业银行有必要进一步拓宽可质押物品的范围。商业银行需要建立健全适应海洋经济发展的信贷管理和评审制度，进一步扩大质押贷款抵押物范围。一方面，可以海域使用权、海产品仓单等为抵质押担保，另一方面，可认可码头、船坞、船台、油罐等特殊资产抵押作为海洋经济相关企业贷款的抵押品，加大对涉海企业的贷款支持力度，进一步拓宽可质押物品的范围。

10.2.1.3 涉海项目的联合贷款

在国家有关部门的积极引导下，银团贷款、组合贷款等联合贷款模式逐渐成为商业银行为海洋经济相关企业提供信贷支持的有效渠道。然而，当前仍然缺乏具备海洋产业特色的授信模式，信贷服务类型比较单一，融资方式有待丰富。为进一步加大对海洋经济相关企业的支持力度，商业银行需要继续创新融资方式，例如，为涉海企业建立符合海洋经济产业链上、下游企业特点的授信模式，运用中长期贷款、固定资产贷款、流动资金贷款等信贷产品组合为海洋经济提供综合信贷服务。同时，可将业务领域从传统的存贷款、银团贷款延伸至债券发行与承销、理财融资、融资租赁等新兴业务领域，帮助企业拓宽融资渠道、提高融资效率。

10.2.2 保险产品

10.2.2.1 渔业保险

现有开设的渔业险种在不断外延和扩展。然而，当前我国渔业保险业务主要由渔业协会承接，缺乏集专业保险机构、人才、资金、信息等要素资源于一体的保险交易平台，渔业保险产品也有待进一步创新。对此，相关保险机构应剥离协会保险业务，设立具有独立法人资格的全国性渔业互助保险机构，避免恶性竞争和资源浪费。鼓励开发渔业保险新产品，综合考虑渔民需求，尽可能将多发且受损影响较大的险种纳入保险条款，因地制宜开发渔业保险产品。例如，引入风力、气温、台风、浪高等指数，表征致灾因子对海水养殖标的物造成的损害程度，开发海水养殖天气指数保险产品。

10.2.2.2 航运保险

目前，我国部分银行业优化信贷投向和结构，缓解航运保险的融资约束，地方政府对于海洋航运保险也进行补贴。然而，当前我国航运保险的交易方式仍然较为传统，险种也比较单一。未来，应将科技赋能航运保险产品开发，探索建立国际航运保险等创新型保险要素交易平台。顺应国际化潮流和市场需求的变化，提升保险理念，加强法律服务、体制建设和人才培养方面的建设。完善现有的航运服务产业链，开发行业内"一揽子"保险方案，开拓船舶建造履约保证保险、集装箱第三者责任保险等险种，依托上海国际航运中心优势发展离岸保险等，提高管控和理赔能力。

10.2.2.3　海洋巨灾保险

目前，国家出台各项政策，鼓励地方政府和金融机构积极探索海洋巨灾保险新模式，建立和完善海洋保险和再保险市场，加强海洋保险服务制度的建设。然而，我国海洋巨灾保险的种类条目缺乏针对性和创新性，只停留于政策建议，对具体的保险产品关注和政策落实还不够。海洋巨灾保险主要涉及海洋渔业、滨海旅游业、沿海港口业等对海洋环境、气候等高度依赖的海洋产业。对此，未来可开发海洋油污巨灾保险、特大风暴潮巨灾保险、海啸巨灾保险等自然灾害类海洋巨灾保险，将巨额损失进行社会化分担，以更好地保障相关海洋产业应对特殊的海洋巨灾，减轻风险对海洋经济秩序和海洋生态环境的影响。

10.2.2.4　海洋环境保险

目前，我国已在江苏、湖北、湖南等地的重点行业和区域积极开展海洋强制责任保险相关保险试点，但发展规模仍然有限，而且海洋环境保险种类比较单一，保险条款内缺乏多频且受损程度较大的险种，政府补助也有待提高。因此，为了更好地构建环境责任保险制度，可尝试开办海洋环境责任险、水污染责任险、声震污染险、大气污染责任险、辐射责任险、核事故风险责任险等险种，并小范围引入保险公司联合承保的渐发性环境责任险，在积累经验后通过立法健全政策保障辅助机制。

10.2.2.5　涉海出口信用保险

目前，国家出台各项政策，加强出口信用保险等新兴海洋保险产品体系的构建，鼓励涉海企业积极参与出口信用保险产品业务的发展。然而，当前全球贸易持续低迷，在落实海洋经济领域覆盖方面，出口信用保险还存在应用不足的问题。因此，要加强航运保险、出口信用等新兴保险产品的发展，拓宽出口信用保险在海洋领域的覆盖范围，以更好地调整贸易结构。可尝试优先承保政策，同时按买方所在国所属风险、支付方式、放账期限等因素，有针对性地制定差异化费率，进一步满足不同地区出口企业和产品的需求，更好地发挥涉海出口信用保险的政策性作用。

10.2.2.6　涉海设备租赁保险

租赁业务在中国发展迅速，已有多家租赁公司与中国人民保险总公司签订了预约保险协议。然而，目前我国沿海地区的涉海设备租赁保险产品存在市场运营化程度略低、业务模式简单、标的行业集中、人才储备不足、多重风险叠加等若干问题。对此，应鼓励油气开发企业、油田服务公司、海洋工程装备制造企业、金融机构和保险公司等加强合作，积极引入多方资本，创新商业模式，发挥各方优势，通过开展基金投资等业务，建立利益共享、风险共担机制，推动海洋工程装备交付运营。另外，还要进一步构建涉海设备租赁业务中的风险识别体系，完善租赁保险中的承保承包机制，鼓励银行积极发展船舶租赁保险等特色金融产品，探索建立和应用创新型保险要素交易平台。

10.2.3 基金产品

10.2.3.1 海洋产业投资基金

海洋产业投资基金主要投资方向有海洋旅游、海洋高端装备、节能环保和生物医药等领域。2017年，浙江省成立海洋产业基金管理有限公司。2018年，青岛海洋创新产业投资基金有限公司成立，规模100亿元人民币，是目前山东省规模最大的海洋产业基金。2022年，福建省海洋经济产业投资基金正式成立启动，规模达到200亿元。2023年，中国海洋发展基金会粤港澳大湾区生态文明建设专项基金在深圳市宝安区揭牌，继100亿元绿色航运基金落地后，深圳海洋经济再次迎来蓝色"加速器"，该基金将在海洋产业园、海洋生态公园、海洋工程中心建设，海洋重大问题研究以及海洋权益维护等方面提供有效的社会资金支持和服务。但是，目前我国海洋产业投资基金在发行规模、投资方向和种类丰富上还存在问题，比如部分基金规模较小，引导作用较弱。对此，沿海各省、市工商银行应积极配合当地海洋主管部门设立地方海洋产业基金、推荐理财资金投资海洋产业基金，推动商业性投资基金和社会资本共同参与国际海洋经济合作。另外，产业投资基金管理公司匹配投资应更加注重商业化运作。可设立港口产业投资基金、蓝色药库产业投资基金等，同时针对不同领域设立子基金，实现专业化运作，提高基金运营的市场化程度。

10.2.3.2 海洋创业投资基金

2022年，深圳银保监会等四部门印发《深圳银行业保险业推动蓝色金融发展的指导意见》，要求以深化金融供给侧结构性改革为主线，进一步加大对海洋产业和涉海企业的金融支持，推动构建蓝色金融体系，创新蓝色金融服务，促进深圳海洋经济高质量发展和生态文明建设，打造海洋科技创新高地。海洋创业投资基金有利于引导社会资金和民营投融资机构向海洋科技产业倾斜，但目前我国相关基金还有待设立。对此，可考虑以先导型产业、高端型企业为重点，投放于关键技术研发应用和风险高的成长型企业。设立科技类创业投资基金，如海洋科技成果转化基金，鼓励小微型海洋科技企业进行高科技动力创新。同时，可考虑创立蓝色天使基金、阳光私募基金，为初创期的中小企业提供资金支持。

10.2.4　债券产品

10.2.4.1　蓝色债券

目前，我国蓝色债券市场尚处于起步阶段，发行数量少、金额小、参与主体不足。因此，亟须发展较高市场认可度且独立的第三方认证机构，逐步建立具有公信力的第三方评估体系。同时，加快蓝色债券的信用评级制度建设，培育企业债券的机构投资者，按照市场化原则逐步整合资金资源。另外，涉海企业也应根据企业的产业需求，积极发行蓝色债券，与金融机构密切合作，提高蓝色债券市场的流动性。

10.2.4.2　海洋开发性金融债券

2019年，国务院印发《粤港澳大湾区发展规划纲要》，探索在境内外发行企业海洋开发债券。实际上，我国沿海地区增值海运和金融服务的优势并未充分结合，海洋债券发行的品种和资金筹集范围具有局限性。对此，一方面，可利用开发性债券进行债贷组合、投贷结合等综合金融服务，以点心债的方式进行离岸融资，获得更大的融资规模和更低的融资成本。另一方面，可积极组织中小出口涉海企业发行集合债券、船舶债券，发展自有资本和债权融资相结合、海外发行可转债等融资模式。

10.2.5　融资租赁

10.2.5.1　涉海企业设备融资租赁

近年来，我国金融机构不断完善金融服务功能，推动沿海地区的涉海企业融资租赁渠道拓展和制度完善。但是，在具体实践中，仍然存在着金融机构政策与涉海企业的业务模式协同发力不够、金融机构积极性整体偏低等问题。对此，应加大海洋经济示范区融资租赁业务建设支持力度，鼓励区域金融机构参与涉海企业的融资租赁等资金渠道，探索以金融支持蓝色经济发展为主题的融资租赁服务新模式。同时，进一步健全完善金融租赁业务监管规制和市场基础，增长业务规模，有力支持"一带一路""走出去"等融资租赁需求。

10.2.5.2　涉海船舶租赁

船舶租赁业是现代服务业中的朝阳产业，兼具经济带动巨大、创税能力强、产业结构提升效果明显、关联产业拉动力度大等优势。然而，目前国内金融租赁公司的船舶租赁产品在市场制度设计、产品体系构建等方面依然需要进一步完善。对此，建议进一步探索和发展海洋高端装备制造、海洋新能源等新兴融资租赁市场，满足高端技术发展需要，加强涉海经济租赁服务支持；发展航运金融，建设全国性租赁资产平台；鼓励金融机构参与涉海企业船舶租赁的业务过程，完善船舶租赁业务制度。

10.2.6　股权融资

10.2.6.1　涉海企业的上市融资

近年来，我国颁布实施的涉海企业上市融资相关政策中，多数强调要统筹优化金融资源，优化股权融资结构，推动国有涉海企业股权混合改革。但是，目前我国涉海企业股权融资渠道尚不明晰，股权结构较为单一。对此，应积极拓展涉海企业发展的外部资金支持，金融机构应该加强企业股权融资业务模式建设，推动国有涉海企业的股权混改和战略机构投资者的引入，积极支持符合条件的优质、成熟涉海企业在主板市场上市融资，促进涉海实体股权结构优化，最终驱动技术创新。

10.2.6.2　企业股权融资的可转债产品

近年来，我国部分沿海地区鼓励非国有资本投资主体通过认购可转债等多种方式，参与国有涉海企业股权改革，推动涉海企业融资。然而，目前企业股权融资的可转债产品建设存在若干不足，比如持有人违约条款设定，可能会使公司承受偿债压力等，不利于股权融资渠道的疏通以及业务模式的拓展。对此，国家应鼓励非国有资本投资主体通过认购可转债等多种方式，参与国有涉海企业股权改革，推动涉海企业融资。同时，金融机构应积极推动涉海企业的可转债产品到股权融资的业务路径发展，完善可转债产品的业务流程，积极推动国有涉海企业的股权改革。

─────── • **本章小结** • ───────

本章从政策性金融工具和商业性金融工具的创新两个角度出发，对涉海金融工具支持政策体系提出了优化方案。一方面，提出政策性信贷利率、利率、存款准备金、投资基金等涉海政策性金融工具方面的创新方案，以激发政策性金融支持海洋经济发展效能；另一方面，设计商业性信贷、保险产品、基金产品、债权产品、融资租赁和股权融资等商业性金融工具创新方式，以提高海洋经济投融资水平。

【知识进阶】

1. 结合海洋经济发展特征，试分析涉海金融支持工具与陆域经济发展金融支持工具有何异同。

2. 分析各种涉海政策性金融工具的优劣势。

3. 试分析当前涉海企业融资难的主要原因，以及涉海金融支持工具创新如何解决这些问题。

4. 结合蓝色经济发展趋势，请谈一谈未来我国涉海金融支持工具创新和优化的方向。

11 涉海关税及外商投资工具创新

知识导入：本章给出了促进海洋经济发展的对外贸易支持政策工具的总体结构，包括关税、外商投资两大类政策工具（图11-1）。具体而言，关税政策包括保护性关税政策、优惠性关税政策以及关税征管政策。外商投资政策包括外资准入政策、外资优惠政策、外商管理政策，以及公平竞争管理政策。这两大类政策工具将为增强我国海洋经济国际竞争力，吸引各国与我国开展海洋经济贸易活动，开拓海洋经济国际市场提供和奠定坚实的制度基础和安全保障。

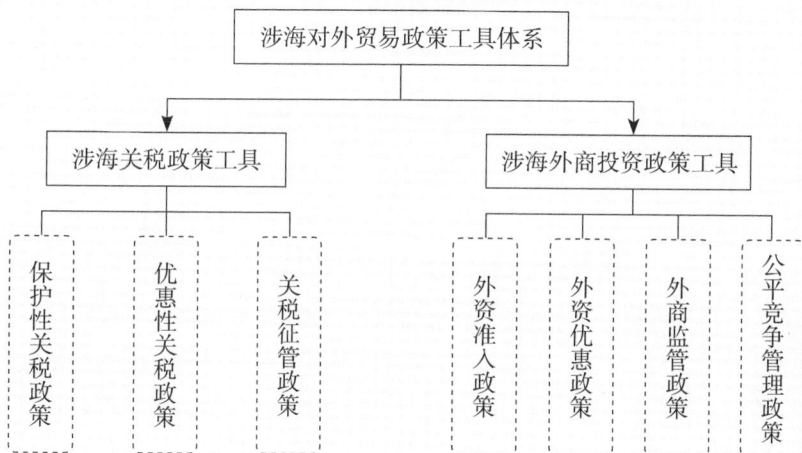

图11-1 政策工具体系

11.1 涉海关税政策工具

关税政策工具在支持海洋经济发展方式和结构转型方面起着积极的激励引导作用，其中，关税保护、关税优惠、关税征管构成了关税政策对海洋经济的支撑主体。目前，我国许多关税政策的制定和实施仍然只停留在陆地经济领域，并没有很好地惠及海洋产业。为更好地发挥关税政策工具在发展海洋经济中的重要作用，我国需要针对具体海洋产业和涉海企业，在保护性关税、优惠关税和关税征收管理等方面进一步改善。

11.1.1 保护性关税政策

11.1.1.1 涉海进口商品反倾销税

为维护本国利益并保护本国产业的发展，我国制定并实施《中华人民共和国反倾销条例》，可以对外国商品在进口环节征收额外的附加税。发展海洋经济的同时需要注重对国内涉海产业的保护，有关部门要更加重视对涉海商品进口价格的监控。在进口环节，若发现有进口涉海产品价格严重低于国内涉海企业生产的同类产品，存在严重损害国内海洋产业利益的倾销行为时，建议可通过及时上报核实并由海关向其征收反倾销税，第一时间保护国内相关涉海产品生产企业的发展。

11.1.1.2 涉海进口商品反补贴税

《中华人民共和国反补贴条例》规定，凡进口商品在生产、制造、加工、买卖、输出过程中接受直接或间接的补贴和优惠，都可以向进口国征收反补贴税。在监控倾销行为方面，商务部主要关注实用性较强的商品，对于涉海商品的关注还比较欠缺。未来，在扶植海洋产业发展的同时，应当格外关注涉海商品的进口价格和进口程序，及时发现外国的倾销行为，针对倾销行为加征反倾销税，以保护国内同类涉海商品的生产和销售。

11.1.1.3 涉海弹性保护性关税

关税政策的设置要时刻顺应我国经济发展的形势。首先，对于海洋优势产业和对海洋经济有关键性影响的敏感性产业，实施适当的保护关税政策。其次，对于具有广阔市场发展前景但缺乏国际竞争力的朝阳海洋产业，也应该实施特别关税保护政策，可以在出口环节减税，鼓励其发展。最后，对于涉海资源性产品，若国内本身需求量就很大，为控制出口可以在出口环节加征一定的保护性关税。

11.1.2 优惠性关税政策

11.1.2.1 涉海产品免征关税

目前，我国涉海企业免征关税政策实施的重点对象是传统海洋养殖业、远洋渔业和海洋油气开采业。对于相关产业发展用到的关键设备和部件，免征进口关税和进口环节增值税，但对于海洋新兴产业的关税优惠政策还比较模糊。未来，应进一步拓展免征关税的涉海企业范围，对涉海企业开发制造能够推动海洋经济结构调整、产业升级、企业创新的重大技术装备，如油气钻采设备、大型海洋工程装备以及大型高技术、高附加值船舶，免征相关的关税和进口增值税，鼓励并推动国内海洋新兴产业的发展。

11.1.2.2 涉海产品"零关税"

"零关税"在我国体现在两个方面，一是在优惠贸易协定下一些商品进出口关税税率为零，主要涉及海鲜产品的进出口；二是在自贸港建设中，自贸港等海关特殊监管区域内进口商品关税税率为零，目前主要在海南省实施。未来，应进一步扩大涉海产品"零关税"政策的实施范围。一方面，要扩展零关税商品税目，如对于经常性使用的重要海洋科研用品或国内稀缺重要海洋工具零部件等设置零税率。另一方面，可以将海南省自贸港建设的成功方案引进推广到其他几个自贸区，在自贸区内允许开始实行小范围的零关税试点，根据政策实施和海洋经济发展情况之后再进行调整。

11.1.2.3 涉海产品特惠税率

目前，我国实施特惠税率的税目已经涉及很多涉海生产工具和涉海产品。随着贸易往来的深入，可以增进与其他贸易协定国的交流，进一步协商更低、更优惠的涉海产品税率，降低海洋产业发展所需要原料的原始成本。同时，我国还应当积极主动地加强与世贸组织中更多国家的交流，争取与更多的国家签订优惠贸易协定，进一步扩大涉海企业和涉海商品享受优惠税率的范围。

11.1.2.4 区域性特别关税

关税的征收是面对全国进出口企业，我国的关税政策也基本针对全国范围内开展实施。目前，海洋经济的发展对我国具有重要意义，海洋经济的发展离不开涉海企业的成长和发展，而沿海地区又往往是涉海企业的聚集地。针对这一情况，尝试给予沿海地区相应的关税下放权力，允许沿海地区可根据自身特点制定区域内关税政策；给予沿海地区涉海企业更多的激励和优惠政策，鼓励涉海企业积极参与地区经济建设，推动海洋经济的发展。

11.1.2.5 涉海产品出口退税

国家税务总局曾发布《全国税务机关出口退（免）税管理工作规范》，这是持续推进出口退税管理现代化的重要保障。目前，我国涉海产品出口退税方面仍存在类别较少、出口退税率较低等问题。对此，首先，应建立涉海产品出口退税分类管理办法，优化海洋产业出口退税率结构；其次，取消管理类别年度评定次数限制，简化海洋经济出口退税手续；最后，提高海洋新兴产业出口退税率，推动外贸模式创新。

11.1.2.6 进口重点涉海商品优惠

2021年，商务部等部门联合发布《"十四五"对外贸易高质量发展规划》，提出优化进口结构以促进生产消费升级。因此，为促进海洋新兴产业发展，可进一步降低海洋工业关键技术设备、节能环保设备和原料性商品的进口关税或暂定税率。

同时，适当降低部分涉海一二产业等日用消费品的进口关税税率，优化涉海设备零部件和整机关税税率结构。

11.1.3 关税征管政策

11.1.3.1 涉海关税申报与评定

关税的申报与评定是关税征收的一个重要环节，往往要经过一些复杂的流程，通常涉海企业的关税申报是和其他普通企业一同进行的。为进一步提高涉海企业关税申报和评定的效率，可以开通涉海关税申报与评定绿色通道，设置专门负责涉海企业进行关税申报的窗口，保证涉海企业能够以最快的速度完成关税申报程序，加快涉海必要业务的办理速度，促进海洋产业内部的周转速率。

11.1.3.2 涉海关税缴纳及征收

为进一步深化海关简政放权、放管结合、优化服务改革，在保证海关有效监管、精准监管的同时，国家积极推动通关以及相关作业流程"删繁就简"。在此背景下，涉海企业的关税缴纳程序更应越来越简化，具体来说，可以建立海洋经济关税自报自缴制度，增加汇总缴纳、分期缴纳。其次，可以完善关税保全、滞纳金制度，对特定的海洋产业，设置简易征收、滞纳金、税收利息及征收时效等措施。

11.1.3.3 无纸化通关

自2019年2月14日起，上海口岸各船公司全面停止发放纸质设备交接单，实现集装箱设备交接单（EIR）在船公司、码头、堆场、集卡之间的全流程无纸化流转。海关申报也被精简，企业向海关申报时，全面实施电子委托。进出口申报时，企业无须向海关提交发票和装箱清单，海关审核时如需要再提交。这种无纸化通关政策大大提高了涉海企业的通关效率。今后，可以尝试在其他沿海地区推广无纸化通关政策，简化沿海地区的关税征收流程，推动沿海地区海洋产业的有序发展。

11.2 涉海外商投资政策工具

外商投资政策是我国在招商引资过程中对外商实施的政策措施，这些政策措施涉及外资准入、外资优惠、外资管理等方面，主要是为外商营造一个良好的投资环境，吸引和规范外资参与建设我国产业发展。目前，我国涉及海洋经济的外商投资政策主要集中于外资准入和外资优惠两个方面，但关于涉海内容的外资管理政策还不够完善。随着海洋强国战略以及进一步加强对外开放要求的提出，完善涉海外商投资政策刻不容缓。本书从外资准入、外资优惠、外商监管、公平竞争管理四个方面进行涉海外商投资政策体系设计。

11.2.1 外资准入政策

11.2.1.1 涉海外资负面清单

2017年，国务院出版《外商投资产业指导目录》，这是我国首个全国适用的负面清单，对外商投资涉海领域进行指导和管理。为加强涉海领域对外开放，应设置"精短高质"海洋产业的负面清单。具体而言，可将海洋产业负面清单分为两部分：一是制定对现有海洋产业保留的特别管理措施，禁止和限制外商投资影响我国国家和海洋安全领域。二是对未来可能产生的海洋新业态，保有采取任何特别管理措施的权利。为保护海岸带及海洋生态环境，应禁止和限制涉海外资在沿海陆域内投资和新建不具备有效治理措施的化学制浆造纸、化工、印染、制革、电镀、酿造、炼油以及其他严重污染海洋环境的工业生产项目。

11.2.1.2 涉海外资安全审查制度

随着涉海外资的逐渐增多，完善涉海外资的安全审查机制成为当前海洋经济发展的必然要求。具体而言，可将涉海外资准入安全审查制度适用范围扩大到全国，并根据涉海外资准入的具体情况，相应地制定有针对性的安全审查措施。明确纳入涉海外资安全审查范围，包括投资海洋军工、海洋军工配套等关系海防安全的领域，以及关系国家安全的重要水产品、重要海洋能源、海底矿藏、重大海洋装备制造、重要海洋运输服务、重要海洋通信及装备等关键技术以及其他重要领域，并取得投资企业的实际控制权。

11.2.1.3 涉海外资反垄断审查制度

《中华人民共和国反垄断法》规定，要对外资进行反垄断审查。为防止涉海外资垄断，维护市场有效竞争，应进一步设置操作性和预期性较强的涉海外资反垄断审查机制，对并购境内企业并取得实际控制权等达到法定标准的涉海外资进行反垄断集中审查，建立并完善涉海外资经营者集中审查制度，提高涉海外资反垄断执法的专业化、规范化、法治化水平，防止形成垄断性市场结构和排除限制竞争的集中效果发生，维护市场有效竞争。

11.2.2 外资优惠政策

11.2.2.1 涉海外资优惠性税收

税收优惠对于促进我国涉海领域吸引外资具有积极作用。《中华人民共和国企业所得税法》规定，参与国家鼓励项目的外资企业，可以减按15%的税率征收企业所得税。为实现我国海洋事业更高质量的对外开放，首先，可引入不分国（地区）别不分项的综合税收抵免方法，并适当扩大抵免层级，着力降低涉海外资企业总体税收负担。其次，对中国境内经认定的科技含量高、辐射能力强涉海外资企业，通过实施留抵退税、免抵退税等措施，在企业税费方面实行更大力度的阶段性减负政策和制度性减税安排。

11.2.2.2 海域使用权及土地优惠

除税收优惠政策以外，海域使用权及土地优惠也是我国沿海地区吸引涉海外资的主要手段。2019年10月17日，美国埃克森美孚公司在粤港澳大湾区总投资约100亿美元的广东惠州乙烯项目范围内陆域177公顷用地全部完成报批。在当地政府的大力支持下，项目用地保障、申请许可等重要事项均顺利解决，埃克森美孚惠州乙烯项目成为国家全面收紧围填海审批后首个获批的新增填海项目。为吸引高质量外资来发展我国海洋事业，对于海洋外资企业受让海域及土地使用权，应当根据外商的投资规模、科技含量、税收预期等情况，实行弹性海域出让金、海域转让金及海域租金制度，着重降低原生利用式、轻度利用式海岛开发的投资门槛，并减免外商投资工业仓储用岛、可再生能源用岛、城乡建设用岛、交通运输用岛、农林牧业用岛等关系沿海地区基建民生用岛的海域使用金。

11.2.2.3 涉海外资财政扶持

2020年，国务院发布《进一步做好稳外贸稳外资工作的意见》。2022年，商务部指出将继续全力做好稳外资各项工作，为外资企业在华发展提供更优环境、更好服务。部分涉海高端产业单纯靠税收优惠等政策吸引外资的效用甚微，需要政府的财政扶持，并结合外资质量给予灵活的资金扶持。此外，财政支持应具有导向作用，引导外资进入某些涉海产业，促进这部分涉海产业的发展。例如，事前资助，给予参与大型海洋油气开采平台的外商的资助总额不超过总投资的30%，每年度资助金额最高不超过1500万元，支持年限一般不超过3年。事后补助，对符合产业政策导向、年度实际使用外资额超过设定标准的新上项目，按其当年实际使用外资金额不低于3%的比例予以涉海外资奖励。

11.2.3 外商监管政策

11.2.3.1 外商信息监管办法

2019年，《中华人民共和国外商投资法》中提出构建以信息公示为基础的新型外商投资监管体制。随着互联网技术的发展，应当建立依托互联网信息平台的涉海外商信息监管办法。一是建立重点涉海企业信息监测库，实行穿透式监管以及动态监管。完善数据采集范围，包括企业净资产、外债比例、外汇资金来源与去向等。二是建立"外汇+银行+涉海外商"三位一体的信息公示与共享平台，为外资市场主体以及主管部门提供充足的决策信息。

11.2.3.2 外商事中事后监管机制

2015年11月3日,《国务院关于"先照后证"改革后加强事中事后监管的意见》出台,提出按照扩大开放与加强监管同步的要求,加强对外资企业的事中事后监管。完善对涉海外商的事中事后监督机制对于保护我国海洋经济发展具有重要意义。首先,构建多元参与监管体系,将涉海外资企业的监管方式从目前单一的政府监管,扩大为政府、行业协会或商会、企业以及公众等多元主体共同参与的社会共治模式。其次,优化行政监管方式,对涉海外资非主观轻微违法行为,依法不予行政处罚、从轻或减轻行政处罚。对纳入保障类清单的涉海外商投资企业,不采取全面停工、停产措施。

11.2.3.3 外资管理预警机制

《中华人民共和国突发事件应对法》规定,人员密集场所的经营单位或者高危行业企业需要预防突发事件。为加强涉海外资预警信息管理,应构建涉海外资管理预警机制。首先,根据涉海外资主体监管的信息需求,设计企业类报表指标,建立主体监管数据报表报送制度。其次,根据监管数据库提供的信息,运用定量和定性相结合的方法对涉海外资监管异常指标进行科学分析,实现对涉海外资经营异常,如资本异常运作、非常规项目安排、组织机构异动等的提前预警。最后,建立海关、工商、税务、商务等监管部门的定期联系制度。建立联络档案,与监管档案同步登记。

11.2.4 公平竞争管理政策

11.2.4.1 涉海外资企业知识产权保护

近年来,我国不断完善外资企业产权保护机制,先后出台《知识产权战略纲要》《国务院新形势下加快知识产权强国建设的若干意见》《"十四五"国家知识产权保护和运用规划》《"十四五"利用外资发展规划》等纲领性文件。我国涉海领域涉及许多重要核心技术,严格保护涉海外资企业知识产权,有利于高质量外资的引入。未来,应出台涉海外企知识产权保护细则,重点延长知识产权授权时间、提高知识产权许可授权费用,增强侵犯知识产权的惩罚力度,简化知识产权维权法律手续,加强知识产权对外合作机制的建设,推动相关国际组织在我国设立知识产权仲裁和调解分中心。

11.2.4.2 涉海外资企业融资渠道保障

2017年,国务院发布《国务院关于扩大对外开放积极利用外资若干措施的通知》,提出允许外资企业在新三板挂牌以及发行企业债券、公司债券、可转换债和运用非金融企业债务融资工具进行融资。在确保外资质量的前提下，支持涉海外资企业拓宽融资渠道，支持涉海外资发行企业债券、公司债券、可转换债和运用非金融企业债务融资工具进行融资。促进新三板以及私募股权投资基金等对涉海企业的融资支撑作用，并在政策方面引导银行等相关金融机构放宽对涉海外资企业的融资审批要求和条件，如增加对涉海外商重大项目的贷款金额和投放力度，提供专项贷款利率优惠。支持小额贷款、融资担保、融资租赁、商业保理、典当行等地方金融组织，根据涉海外资企业特点提供差异化金融服务，适当减免有关息费、降低综合融资成本。

11.2.4.3　涉海外资企业公平竞争审查机制

2021年，市场监管总局、发展改革委、财政部颁布《公平竞争审查制度实施细则》，致力于处理好政府与市场的关系。2022年，海南自由贸易港公平竞争委员会在全国率先出台《海南自由贸易港公平竞争审查制度实施办法（暂行）》，将有效规范政策制定机关自身行为，保障和促进公平统一高效的市场环境。为促进涉海外资公平竞争，应进一步出台涉海外资企业公平竞争审查机制，从源头上规范政府相关行为，防止出台排除、限制涉海外资市场竞争的政策措施，实现效益最大化和效率最优化。政策制定机关应增设第三方评估流程，设立政策措施定期抽查机制，常态化开展涉海外资公平竞争审查，在遵循审查基本流程的基础上，形成明确的书面审查结论。

─────· 本章小结 ·─────

本章从关税和外商投资两大类政策工具出发，探究对外贸易支持政策的创新方案，为开拓海洋经济国际市场提供和奠定坚实的制度基础和安全保障。一方面，进行涉海关税工具的创新，从保护性关税政策、优惠性关税政策以及关税征管政策等方面进行创新，以期在维护本国利益的同时推动本国涉海产业的发展。另一方面，进行涉海外商投资工具的创新，从外资准入政策、外商优惠政策、外商管理政策，以及公平竞争管理政策角度提供合理建议，进而为外商营造一个良好的投资环境，以吸引和规范外资参与建设我国产业发展。

【知识进阶】

1. 结合我国涉海外商投资现状，试分析涉海外商投资工具创新的重要意义。

2. 请谈一谈涉海关税及外商投资工具创新如何影响涉海对外贸易。

3. 请谈一谈涉海关税工具创新的关键点是什么。

12 海域、无居民海岛使用权出让流转工具创新

知识导入：我国海洋经济进入新发展阶段，需要合理、高效、功能齐全的海域使用权市场流转机制，提高海域海岛使用权配置效率，以加快海洋经济高质量发展的步伐。针对市场化出让目录不清晰、使用权权能及其交易模式单一、海洋产权交易平台缺失等问题，参考各类资产使用权交易工具，本章从海域、海岛使用权一级市场出让工具和二级市场转让工具两个方面，构建了海域、无居民海岛使用权出让流转工具体系（图12-1）。

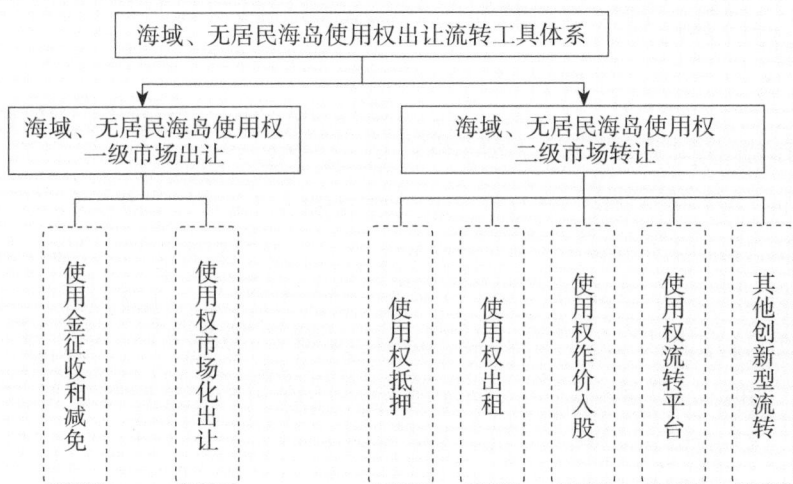

图12-1 海域、无居民海岛使用权出让流转工具体系

12.1 海域、无居民海岛使用权一级市场出让

目前，我国实施的海域、无居民海岛使用权出让政策，主要涉及海域、无居民海岛使用金的征收和减免，存在市场化出让目录不清晰、使用权权能及其出让模式单一等问题。因此，提高海域、无居民海岛使用权市场化出让比例，探索建立海域、无居民海岛使用权一级交易平台，增强海域、无居民海岛使用权市场交易监管，刻不容缓。本节将从非市场出让方式下使用金征收及其补交标准差异化、市场化出让方式下使用权出让目录及其机制规范化等方面，对我国海域、无居民海岛使用权一级市场出让工具创新提出相应建议。

12.1.1 海域、无居民海岛使用金征收和减免

12.1.1.1 海域、无居民海岛使用金地区差异化征收

目前，我国按照海域、无居民海岛等别和用海方式的不同，将海域、无居民海岛使用金划分为不同的等级。除了养殖用海外，各地区基本采用了国家制定的统一标准，这不利于充分发挥各地区海域、无居民海岛资源优势，导致海域、无居民海岛使用权配置失衡。对此，需要实现海域、无居民海岛使用金地区差异化设置，各沿海地区根据当地海域、无居民海岛资源禀赋和使用权需求分布，结合区域经济社会发展水平，形成以政策为引导、以供需为基础的区域海域、无居民海岛使用金征收标准，并根据海域、无居民海岛使用及交易状况进行动态调整，提高区域海域、海岛资源配置效率。

12.1.1.2 海域、无居民海岛使用金补交标准差异化设置

目前，非市场化出让方式下海域、无居民海岛使用金由国家根据海域、无居民海岛等别和用海类型，制定海域海岛使用金征收标准，采取最低价限制制度。基于此，应按照用海类型、公益程度，对海域、无居民海岛使用权转让应当补交的海域、无居民海岛使用金标准进行差异化设置，具体如下。针对国防、非经营性基建等公益项目按规定允许转让的，应补交的海域、无居民海岛使用金按照申办转让手续之日标定转让金的低比例（≤20%）收取；针对海洋牧场、海洋经济示范区等国家支持项目转让的，应补交的海域海岛使用金按照申办转让手续之日标定转让金的中比例（20%~50%）收取；针对养殖场、游乐场等市场经济项目转让的，应补交的海域、无居民海岛使用金按照申办转让手续之日标定转让金的高比例（≥50%）收取。

12.1.2 海域、无居民海岛使用权市场化出让

12.1.2.1 海域、无居民海岛使用权市场化出让目录设定

2018年，国家海洋局出台了《关于海域、无居民海岛有偿使用的意见》，鼓励海域、无居民海岛使用权市场化出让。但目前，各沿海地区的市场化出让用海用岛类型仍存在要求不一、目录不明确等问题。这些问题直接导致海域、无居民海岛使用权市场化出让比例降低。对此，需要设定清晰的海域、无居民海岛使用权市场化出让目录，以海域、无居民海岛使用权审批出让、招标拍卖、挂牌出让等方式为依据，划分用海项目界限，规范和统一海域、无居民海岛使用权市场化出让的用海类型和范围，逐步形成以海域、无居民海岛使用权市场化出让为主、申请审批出让为辅的市场格局。

12.1.2.2　海域、无居民海岛使用权收购储备制度制定

2017年，福建省宁德市蕉城区海域、无居民海岛收储中心正式成立，主要负责整理、储存拟开发海域信息并具体实施海域、无居民海岛使用权的招标、拍卖和挂牌出让工作。目前，仅福建省、浙江省等少数沿海省份通过建立海域、无居民海岛储备机构行使一级市场交易平台职责，海域、无居民海岛的储备和出让缺乏科学运作，市场化交易效率不高。对此，各沿海地区需要制定海域、无居民海岛收购储备制度，成立海域、无居民海岛储备机构，对本地区的海域、无居民海岛资源进行储备，统一实施海域、无居民海岛的招标、拍卖和挂牌出让工作，规范海域、无居民海岛市场运作，促进海域、无居民海岛资源市场化科学配置。

12.2　海域、无居民海岛使用权二级市场转让

海域、无居民海岛使用权二级交易市场政策主要对海域、无居民海岛使用权的抵押、出租等传统工具的申请条件、办理程序及要求进行基本规范，关于作价入股、交易平台等新兴工具的内容较少涉及，且关于抵押、出租等传统工具的创新内容也不完善。因此，本节将从抵押、出租、作价入股、交易平台和其他创新产品等方面，对我国海域、无居民海岛使用权二级市场流转工具创新提出相应建议。

12.2.1　海域、无居民海岛使用权抵押

12.2.1.1　基于海域面积的质押率动态化设置

传统的海域使用权抵质押普遍存在抵押设置难、价值评估难等问题。因此，应设置基于海域面积的动态化贷款额度，以核心资产养殖海域作为抓手，对各养殖企业的抵押海域面积进行综合考察，以海域面积、海洋资源、地理位置、收益状况、政策倾斜情况的差异化来估计海域使用权的抵押价值，灵活确定贷款的额度，将原来海域使用权的"死资产"转化为能够为企业带来贷款的"活资本"。

12.2.1.2　海域、无居民海岛使用权与海上构（建）筑物综合抵押贷款完善

目前，我国相关法律法规虽然没有明确允许海上构（建）筑物作为抵押物，但也没有明确禁止。我国海域、无居民海岛使用权抵押贷款政策对海域、无居民海岛使用权与海上构（建）筑物综合抵押贷款的内容较少涉及，缺少对海上构（建）筑物质押标准的规范内容。因此，应尽快完善海上构（建）筑物抵押管理，参照"土地使用权+在建工程"的模式，就海上构（建）筑物抵押权的设定、抵押合同的订立、抵押登记程序、抵押物的占用与管理、抵押物的处分等方面进行详细规定，进一步提升海域、无居民海岛使用权抵押贷款的空间。

12.2.1.3　海域、无居民海岛使用权转包租赁收入抵质押

目前，水产养殖业正处于由普通养殖向规模化、专业化、高附加值养殖过渡的时期，其经营者也在一定程度上缺乏财产性资产，缺少相应的融资抵押能力。因此，各沿海地区应探索海域、海岛流转经营权质押融资信贷产品，在不改变海域、无居民海岛集体所有的性质、不改变海域、无居民海岛用途、不损害养殖户利益的前提下，制定海域、无居民海岛承包经营权抵押贷款的政策措施，允许养殖户用海域、无居民海岛使用权的转包租赁收入进行抵押。

12.2.1.4　海域、无居民海岛使用权未来收益抵质押

2012年9月，为弥补吉林省农户资金缺口，在国家相关部门和金融机构的支持下，土地收益保证贷款试点工作在梨树县率先开展，通过将土地承包经营权及其未来收益流转给物权融资公司，获得信贷。海域、无居民海岛也可带给经营者定期收益。对此，应借助海域、无居民海岛收储平台，以海域、无居民海岛未来收益为抵质押标的，将收益权转让海域、无居民海岛收储平台，再由海域、无居民海岛收储平台向金融机构提出贷款申请，实际抵押品为每年海域、无居民海岛经营的部分收益。若海域、无居民海岛经营者无力偿还，海域、无居民海岛收储平台有权将海域、无居民海岛使用权转包，以收回贷款。如2022年，青岛市制定出台了《关于推进海域使用权抵押贷款工作的意见》，在科学评估海域使用权价值、合理确定海域使用权期限的基础上，探索构建政府引导、银行参与、征信保障、担保增信的海域使用权抵押贷款新模式。

12.2.1.5　海域、无居民海岛使用权担保机构专业化

因海域、无居民海岛使用权价值难以评估，金融机构会为避免风险而拒绝贷款，中小企业难以单独就海域使用权进行抵押贷款。对此，应成立海域、无居民海岛使用权的专业化担保机构，担保金融机构的债权，一旦发生不能履行，担保机构就要无条件地代替借款人对金融机构偿还债务，以降低金融机构的贷款风险，从而放松贷款条件。此外，担保机构还要针对海域、无居民海岛使用权的特点，承担一些政策性业务，对符合政策性业务的海域、无居民海岛使用权抵押进行再担保，提高贷款主体的融资成功率和贷款效率。

12.2.1.6　海域、无居民海岛使用权抵押贷款风险分担机制建立

为降低宅基地及房屋使用权抵押贷款风险，我国正积极探索和完善宅基地及房屋使用权抵押贷款风险补偿金政策。海域、无居民海岛使用权的独特性、专用性及其经营业务的高风险性，决定了海域、无居民海岛使用权抵押贷款的高风险，以及

贷后管理和资产处置的高难度。因此，各沿海地区应建立海域、无居民海岛使用权抵押贷款风险分担机制，引导政策性融资担保机构为海域、无居民海岛使用权抵押贷款提供担保，在担保机构与银行机构之间建立风险分担机制，将小额贷款保证保险业务与海域、无居民海岛使用权抵押贷款业务有效结合，建立银行机构与保险机构风险分担机制。

12.2.2 海域、无居民海岛使用权出租

12.2.2.1 海域、无居民海岛使用权出租产品细化

2019年4月，中共中央办公厅、国务院办公厅印发了《关于统筹推进自然资源资产产权制度改革的指导意见》，首次从中央层面提出"探索海域使用权立体分层设权"，未来海域空间管理思路将从"平面化"向"立体化"转变。因此，应细化海域、无居民海岛使用权出租产品，探索基于海域的水面、水体、海床、底土使用权的出租产品体系，针对不同层面的海域、无居民海岛使用权特点签订详细的立体分层出租合同，实现各层次海域、无居民海岛使用权的对应出租。但由于海域、无居民海岛立体开发利用的技术复杂，立体空间规划、海籍管理等制度体系尚未建立，使海域、无居民海岛立体分层设权的落地面临一定挑战。

12.2.2.2 海域、无居民海岛使用权出租交易鉴证服务完善

2019年，《国务院办公厅关于完善建设用地使用权转让、出租、抵押二级市场的指导意见》发布，2022年，中共中央办公厅、国务院办公厅发布《全民所有自然资源资产所有权委托代理机制试点方案》，进一步提出完善交易鉴证服务，通过科技介入交易的发生环节，完成核心数据的线上流转。事实上，由于流转市场的不完善，海域、无居民海岛使用权出租对准备材料的准确性和完整性具有更高的要求。因此，应完善海域、无居民海岛使用权出租交易中的鉴证服务，促进身份凭证、合约凭证、支付凭证、票据凭证等相关数据的线上流转，服务交易中的多边市场，解决合规与监管难题，扩大交易的透明度和公信力，为海域、无居民海岛使用权流转的数字化赋能。

12.2.2.3 海域、无居民海岛使用权最低出租收入标准体系构建

当前，在海域、无居民海岛使用权出让政策中，国家和地区分别针对不同用海项目采取差异化管理，采用最低价限制制度，征收海域、无居民海岛使用金。由于二级市场交易主体更为广泛、复杂，为使海域、无居民海岛出租收入更加公开透明，同时，为防范出租人的道德风险行为和承租人的生态破坏行为，应建立无居民海岛使用权的租金与出租后用途相对应的最低价格标准体系，结合用海项目类型，

基于海域、无居民海岛使用金和转让金，制定相应的出租收入区间。

12.2.2.4　海域、无居民海岛使用权出租方式市场化

2022年12月，台山市川岛芙湾底播7号场的海域使用权租赁项目公开招标，2023年6月，山东省烟台市莱州市25宗海域使用权的租赁权公开拍卖。目前，我国海域、无居民海岛使用权出租过程中的租金主要由相关部门规定，资源配置效率低下。对此，应加快落实海域、无居民海岛使用权出租方式的市场化改革，采取公开招租、招商或其他方式等出租海域、无居民海岛使用权，通过公开竞价的方式对租金定价，吸引更多的参与主体进行竞价，促进海域、无居民海岛使用权的出租等流转，提高资源利用。最终租金的定价可以在相关部门规定的最低价格标准下，结合公开竞价得出报价，实现政府与市场对海域、无居民海岛使用权租金定价的有机结合。

12.2.2.5　海域、无居民海岛使用权出租登记或备案生效制度建立

2018年，石嘴山市人民政府办公室发布《石嘴山市国有划拨建设用地使用权出租管理暂行办法》，提出国有划拨建设用地使用权出租实行登记和备案制度。但是，针对海域、无居民海岛使用权出租还没有形成规范性标准。因此，应建立海域、无居民海岛使用权出租的登记/备案生效制度，初期未经登记不发生效力，在制度成熟后期再不断简化出租审批，将审批制改成备案制，优化行政效率，提高海域、无居民海岛使用权出租的法律效力和保障。

12.2.2.6　海域、无居民海岛使用权出租信息发布平台建立

2022年，中共中央办公厅、国务院办公厅发布《全民所有自然资源资产所有权委托代理机制试点方案》，提出市、县自然资源主管部门应当提供建设用地使用权出租供需信息发布条件和场所，营造建设用地使用权出租环境。相比建设用地使用权，海域、无居民海岛使用权流转市场具有更高的信息不对称性。对此，应建立海域、无居民海岛使用权出租供需信息发布平台，制定规范的出租合同文本，统计分析出租情况及市场相关数据，定期发布出租市场动态信息和指南，以减轻出租过程中的信息不对称，加快海域、无居民海岛使用权的流转。

12.2.3　海域、无居民海岛使用权作价入股

12.2.3.1　海域、无居民海岛资产价值评估机制完善

国家规定作价出资、入股和授权经营的土地资产必须办理地价评估，经省国土资源厅立项后，由具备A级资质的土地估价机构出具规范的土地估价报告。不同于土地，海域、无居民海岛具有更加丰富的资源种类、生态价值，且受自然灾害威胁程度更高。对此，应建立科学统一的海域、海岛使用权价值评估机制，完善海域、

无居民海岛使用权价值评估技术规范，制定"优胜劣汰"的海域评估人员、机构考核和审核机制，形成"政府+市场"的海域、无居民海岛使用权价值评估市场，提高海域、无居民海岛使用权评估报告的公信力，增强海洋资源资产的综合管理能力和市场化配置。

12.2.3.2 海域、无居民海岛使用权作价入股标准制定

海域、无居民海岛具有天然的自然景色，享有得天独厚的地理优势，可利用海域、无居民海岛使用权作价入股文化旅游企业，将资源充分利用。因此，应制定科学合理的海域、无居民海岛使用权作价入股标准，结合海域、无居民海岛的地理位置、资源禀赋、经营者获得方式、相关证明材料的规范性等信息，对海域、无居民海岛进行价值评级，并据此确定海域、无居民海岛使用权作价金额，对于资源质量和储量偏高、未来潜力巨大、可形成较大产业规模的，作价金额最高可占公司注册资本的70%；对于资源质量和储量一般、生态效应较好的，作价金额可占公司注册资本的20%～70%；对于资源质量和储量偏低、生态环境较差的，作价金额一般不超过注册资本的20%。

12.2.3.3 海域海岛补偿费作价入股

随着城市化进程加快和工业园区建设发展，农村集体经济组织的海域、海岛被大量征用。一方面，集体资金逐年增加；另一方面，农民失地失业，长远生计得不到保障。对此，应积极探索海域、无居民海岛补偿费管理办法，鼓励把土地补偿费作价入股给开发企业进行土地或产业开发，既盘活了集体资产，又为园区建设节约开发成本，保障项目落地，促进海岛经济发展。

12.2.3.4 作价入股项目收益分配机制完善

海域海岛开发的最终目的是在不过度开发资源的情况下提高资源配置效率，实现海岛经济的可持续发展。这与典型市场经济人的"利益最大化"目标相悖。对此，可开发滨海旅游供销社合作项目，除资金入股外，还可按照1亩（700元）1股进行海域、无居民海岛使用权作价入股，采用"2215"模式进行收益分配：对于净收益，提取20%作为村集体收入，用于壮大村集体经济；提取20%作为公积金，用于保障供销社运转；提取10%作为公益金，用于社员技术培训、合作社知识教育以及文化、福利等公益事业；提取50%作为集体分红，促进海岛经济的快速发展。

12.2.4 海域、无居民海岛使用权流转平台

12.2.4.1 全国海域、无居民海岛使用权二级交易市场成立

目前，我国仅有山东省、福建省等少数省份建立了海洋产权交易平台，主营业

务涉及海域、无居民海岛使用权和其他海洋产权的转让。交易平台数量较少、覆盖面积较小，无法满足全国范围内的海域、无居民海岛使用权流转需要，并且市场信息不对称、交易成本高问题凸显。对此，应从国家和各沿海地区层面建立并完善海域、无居民海岛使用权二级市场交易平台，通过"招拍挂"制度汇集海域、无居民海岛使用权交易信息，发布挂牌公告披露海域、无居民海岛使用权转让方、标的明细、价值评估、交易条件及受让方资格要求等信息，制定受让方资格审核制度，解决二级市场信息不对称问题，降低交易信息成本，进一步提高海域、无居民海岛使用权交易的市场化定价效率。

12.2.4.2　海域、无居民海岛使用权线上流转平台构建

2019年，绿地集团宣布上线全国首个资产使用权线上确权及流转平台——"权易宝"，运用区块链技术有效提升资产使用权管理效率。防城港市2022年第二期海域使用权，首次成功通过全流程电子化在防城港市公共资源交易中心挂牌并成功出让。基于此，应尽快实现海域、无居民海岛使用权线上流转平台建设，运用区块链技术，以产权交易市场为依托，把使用权流转信息搬上区块链，引入银行等多元参与主体，打造海域、无居民海岛使用权"区块链+交易鉴证+抵押登记+他项权证"流转链条，提升流转效率。

12.2.4.3　海域、无居民海岛使用权流转监管机制建立

当前，我国大型数字平台依托数字技术优势带来的"大而管不了"问题十分突出。海域、无居民海岛作为我国经济高质量发展的重要战略空间，更加需要完善的流转监管机制为其"保驾护航"。对此，应建立海域、海岛使用权流转平台监管机制，相关部门通过算法管理海域、海岛流转的新技术、新模式和新平台，使监管能够跟得上新问题、新产品、新模式，应对创新和部门管理之间的协调，应对动态风险和责任管理问题。

12.2.4.4　海域、无居民海岛使用权交易配套体系建设

2022年，青岛市六部门联合发布《关于推进海域使用权抵押贷款工作的意见》，提出积极利用融资服务平台等公共服务平台推广海域使用权抵押贷款业务，加强海域使用权二级市场建设，有序建设区域性海域使用权交易中心和流转平台。强化海域、无居民海岛使用权交易配套体系建设是完善海域、无居民海岛使用权财产权属性的重要保障。对此，需要根据不同交易方式制定规范程序，培育交易配套金融中介机构，对海域、无居民海岛使用权抵质押贷款、金融租赁、回购等金融权能提供专业化金融服务，执行政策支持和经营服务双重职能，同时，通过信息审

核、过程监督等方式加强流转交易活动的监督，实现海域、无居民海岛使用权交易流转规范化、专业化。

12.2.5　其他创新型流转工具

12.2.5.1　海域、无居民海岛使用权转移预告登记办法制定

2022年3月，山东省颁发首张国有建设用地使用权转让预告登记证明，有效规范了国有建设用地使用权二级市场秩序。海域、无居民海岛的建设再投资过程中亦存在因投资额不足25%，而无法办理过户手续的情况，致使企业无法正常开工。对此，应结合海域、无居民海岛资源特色，制定海域、无居民海岛使用权转移预告登记办法，遵循"先投入后转让"的原则，允许未完成开发要求的海域、无居民海岛，在签订使用权转让合同后，依法办理预告登记，当达到法定要求时，买卖双方再凭不动产预告登记证明等相关申请材料及时办理转移登记，以提高土地利用效率，优化土地资源配置。

12.2.5.2　海域、无居民海岛使用权流转信息体系完善

海域、无居民海岛使用权转让后，出让合同所载明的权利义务随之转移，受让人应依法履约。因此，应完善海域、无居民海岛使用权流转信用体系，加强对交易各方的信用监管，健全以"双随机、一公开"为基本手段、以重点监管为补充、以信用监管为基础的新型监管机制。各沿海地区要结合本地区实际，制定海域、无居民海岛使用权市场信用评价规则和约束措施，对失信责任主体实施联合惩戒，推进海域、无居民海岛使用权市场信用体系共建共治共享。

12.2.5.3　海域、无居民海岛使用权流转"两预两委托"模式构建

为了推进土地承包经营权流转工作，广东江门推出土地"预流转""预整合"模式，通过镇、村集体与村民达成统筹流转、连片经营意向，有效解决了农村土地碎片化问题。我国用海项目有海洋经济示范区、海洋牧场、休闲渔业等，这些项目更具有大规模、高集聚等特征。对此，应构建海域使用权流转"两预两委托"模式，各地政府与所有者达成海域统筹流转、连片经营的"预流转"协议，连片"预整合"海域进行规模化项目规划及基础设施建设，期间通过约定较市场价高的预期租金或发放补助等方式，确保海域所有者的正常生产经营和项目用地的及时供给。同时，可引入优质经营主体和产业项目，委托镇（街）或村集体统筹经营，委托第三方统一公开招标，发展规模化生产经营项目。

12.2.5.4　海域、无居民海岛使用权流转信托项目开发

2022年初，国务院办公厅发布《要素市场化配置综合改革试点总体方案》，明

确提出"推进合理有序用海，探索推进海域一级市场开发和二级市场流转，探索海域使用权立体分层设权"。2015年，中建投信托的第三单6000多亩土地流转信托项目在四川成都锦江区三圣乡落地。随着我国城镇化建设的加快，许多海域、无居民海岛也出现了不同程度的闲置、抛荒现象，需要科学规划和合理利用，而基于信托机制设计的海域、海岛使用权流转信托是可行的解决方案之一。因此，可开发海域、无居民海岛使用权流转信托项目，采用"财产权信托"和"资金信托"相结合的方式，既解决土地流转完成后运营商的需求，也参与前期的土地整理归集，在项目运作过程中增加主动管理职能，实现产业导入，进而扩大信托公司在土地流转过程中的服务价值。

12.2.5.5　海域、无居民海岛使用权流转履约保险产品创新

2015年，四川省邛崃市在全国率先创新开发了土地流转履约保险产品，用市场化方式解决农村土地流转中存在的信用缺失问题。相比内陆土地开发项目，海域、无居民海岛开发项目面临的灾害风险系数更高、风险因素更多。对此，应创新海域、无居民海岛使用权流转履约保险产品，完善海域、无居民海岛使用权流转违约赔偿处置机制，建立实时流转流程、海上构（建）筑物处置机制和恶意违约惩罚机制，形成保险公司末位淘汰机制和镇乡街办目标督查机制，进一步探索海域、无居民海岛使用权流转风险防范机制。

12.2.5.6　海域、无居民海岛使用权权能拓展

2021年，海南省出台《海南省自然资源资产产权制度改革实施方案》，将健全海洋资源产权体系，探索海域使用权立体分层设权，按照海域的水面、水体、海床、底土分别设立使用权。海域、无居民海岛使用权作为自然资源的一种，有必要保证其产权完整，凸显海域、无居民海岛使用权的财产权属性。对此，不仅需要探索完善海域、无居民海岛使用权转让、抵押、出租、作价出资（入股）、信托等权能，还需要创新性拓展其资产证券化、回购、借贷等权能。同时，建立海域、无居民海岛使用权流转工具创新激励制度，引导金融机构参与海域、无居民海岛使用权权能融资业务。

──── · **本章小结** · ────

本章从海域、无居民海岛使用权一级市场出让和二级市场转让两个方面，构建了海域、无居民海岛使用权流转创新体系，以确保海域、无居民海岛资源的可持续利用。一方面，进行海域、无居民海岛使用权一级市场出让工具创新，从海域、无

居民海岛的使用金征收与减免、使用权市场化出让方面提供借鉴，以推动海域、无居民海岛资源的公平高效配置；另一方面，进行海域、无居民海岛使用权二级市场流转工具创新，从海域海岛使用权的抵押、出租、作价入股、流转平台建设及其他创新型流转方面提出建议，以提高流转效率。

【知识进阶】

1. 针对我国海域、无居民海岛使用权出让流转现状，请谈一谈海域、无居民海岛使用权出让流转工具创新的重要意义。

2. 试分析海域、无居民海岛使用权出让和流转工具的创新过程中需要注意哪些问题。

3. 请谈一谈对海域、无居民海岛使用权流转平台建设的建议。

4. 试分析为什么需要差异化征收和减免海域海岛使用金。

参考文献

［1］Ding L L，Guo Z M，Xue Y M. Dump or recycle？ Consumer's environmental awareness and express package disposal based on an evolutionary game model［J］. Environment，Development and Sustainability，2023，25（7）：6963−6986.

［2］Ding L L，Lei L，Wang L，et al. A novel cooperative game network DEA model for marine circular economy performance evaluation of China［J］. Journal of Cleaner Production，2020，253：120071.

［3］Ding L L，Liu M X，Yang Y，et al. Understanding Chinese consumers' purchase intention towards traceable seafood using an extended Theory of Planned Behavior model［J］. Marine Policy，2022，137：104973.

［4］Ding L L，Lu M T，Xue Y M. Driving factors on implementation of seasonal marine fishing moratorium system in China using evolutionary game［J］. Marine Policy，2021，133：104707.

［5］Fang X，Zhang Y，Yang J，Zhan G. An evaluation of marine economy sustainable development and the ramifications of digital technologies in China coastal regions［J］. Economic Analysis and Policy，2024，82：554−570.

［6］Lee C，Wan J，Shi W，Li K. A cross-country study of competitiveness of the shipping industry［J］. Transport Policy，2014，35：366−376.

［7］Li J，Luan S，Jiang B，Gong Y. Industrialization process evaluation of marine economy in China［J］. Ocean & Coastal Management，2023，231：106416.

［8］Nham N T H. The role of financial development in improving marine living resources towards sustainable blue economy［J］. Journal of Sea Research，2023，195：102417.

［9］Sun C，Liang Z，Zhai，X.，et al. Obstacles to the development of China's marine economy：Total factor productivity loss from resource mismatch［J］. Ocean & Coastal Management，2024，249：107009.

［10］Zhao X，Peng Y，Xue Y M，Yuan S. Spatial patterns of ocean economic efficiency and their influencing factors in Chinese coastal regions［J］. Romanian Journal of Economic Forecasting，2016，19（4）：35−49.

〔11〕Zhou Y，Li G，Zhou S，et al. Spatio-temporal differences and convergence analysis of green development efficiency of marine economy in China〔J〕. Ocean & Coastal Management，2023，238：106560.

〔12〕Zhu W，Li B，Han Z. Synergistic analysis of the resilience and efficiency of China's marine economy and the role of resilience policy〔J〕. Marine Policy，2021，132：104703.

〔13〕狄乾斌，高广悦，於哲. 中国海洋经济高质量发展评价与影响因素研究〔J〕. 地理科学，2022，42（4）：650-661.

〔14〕丁黎黎，单晓文. 公司治理对涉海上市企业高质量发展的影响研究〔J〕. 中国渔业经济，2022，40（1）：63-72.

〔15〕丁黎黎，郭志蒙，白雨. 金融精准扶贫下渔民转型升级的演化博弈分析——基于银行普惠金融参与意愿〔J〕. 海洋经济，2023，13（3）：45-57.

〔16〕丁黎黎，薛岳梅. 海洋经济在服务于我国经济社会发展中的地位与作用〔J〕. 海洋经济，2022，12（3）：1-14.

〔17〕丁黎黎，杨颖，郑慧，王垒. 中国省际绿色技术进步偏向异质性及影响因素研究——基于一种新的Malmquist-Luenberger多维分解指数〔J〕. 中国人口·资源与环境，2020，30（9）：84-92.

〔18〕丁黎黎，张雨，薛岳梅. 海洋经济高质量发展指标体系与评价方法的研究进展〔J〕. 海洋经济，2020，10（2）：3-16.

〔19〕康旺霖，邹玉坤，王垒. 中国海洋经济内生性绿色生产率及分解分析〔J〕. 统计与决策，2021，37（2）：116-120.

〔20〕李梦媛，丁黎黎，薛岳梅. 海洋经济对我国外汇收入的带动效应研究——以滨海旅游业为例〔J〕. 浙江海洋大学学报（人文科学版），2020，37（5）：20-28.

〔21〕吕承超，崔悦，杨珊珊. 现代化经济体系：指标评价体系、地区差距及时空演进〔J〕. 上海财经大学学报，2021，23（5）：3-20.

〔22〕马树才，徐腊梅，宋琪. 信贷资金对海洋经济发展的贡献及效率分析——基于沿海11省面板数据模型和DEA模型的实证研究〔J〕. 辽宁大学学报（哲学社会科学版），2019，47（3）：29-41.

〔23〕秦琳贵，沈体雁. 信贷资金支持海洋经济发展问题探微〔J〕. 财会月刊，2019（17）：136-142.

［24］沙治平，林洁.海洋战略性新兴产业发展中的金融政策研究［J］.中国市场，2021（11）：44-45.

［25］孙才志，梁宗红，翟小清.全要素生产率视域下中国海洋经济增长动力机制研究［J］.地理科学进展，2023，42（6）：1025-1038.

［26］汪克亮，韩念文.海洋经济发展试点政策对海洋经济高质量发展的影响研究［J］.海洋开发与管理，2024，41（2）：45-54.

［27］王泽宇，丛琳惠，王焱熙，等.现代海洋产业体系发展水平测度及动态演进——基于四位协同视角［J］.经济地理，2023，43（7）：77-87.

［28］王泽宇，郭婷.高质量发展背景下中国现代海洋产业体系时空分异及驱动机制研究［J］.海洋经济，2021，11（1）：19-29.

［29］吴晋勇.金融支持海洋产业发展的实践与思考——以福建省宁德市为例［J］.福建金融，2023（10）：77-80.

［30］肖土盛，吴雨珊，亓文韬.数字化的翅膀能否助力企业高质量发展——来自企业创新的经验证据［J］.经济管理，2022，44（5）：41-62.

［31］杨黎静，李宁，王方方.粤港澳大湾区海洋经济合作特征、趋势与政策建议［J］.经济纵横，2021（2）：97-104.

［32］袁顺，赵昕，李琳琳.沿海地区风暴潮灾害的脆弱性组合评价及原因探析［J］.海洋学报，2016，38（2）：16-24.

［33］张迎春，李婷婷，姚芳斌.海洋经济省际隐含碳转移与网络结构特征研究［J］.经济与管理评论，2023，39（4）：30-42.

［34］赵鹏.“十四五”时期我国海洋经济发展趋势和政策取向［J］.海洋经济，2022，12（6）：1-7.

［35］郑慧，高凡，赵昕.基于DEA-Malmquist-Tobit模型的中国海洋渔业补贴财政效率及影响因素研究［J］.海洋通报，2020，39（1）：61-69.

［36］郑英琴，陈丹红，任玲.蓝色经济的战略意涵与国际合作路径探析［J］.太平洋学报，2023，31（5）：66-78.